UMWELT UND INNENWELT DER TIERE

VON

J. VON UEXKÜLL
DR. MED. H. C.

ZWEITE
VERMEHRTE UND VERBESSERTE AUFLAGE

MIT 16 TEXTABBILDUNGEN

Springer-Verlag Berlin Heidelberg GmbH
1921

ISBN 978-3-662-22877-7 ISBN 978-3-662-24819-5 (eBook)
DOI 10.1007/978-3-662-24819-5

Ursprünglich erschienen bei Julius Springer in Berlin 1921.
Softcover reprint of the hardcover 1st edition 1921

SR. DURCHLAUCHT DEM FÜRSTEN
PHILIPP ZU EULENBURG UND HERTEFELD
IN VEREHRUNG UND DANKBARKEIT
GEWIDMET

Vorwort zur zweiten Auflage.

Die zweite Auflage ist dank dem Entgegenkommen des Verlages mit Abbildungen versehen worden, die dem Leser die erwünschte Grundlage für das anschauliche Verständnis bieten. Die Auswahl der Abbildungen verdanke ich Herrn Dr. Eggers-Gießen. Neu hinzugekommen ist das Kapitel über die Pilgermuschel und die erste Hälfte zu Carcinus maenas. An Stelle des Kapitels über den Reflex ist eines über den Funktionskreis getreten. Das Schlußkapitel ist auf die Höhe der heutigen theoretischen Erkenntnis gebracht worden.

Inhaltsverzeichnis.

Einleitung.

Mit dem Wort „Wissenschaft“ wird heutzutage ein lächerlicher Fetischismus getrieben. Deshalb ist es wohl angezeigt, darauf hinzuweisen, daß die Wissenschaft nichts anderes ist als die Summe der Meinungen der heutelebenden Forscher. Soweit die Meinungen der älteren Forscher von uns aufgenommen sind, leben auch sie in der Wissenschaft weiter. Sobald eine Meinung verworfen oder vergessen wird, ist sie für die Wissenschaft tot.

Nach und nach werden alle Meinungen vergessen, verworfen oder verändert. Daher kann man auf die Frage: „Was ist eine wissenschaftliche Wahrheit?“ ohne Übertreibung antworten: „Ein Irrtum von heute.“

Die Frage, ob es einen Fortschritt in der Wissenschaft gibt, ist darum nicht ganz so leicht zu beantworten, wie gemeinhin angenommen wird. Wir hoffen wohl von gröberen zu feineren Irrtümern fortzuschreiten, ob wir uns aber wirklich auf dem guten Wege befinden, ist für die Biologie in hohem Grade zweifelhaft.

Die Betrachtung des Lebendigen bietet bei jedem Schritt dem unbefangenen Beobachter eine so unermeßliche Fülle von Tatsachen, daß die bloße Registrierung dieser Tatsachen jede Wissenschaft unmöglich machen würde. Erst die Meinung des Forschers, die das Beobachtete gewaltsam in Wesentliches oder Unwesentliches scheidet, läßt die Wissenschaft erstehen. Die herrschende Meinung entscheidet rücksichtslos über das, was als „wesentlich“ gelten soll. Wird sie gestürzt, so fallen mit ihr Tausende von fleißigen, mühsamen und ausgezeichneten Beobachtungen als „unwesentlich“ der Vergessenheit anheim.

In der Biologie stehen wir noch unter dem frischen Eindruck, den der Sturz des Darwinismus in uns allen hervorgerufen hat. Die Erfolge rastloser Arbeit eines halben Jahrhunderts erscheinen uns heute als unwesentlich.

Kein Wunder, daß die Biologen jetzt bestrebt sind, ihren Arbeiten eine festere Grundlage zu geben, als es die Lehre von der Vervollkommnung der Lebewesen war.

Der Erfolg dieser Bestrebungen ist nicht sehr ermutigend. Über die Grundlagen, auf denen sich die Biologie der Tiere als stolzes wissenschaftliches Gebäude erheben soll, ließ sich bisher keine Einigung erzielen. Und doch entscheidet diese Einigung das Schicksal der Biologie. Bleibt die Frage nach den Grundlagen unentschieden oder der Mode unterworfen, so gibt es keinen Fortschritt, und alles, was mit dem größten Geistesaufwand von der einen Generation erarbeitet wurde, wird von der nächsten wieder verworfen werden.

Nur wenn alle Hände nach einem gemeinsamen Plane tätig sind, um auf fester Grundlage ein Haus zu erbauen, kann etwas Gedeihliches und Dauerndes entstehen.

Es ist lehrreich und vielleicht auch nützlich, sich darüber Klarheit zu verschaffen, welche Ursachen die Einigung in der modernen Biologie der Tiere bisher verhindert haben.

Die moderne Tierbiologie verdankt ihr Dasein der Einführung des physiologischen Experimentes in das Studium der niederen Tiere. Die Erwartungen, die man von physiologischer Seite an die Erweiterung des Forschungsgebietes knüpfte, wurden nicht erfüllt. Man suchte nach Lösung für die Fragen der Physiologie der höheren Tiere und fand statt dessen neue Probleme. Die Auflösung der Lebenserscheinungen in chemische und physikalische Prozesse kann nicht um einen Schritt weiter. Dadurch hat sich die experimentelle Biologie in den Augen der Physiologen strengster Observanz diskreditiert.

Für alle jene Forscher aber, die im Lebensprozeß selbst und nicht in seiner Zurückführung auf Chemie, Physik und Mathematik den „wesentlichen" Inhalt der Biologie sahen, mußte der ungeheure Reichtum an experimentell lösbaren Problemen ein besonderer Ansporn sein, um sich den niederen Tieren zuzuwenden. In wenigen Jahren ist denn auch die Fülle des bearbeiteten Stoffes so groß geworden, daß heutzutage die Ordnung des Stoffes als die viel dringendere Aufgabe erscheint, gegenüber der stets fortschreitenden Neuforschung. Baumaterial ist in Hülle und Fülle vorhanden, um den Bau der Wissenschaft zu beginnen. Nur muß man sich über den Bauplan einigen.

Das natürlichste wäre, wenn man mit den alten, längst vorhandenen Bauplänen weiterarbeitete. In den schönen Zeiten, da Anatomie und Physiologie noch ungetrennt eine einheitliche Biologie bildeten, faßte man jedes Tier als eine funktionelle Einheit auf. Die anatomische Struktur und ihre physiologischen Leistungen wurden gleichzeitig erforscht und als zusammengehörig betrachtet.

Es fällt niemand ein, eine Arbeitsteilung in die Technologie einzuführen, und zwei Klassen von Ingenieuren auszubilden, die einen für das Studium der Struktur, die anderen für das Studium des Energieumsatzes in den Maschinen.

Technologie wie Technik würden durch diese Teilung bald zugrunde gerichtet werden. Auch die Biologie wäre durch die Teilung in Anatomie und Physiologie längst zugrunde gegangen, wenn nicht die Medizin mit ihren praktischen Bedürfnissen den Zusammenschluß der beiden Wissenschaften wenigstens für den Menschen peremptorisch forderte. Diesem Zusammengehen der Wissenschaften verdanken auch die neuesten Arbeiten ihre hohe biologische Bedeutung. Man braucht bloß an das Lebenswerk Pawlows zu erinnern, oder an die großen Erfolge der englischen Physiologen wie Langley und Sherrington.

Überall dort, wo Physiologie und Anatomie getrennt vorgingen, ist es nicht zu ihrem Heile ausgeschlagen. Die vergleichende Anatomie, die immer mehr die Leistungen der Organe vernachlässigte, gelangte schließlich dazu, die Struktur der Lebewesen als eine bloß „formale Einheit“ zu betrachten. Die „Homologie“ wurde zur Grundlage einer ganz neuen Lehre von den Beziehungen der Körperformen, während die „Analogie“ verachtet wurde, und so traten tote räumliche Beziehungen an die Stelle der lebendigen Wechselwirkung der Organe. Erst in neuester Zeit führt die experimentelle Embryologie die anatomische Wissenschaft zu den Quellen der tiefsten Lebensprobleme zurück.

Ebenso verlor die allgemeine Physiologie immer mehr das Verständnis dafür, daß jedes Lebewesen eine „funktionelle Einheit“ ist. An Stelle des Strebens nach Erkenntnis des Bauplanes eines jeden Lebewesens, der allein aus Anatomie und Physiologie erschlossen werden kann, trat das einseitige Studium der möglichst isolierten Teilfunktionen, um diese als rein physikalisch-chemische Probleme behandeln zu können.

Dies war das Schicksal der Biologie der höheren Tiere. Ganz eigenartig gestaltete sich das Schicksal der Biologie bei den niederen Tieren. Hier gingen nicht Anatomie und Physiologie getrennte Wege, sondern die Physiologie wurde zeitweilig vollkommen unterdrückt. Dies geschah durch den Darwinismus. Der Darwinismus (nicht Darwin selbst) betrachtete die Leistungen der anatomischen Struktur als „unwesentlich“ gegenüber dem einen Problem: wie sich die Struktur der höheren Tiere aus der der niederen entwickelt habe.

Man sah in der Tierreihe den Beweis für eine stufenweise ansteigende Vervollkommnung von der einfachsten zur mannigfaltigsten Struktur. Nur vergaß man dabei das eine, daß die Vollkommenheit der Struktur gar nicht aus ihrer Mannigfaltigkeit erschlossen werden kann. Kein Mensch wird behaupten, daß ein Panzerschiff vollkommener sei als die modernen Ruderboote der internationalen Ruderklubs. Auch würde ein Panzerschiff bei einer Ruderregatta eine klägliche Rolle spielen. Ebenso würde ein Pferd die Rolle eines Regenwurms nur sehr unvollkommen ausfüllen.

Die Frage nach einem höheren oder geringeren Grad der Vollkommenheit bei den Lebewesen kann nur gestellt werden, wenn der Forscher die Welt, die ihn umgibt, für das Universum hält, das alle Lebewesen gleich ihn umschließt und an das sie, wie der Augenschein lehrt, mehr oder minder gut angepaßt sind.

Von diesem Standpunkt aus wird die menschliche Welt als die allein maßgebende betrachtet und demzufolge erscheinen die Baupläne der niederen Tiere als minderwertig gegenüber den Bauplänen der höheren Tiere und namentlich der Menschen.

Das ist aber ein handgreiflicher Irrtum, denn der Bauplan eines jeden Lebewesens drückt sich nicht nur im Gefüge seines Körpers aus, sondern auch in den Beziehungen des Körpers zu der ihn umgebenden Welt. Der Bauplan schafft selbsttätig die Umwelt des Tieres.

An seine Umwelt ist das einzelne Tier nicht mehr oder weniger gut angepaßt, sondern alle Tiere sind in ihre Umwelten gleich vollkommen eingepaßt.

Diese Erkenntnis, die ich Schritt für Schritt zu beweisen gedenke, kann allein als dauernde Grundlage der Biologie angesehen werden. Nur durch sie gewinnen wir das richtige Verständnis dafür, wie die Lebewesen das Chaos der anorganischen Welt ordnen und beherrschen. Jedes Tier an einer anderen Stelle und in anderer Weise. Aus der unübersehbaren Mannigfaltigkeit der anorganischen Welt sucht sich jedes Tier gerade das aus, was zu ihm paßt, d. h. es schafft sich seine Bedürfnisse selbst entsprechend seiner eigenen Bauart.

Nur dem oberflächlichen Blick mag es erscheinen, als lebten alle Seetiere in einer allen gemeinsamen gleichartigen Welt. Das nähere Studium lehrt uns, daß jede dieser tausendfach verschiedenen Lebensformen eine ihm eigentümliche Umwelt besitzt, die sich mit dem Bauplan des Tieres wechselseitig bedingt.

Es kann nicht wundernehmen, daß die Umwelt eines Tieres auch andere Lebewesen mit umschließt. Dann findet diese wechselseitige Bedingtheit auch zwischen den Tieren selbst statt und zeitigt das merkwürdige Phänomen, daß der Verfolger ebensogut zum Verfolgten paßt, wie der Verfolgte zum Verfolger. So ist nicht bloß der Parasit in den Wirt, sondern auch der Wirt in den Parasiten eingepaßt.

Die Versuche, diese wechselseitige Zusammengehörigkeit benachbarter Tiere durch allmähliche Anpassung zu erklären, sind kläglich gescheitert. Sie haben zudem das Interesse von der nächstliegenden

Aufgabe abgewandt, die darin besteht, erst einmal die Umwelt eines jeden Tieres sicherzustellen.

Diese Aufgabe ist nicht so einfach, wie der Unerfahrene glauben könnte. Es ist freilich nicht schwierig ein beliebiges Tier in seiner Umgebung zu beobachten. Aber damit ist die Aufgabe keineswegs gelöst. Der Experimentator muß festzustellen suchen, welche Teile dieser Umgebung auf das Tier einwirken und in welcher Form das geschieht.

Unsere anthropozentrische Betrachtungsweise muß immer mehr zurücktreten und der Standpunkt des Tieres der allein ausschlaggebende werden.

Damit verschwindet alles, was für uns als selbstverständlich gilt: die ganze Natur, die Erde, der Himmel, die Sterne, ja alle Gegenstände, die uns umgeben, und es bleiben nur noch jene Einwirkungen als Weltfaktoren übrig, die dem Bauplan entsprechend auf das Tier einen Einfluß ausüben. Ihre Zahl, ihre Zusammengehörigkeit wird vom Bauplan bestimmt. Ist dieser Zusammenhang des Bauplanes mit den äußeren Faktoren sorgsam erforscht, so ründet sich um jedes Tier eine neue Welt, gänzlich verschieden von der unsrigen, seine Umwelt.

Ebenso objektiv wie die Faktoren der Umwelt sind, müssen die von ihnen hervorgerufenen Wirkungen im Nervensystem aufgefaßt werden. Diese Wirkungen sind ebenfalls durch den Bauplan gesichtet und geregelt. Sie bilden zusammen die Innenwelt der Tiere.

Diese Innenwelt ist die unverfälschte Frucht objektiver Forschung und soll nicht durch psychologische Spekulationen getrübt werden. Man darf vielleicht, um den Eindruck einer solchen Innenwelt lebendig zu machen, die Frage aufwerfen, was würde unsere Seele mit einer derart beschränkten Innenwelt anfangen. Aber diese Innenwelt mit seelischen Qualitäten auszumalen und aufzuputzen, die wir ebensowenig beweisen wie ableugnen können, ist keine Beschäftigung ernsthafter Forscher.

Über der Innenwelt und der Umwelt steht der Bauplan, alles beherrschend. Die Erforschung des Bauplanes kann meiner Überzeugung nach allein die gesunde und gesicherte Grundlage der Biologie abgeben. Sie führt auch Anatomie und Physiologie wieder zusammen zu ersprießlicher Wechselwirkung.

Wird die Ausgestaltung des Bauplanes für jede Tierart in den Mittelpunkt der Forschung gestellt, so findet jede neuentdeckte Tatsache ihre naturgemäße Stelle, an der sie erst Sinn erhält und Bedeutung.

Der Inhalt des vorliegenden Buches soll dem Zweck dienen, die Bedeutung des Bauplanes möglichst eindringlich vor Augen zu führen und an einzelnen Beispielen zu zeigen, wie Umwelt und Innenwelt durch den Bauplan miteinander zusammenhängen. Ein Lehrbuch der speziellen Biologie wird hier nicht geboten, sondern nur der Weg gezeigt, auf dem man zu ihm gelangen könnte.

In der Auswahl der vorliegenden Beispiele bestimmte mich vor allem der Wunsch, möglichst planmäßige Bilder zu geben. Natürlich sind überall Lücken vorhanden, und zwar nicht bloß im physiologischen, sondern auch im anatomischen Material. Da ich andererseits nur solches anatomisches Material brauchen konnte, das physiologisch belebt war, mußte die große Masse anatomischer und zoologischer Erkenntnisse fortfallen. Ebenso mußten alle physiologischen Ergebnisse vernachlässigt werden, die nur physikalisches oder chemisches Interesse boten. Aber auch jene Strukturen, deren Leistungen gut erforscht sind, mußten unberücksichtigt bleiben, wenn ihre Komplikation zu große Anforderungen an das Vorstellungsvermögen des Lesers stellten.

Endlich habe ich mich auf die Wirbellosen beschränkt, weil ich dort selbst zu Hause bin, die höheren Tiere Berufenerern überlassend. Von den Wirbellosen blieben die Bienen und Ameisen unberücksichtigt, weil über sie bereits eingehende Lehrbücher vorhanden sind.

Ich könnte nun zu dem Inhalt des Buches übergehen, denn der Gesichtspunkt, von dem aus es betrachtet werden soll, ist ausreichend dargelegt. Aber noch erübrigt auf diejenigen Meinungen einzugehen, die der Biologie eine andere Grundlage zu geben bestrebt sind.

Was auf die eben dargelegte Weise entstehen kann, ist eine spezielle Biologie aller Tierarten. Eine solche Biologie würde sehr einseitig sein, wenn sie auf das Hilfsmittel der Vergleichung verzichtete. Alle Tiere vollführen ihre animalischen Leistungen mit Hilfe von Geweben, die sich durch die ganze Tierreihe hindurch sehr ähnlich bleiben. Muskelgewebe und Nervengewebe zeigen überall analoge Leistungen, mögen sie sich in noch so verschiedenartigen Organen zusammenfinden. Dies ist von großer Bedeutung für die spezielle Biologie, denn die allgemein gültigen Eigenschaften der Muskel und Nerven lassen sich auch bei jenen Tieren als gültig voraussetzen, deren Körperbeschaffenheit keine physiologische Analyse bis herab auf die einzelnen Gewebe zuläßt. Es wird daher die vergleichende Physiologie der Gewebe immer ein sehr notwendiger Bestandteil der speziellen Biologie bleiben, und es läßt sich auch nichts dagegen sagen, wenn man die vergleichende Gewebskunde der Besprechung der einzelnen Tiere vorangehen läßt. Ich habe davon Abstand genommen, weil ich zeigen wollte, in welchen Tierarten wir am leichtesten zu allgemeineren Schlüssen für die allgemeine Gewebskunde gelangen.

Ganz anders nimmt sich die Biologie aus, wenn man die Vergleichung zur Grundlage des ganzen Studiums macht. Dies ist durch

Loeb geschehen, und zwar in einer außerordentlich originellen und interessanten Weise.

Die große Mehrzahl der tierischen Bewegungen geht folgendermaßen vonstatten: Ein äußerer Reiz wirkt auf ein Rezeptionsorgan, dieses erteilt dem Nervensystem eine Erregung. Vom Nervensystem geleitet erreicht die Erregung schließlich den Muskel, der sich dann verkürzt. Diesen Vorgang nennt man einen Reflex. Loeb fand nun, daß eine große Anzahl von Tieren, wenn sie ganz elementaren Reizen ausgesetzt sind, wie es Licht, Schwere oder einfache chemische Substanzen sind, stets mit einer geordneten Bewegung anworten, durch die sie sich entweder der Reizquelle zu- oder von ihr abwenden. Er sah darin einen elementaren Vorgang, den er als Tropismus bezeichnete und je nach der Richtung, die von der Bewegung eingeschlagen wurde, sprach er von positivem oder negativem Tropismus.

Loeb selbst hat die Möglichkeit zugegeben, daß es sich bei vielen Tropismen um noch nicht genügend analysierte Reflexe handeln könne. Aber bestimmte Tropismen, z. B. den Phototropismus, der auf einseitige Belichtung eintritt, will er als ein den physikalischen Phänomen gleichzusetzendes Elementarphänomen angesehen wissen. Es sollen die Lichstrahlen bei ihrem Durchgang durch den Tierkörper diesen zu drehen befähigt sein wie etwa ein Magnet die Eisenfeilspäne. Tiere, die auf diese Weise auf das Licht reagieren, nennt man photopathische.

Es besteht aber kein Zweifel, daß in vielen Fällen das Licht einfach auf der beleuchteten Seite des Tieres einen Reflex auslöst, der zu einer einseitig gerichteten Bewegung führen muß, da auf der beschatteten Seite kein Reflex entsteht. Die Tiere, die auf diese Weise gegen das Licht reagieren, nennt man phototaktische.

Der photopathische Phototropismus ist ein physikalischer Vorgang, der phototaktische dagegen ein Reflex.

Nun hat Fr. Lee an einzelligen Tieren nachweisen können, daß die photopathische Erklärung ihrer Bewegungen sehr wohl durch eine phototaktische ersetzt werden kann.

Neuerdings hat Radl den Nachweis zu führen versucht, das Licht wirke auf Insekten ebenso richtunggebend wie die Gravitation auf einen schwebenden Körper. Dagegen hat G. Bohn gefunden, daß die unzweifelhafte richtunggebende Wirkung der beleuchteten Gegenstände auf Schnecken und Krebse abhängig ist vom physiologischen Zustand der Tiere.

Man sieht daraus, wie unsicher die Deutung dieser Vorgänge ist.

Zwar erscheint es verlockend, alle Bewegungen der Tiere auf Tropismen zurückzuführen, denn das überhebt uns der Aufgabe, die scheinbar einfachen Vorgänge als Leistungen einer schwer zu ermittelnden Struktur zu behandeln. Aber eine sichere Grundlage gewinnt man nur durch das Studium der Struktur und des Bauplanes.

Schon jetzt scheint diese Ansicht mehr und mehr Boden zu gewinnen. Aber nur ein Teil der Forscher wendet sich dem Studium des Bauplanes zu. Ein anderer folgt einer neuen Lehre, die das Studium des Bauplanes verwirft und die Tiere frei von jeder Analogie mit den Maschinen betrachten will.

Es ist ja zweifellos, daß die Ermittlung des Bauplanes der Tiere nur dann einen Sinn hat, wenn die Struktur der Tiere der Struktur der Maschinen gleichzusetzen ist.

Wir nähern uns damit der Grundfrage aller Biologie, die nicht durch Spekulation entschieden werden kann, sondern nur durch Beobachtung der lebenden Substanz, auf der sich alle Lebewesen aufbauen, während die Maschinen aus totem Stoff bestehen — dem Protoplasmaproblem.

Das Protoplasmaproblem.

Die Wissenschaft der organischen Welt ist alt genug, um die Erwartung zu rechtfertigen, daß es eine eindeutige und allgemein anerkannte Definition des Begriffes Organismus gebe. Das ist leider keineswegs der Fall, und unter dem gleichen Wort Organismus werden die verschiedensten Dinge verstanden, je nachdem welcher Theorie der Verfasser folgt.

Es ist deshalb notwendig, den Begriff des Organismus historisch abzuleiten und seine Beziehungen zum Begriff Maschine, mit der er so häufig verwechselt wird, klarzulegen.

Man wird, ohne beiden Begriffen Gewalt anzutun, die Maschinen als unvollkommene Organismen ansprechen können, weil alle prinzipiellen Eigenschaften der Maschine sich bei den Organismen wiederfinden. Dagegen ist es unmöglich, die Organismen ohne weiteres als Maschinen zu bezeichnen. Auf welchem Standpunkte man auch stehen möge, immer wird man mehr oder weniger starke Abzüge von den Eigenschaften der Organismen machen müssen, ehe man ihnen die Bezeichnung maschinell beilegen darf.

Jene Eigenschaften der Organismen, durch welche sie den Maschinen überlegen sind, kann man passend als übermaschinelle Eigenschaften bezeichnen. Unter diesen sind am leichtesten erkennbar die Formbildung und die Regeneration. Das sind beides Eigenschaften, welche die Entstehung der Organismen betreffen, die ja zweifellos ganz anders verläuft als diejenige der Maschinen.

Demgegenüber zeigen die erwachsenen Organismen in all ihren ausgebildeten Geweben keine übermaschinellen Fähigkeiten. In einem prinzipiellen Punkt ist auch sicher eine Übereinstimmung zwischen den Maschinen und Organismen vorhanden. Beide bestehen aus einzelnen Teilen, die sich zu einem Ganzen zusammenfügen. Die Vereinigung der Teile zum Ganzen ist in beiden Fällen keine bloß formale, sondern eine funktionelle, d. h. die Leistungen der einzelnen Glieder einer Maschine oder eines Organismus vereinigen sich zur Gesamtleistung des Ganzen.

Dieses Zusammenwirken der Teile können wir uns in einem räumlichen Schema sowohl für die Maschinen wie für die Organismen zur Anschauung bringen. Dieses räumliche Schema nennt man den Organisationsplan oder den Bauplan. Jeder Bauplan ist in diesem Sinne nichts anderes als ein Grundriß, den wir entwerfen, nachdem wir von einem Organismus oder einer Maschine nähere Kenntnis gewonnen haben. Der Bauplan zeigt uns, in welcher Form die Prozesse innerhalb des untersuchten Gegenstandes ablaufen. Er will weiter nichts als eine übersichtliche Beschreibung der Vorgänge liefern. Nur wenn man sich fest an diese Bedeutung des Wortes Bauplan hält, wird man vor Irrtümern bewahrt, die mit Notwendigkeit eintreten, sobald man dem Bauplan irgendwelchen Einfluß auf den Ablauf des Prozesses im Organismus oder in der Maschine einräumt.

Hierin sind sich also Maschinen und ausgebildete Organismen völlig gleich. Von beiden kann man einen anschaulichen Plan entwerfen, mit lauter im Raum nebeneinander gelagerten Gliedern oder Organen.

Die Entstehung der Maschinen und die Entstehung der Organismen ist aber eine durchaus verschiedene. Die Maschinen sind alle von Menschen gemacht, die Organismen entstehen aus sich selbst. Darin liegt ihre hauptsächlichste übermaschinelle Fähigkeit.

Die neueren Forschungen haben jetzt zweifellos klargelegt, daß jedes Tier aus einem undifferenzierten Keim entsteht, und erst nach und nach Struktur gewinnt, welche anfangs in allgemeinen Zügen auftritt, um sich dann allmählich bis ins einzelne auszugestalten.

Wenn wir die Entstehung eines Tieres beschreiben wollen, so fassen wir sie in eine Regel, welche die zeitlichen Folgen der einzelnen Phasen festlegt. Im Gegensatz zum Bauplan, der eine räumliche Darstellung der Vorgänge gibt, gibt die Bildungsregel eine Darstellung des zeitlichen Ablaufes aller Vorgänge. Auch hier liegt die Gefahr nahe, anstatt von einer abgeleiteten Bildungsregel zu reden, in welche wir die Lebensvorgänge einfügen, von einem leitenden Bildungsgesetz zu sprechen, das die Lebensvorgänge beherrscht. Weder Bauplan noch Bildungsregel haben das mindeste mit dem wirklichen Naturfaktor zu tun, welcher die physikalisch-chemischen Prozesse zwingt, besondere Bahnen einzuschlagen.

Regel und Plan sind nur die Form, in der wir die Wirkungen jenes Naturfaktors erkennen. Er selbst ist uns völlig unbekannt. Driesch nennt ihn in Anlehnung an Aristoteles die „Entelechie", Karl Ernst von Bär nannte ihn die „Zielstrebigkeit".

Soviel scheint festzustehen, daß für die Tätigkeit dieses Naturfaktors die Strukturlosigkeit der lebendigen Substanz Vorbedingung ist. Jedenfalls wird, während die Struktur im Laufe der individuellen

Entwicklung jedes einzelnen Tieres auftritt, gleichzeitig die Fähigkeit zur Bildung neuer Struktur immer mehr und mehr eingeschränkt, so daß man wohl sagen darf: Struktur hemmt Strukturbildung.

Es ist natürlich von höchster Bedeutung, etwas Näheres über diesen rätselhaften Naturfaktor zu erfahren, der gerade dort am tätigsten ist, wo man es am wenigsten erwarten sollte, in der undifferenzierten Grundsubstanz des Keimes — dem Protoplasma. Das Studium des Protoplasmas gewährt daher die meiste Aussicht über den großen Unbekannten etwas Näheres zu erfahren.

Das Protoplasma oder die lebendige Substanz ist nicht allein das Ausgangsstadium aller tierischen und pflanzlichen Zellen, denn alles Lebende entsteht aus dem einfachen Protoplasmakeim. Es erhält sich auch in fast allen Zellen des erwachsenen Tierkörpers, wenn auch in kleinen Mengen. Außerdem erhält sich das Protoplasma als Körpersubstanz bei den einzelligen Tieren während ihres ganzen Lebens.

Die Einzelligen lassen zum Teil aus dem Protoplasma dauernde Organe hervorgehen, wie Schalen, Stacheln, Wimpern u. dgl., aber es gibt doch eine Anzahl ganz einfache Tiere, die faktisch nichts anderes sind als ein Klümpchen flüssigen Protoplasmas. Und trotzdem führen sie wie alle übrigen Tiere ein reiches Leben, stehen in steter Wechselwirkung mit ihrer Umgebung, bewegen sich, nähren sich und pflanzen sich fort, wie die höchsten Organismen.

Da man, wie wir sahen, die ausgebildeten höheren Tiere mit Maschinen vergleichen kann, so durfte man annehmen, daß die Einzelligen sich ebenfalls mit Maschinen vergleichen lassen müssen. Hier trat nun die große prinzipielle Schwierigkeit ein, die in den 80 Jahren der Geschichte des Protoplasmas eine so verhängnisvolle Rolle gespielt hat. Die Schwierigkeit, die sich am prägnantesten in die Worte fassen läßt: Kann es flüssige Maschinen geben?

Das Protoplasmaproblem begann in der Zoologie seine Rolle zu spielen, als Dujardin im Gegensatz zu Ehrenberg das Vorhandensein einer inneren Organisation bei den Einzelligen leugnete. Er führte den Namen Sarkode ein und schrieb darüber: „Ich schlage vor, jenes so zu nennen, was andere Beobachter eine lebende Gallerte genannt haben, jene Substanz, die klebrig, durchscheinend, unlöslich im Wasser sich zu kugeligen Massen zusammenzieht . . . bei allen niederen Tieren anzutreffen ist, eingefügt zwischen die anderen Strukturelemente.“

Die umfassende Bedeutung des Protoplasmas als gemeinsames Lebenselement aller Zellen hat dann Max Schultze erkannt, der auch den Begriff der Zelle neu formulierte. „Eine Zelle ist ein Klümpchen Protoplasma, in dessen Innerem ein Kern liegt.“ An Stelle des Wortes „Sarkode“ setzte er das den Botanikern entlehnte Wort „Protoplasma". Was haben wir unter Protoplasma zu verstehen? „Eine kontraktile Substanz, welche nicht mehr in Zellen zerlegt werden kann, auch andere kontraktile Formelemente als Fasern u. dgl. nicht mehr enthält." „Das Protoplasma, dem schon vorher Kontraktilität zukam — die ungeformte kontraktile Substanz — formt sich durch innere Veränderungen und liefert die Muskelfasern, ohne jedoch ganz zu verschwinden. Zwischen den Fibrillen der kontraktilen Substanz führt es sein Zellenleben weiter. Ebenso bleibt es in fast allen Zellen des Körpers am Leben."

Das Protoplasma hat nach Max Schultze außer seiner flüssigen Konsistenz und seiner Kontraktilität noch sehr wunderbare Eigenschaften. Es zeichnet sich aus „durch sein, wenn man so sagen darf, zentripetales Leben, durch die Eigentümlichkeit, mit dem Kern ein Ganzes zu bilden, in einer gewissen Abhängigkeit von ihm zu stehen."

Ferner schreibt er: „Eine Zelle mit einer vom Protoplasma chemisch differenzierten Membran ist wie ein enzystiertes Infusorium, wie ein gefangenes Ungetüm . . . doch laßt das ungestüm sich teilende, von dem noch ungestümeren Kern stets von neuem angestachelte Protoplasma seine Hülle sprengen, . . . und das entfesselte Protoplasma wird zu manches Schrecken von seiner Freiheit Gebrauch machen."

Gegen die Tendenz, einer bloßen Flüssigkeit so merkwürdige Eigenschaften zuzuschreiben, wandte sich vor allem Reichert, der an dem maschinellen Bau der Einzelligen festhielt und die Pseudopodien für kontraktile Organe erklärte.

Auch Brücke konnte sich mit dem Gedanken einer kontraktilen Flüssigkeit nicht befreunden und hielt die Flüssigkeit in den Protozoen für nur passiv bewegt durch die geformte Außenschicht, was Schultze zu einer nochmaligen Darstellung der Vorgänge in den netzförmigen Pseudopodien der Süßwasserrhizopoden veranlaßte. Diese Darstellung ist so künstlerisch anschaulich, daß sie als klassisches Dokument erhalten zu werden verdient.

Man denke sich ein mikroskopisches Tierchen, das die Form einer Eierschale besitzt, die an einer Spitze geöffnet ist, aus dieser Öffnung entströmt das Protoplasma, das den Innenraum des Eies ausfüllt, oder man stelle sich einen kleinen Stern vor, der nach allen Seiten durchsichtige Fäden ausstrahlt, an deren Oberfläche das flüssige Protoplasma sich ausbreitet. Immer erhält man folgendes Bild: „Wie auf einer breiten Straße die Spaziergänger, so wimmeln auf einem breiteren Faden Körnchen durcheinander; wenn auch manchmal stockend und zitternd, doch immer eine bestimmte, in Längsrichtung des Fadens entsprechende Richtung verfolgend. Oft stehen sie mitten in ihrem Laufe still und kehren dann um, die meisten jedoch gelangen bis zum äußersten Ende der Fäden und wechseln hier selbst ihre Richtung. Nicht alle Körnchen eines Fadens bewegen sich mit gleicher Schnelligkeit, so daß oft eins das andere überholt, ein schnelleres das langsamere zu größerer Eile treibt oder an dem langsameren in seiner Bewegung stockt. Wo mehrere Fäden zusammenstoßen, sieht man die Körnchen von einem auf den anderen übergehen." Die strahlenförmigen Fäden sind konsistenter als das flüssige Protoplasma, aber auch kontraktil.

Bei vielen Rhizopoden, die in einer Schale stecken, sind die Pseudopodien durchgängig dünnflüssig und verfließen leicht ineinander. „Daß aber die Willkür," fährt Schultze fort, „mit im Spiele ist, geht schon daraus hervor, daß die Verschmelzung der aneinanderstoßenden Fäden verschiedener Individuen bestimmt nicht stattfindet, wie ich mich bei dicht nebeneinander auf den Objektträger gebrachten Individuen sehr oft überzeugt habe. Die Fäden weichen dann vor ihresgleichen wie vor einem schlimmen Feind zurück."

Auch Kühne[1]), der die Grundlage für die gesamte experimentelle Physiologie der Einzelligen gelegt hat, spricht von dem Willen, der im Vortizellenglöckchen steckt, ohne an der flüssigen Natur des Protoplasmas zu zweifeln.

In schärfsten Gegensatz zu Reichert trat Haeckel. Er schrieb: „Die Sarkode blieb, was sie war — eine kontraktile zähflüssige, schleimige Eiweißsubstanz, in der jedes Partikelchen allen anderen gleichwertig erschien und alle Funktionen dieses allereinfachsten Organismus gleichmäßig vollzog."

Haeckel hatte kein Auge für die Gründe seiner Gegner, obwohl Brücke in überzeugender Weise auf die Schwierigkeiten des Protoplasmaproblems hingewiesen hatte: „Wir können uns keine lebende vegetierende Zelle denken, mit homogenem Kern und homogener Membran und einer bloßen Eiweißlösung als Inhalt, denn wir nehmen diejenigen Erscheinungen, welche wir als Lebenserscheinung bezeichnen, am Eiweiß als solchem überhaupt nicht wahr. Wir müssen deshalb den lebenden Zellen, abgesehen von der Molekularstruktur der organischen Verbindungen, welche sie enthält, noch eine andere und in anderer Weise komplizierte Struktur zuschreiben, und diese ist es, welche wir mit dem Namen Organisation bezeichnen.

Die zusammengesetzten Moleküle der organischen Verbindungen sind hier nur Werkstücke, die nicht in einförmiger Weise eines neben dem anderen aufgeschichtet, sondern zu einem lebendigen Bau kunstreich zusammengefügt sind. . . . Wir wissen, daß mit der Abnahme der

---

[1]) Kühne und nicht Verworn hat die Umkehr des Pflügerschen Gesetzes bei den Einzelligen entdeckt.

Dimensionen sich die Natur der Mittel ändert, durch welche Kräfte der organischen Welt dem Organismus dienstbar gemacht werden. Aber abgesehen von den hierdurch bedingten Verschiedenheiten und abgesehen von der geringeren Summe der zusammengesetzten Teile haben wir kein Recht, einen kleinen Organismus für minder kunstvoll gebaut zu halten, als einen von großen Dimensionsn. . . . Für uns ist der Zelleninhalt, die Hauptmasse des Zellenleibes, selbst ein komplizierter Aufbau aus festen und flüssigen Teilen."

Hier tritt zum ersten Male die Schwierigkeit, sich eine kontraktile Flüssigkeit zu denken, in den Hintergrund. Dafür wird um so deutlicher der Flüssigkeitscharakter des Protoplasmas als unmöglich abgelehnt, weil es in einer Flüssigkeit keine Struktur geben kann.

Die Schwierigkeit, die Beobachtung mit der Logik in Übereinstimmung zu bringen, hat zu den verschiedensten Auswegen geführt und es ist nicht leicht, das Problem gegenüber allen Abschwächungsversuchen unzweideutig vor Augen zu behalten. Am deutlichsten erkennt man das wahre Wesen des Protoplasmaproblems, wenn man sich an die unbeschalten Rhizopoden, die Amöben, hält.

Die Beobachtung der Amöben lehrt einerseits, daß diese Tiere sich wie gegliederte Organismen benehmen, und andererseits, daß sie keine Gliederung, sondern nur eine flüssige Leibessubstanz besitzen. Es ist aber unmöglich, gleichzeitig gegliedert und nicht gegliedert zu sein.

Daher ist es verständlich, daß ein Teil der Forscher die eine Seite der Beobachtung, ein anderer Teil die andere Seite in Zweifel zog. Zunächst versuchte man sich dadurch aus der Verlegenheit zu helfen, daß man ein lebendiges Urelement annahm, welches die wichtigsten Lebenserscheinungen in sich vereinigte. Analog den Molekülen einer zusammengesetzten Substanz, die allein alle Eigenschaften der Substanz in sich tragen, erfand man lebendige Urelemente, beinahe ein Dutzend an der Zahl.

Für uns sind diese Versuche ohne Interesse. Denn es handelt sich gar nicht um die Frage, was noch lebendig genannt werden kann, sondern darum, ob die ganze Amöbe eine Struktur besitzt oder nicht.

Auch der Ausweg, von halbweicher oder festweicher Substanz zu sprechen, hilft uns nicht weiter. Die flüssige Maschine ist deshalb ein Unding, weil in einer Flüssigkeit sich alle Teilchen gegenseitig vertreten können und keinerlei Anordnung zeigen, während die Maschinenstruktur unwandelbare Ordnung bedeutet.

Ebensowenig ist es möglich, alles auf Stoffwechselprozesse zu schieben, denn auch diese bedürfen, um geordnet zu verlaufen, der strukturellen Anordnung, der chemisch wirksamen Teile.

Da kam von seiten Bütschlis der erste erfolgreiche Versuch, in einer Flüssigkeit Struktur nachzuweisen. Es gelang ihm, vollkommen flüssige Tröpfchen darzustellen, die aus einer innigen schaumigen Mischung zweier Flüssigkeiten stammen. In den Tropfen befand sich die eine Flüssigkeit als Inhalt von tausend kleinen Kammern, die durch das Wabenwerk der anderen Flüssigkeit gebildet wurden. In reines Wasser gesetzt, zeigten die Tropfen eine lebhafte Bewegung, denn die Wasseraufnahme änderte die inneren Spannungs- und Mischungsverhältnisse dauernd und erzeugte immer neue Verschiebungen des Wabenwerkes.

Damit war endlich der Beweis erbracht, daß es kontraktile Flüssigkeiten gebe. Aber eine feste Anordnung der Teile, wie sie die Struktur der Maschine fordert, gab es doch nicht, denn die einzelnen Waben ließen sich anstandslos gegeneinander vertauschen.

Diesen Übelstand erkannte Rhumbler ganz klar, und er versuchte es, an Stelle der homogenen Wabenstruktur eine nicht homogene (anomogene) zu setzen, indem er annahm, daß die einzelnen Waben oder Alveolen im Protoplasma in bestimmter Weise an verschiedenen Orten mit verschiedenem Inhalt gefüllt sind. „Die Wabenlehre liefert auch hier wieder das einfachste Verständnis für die Verschiedenheiten und die Möglichkeit ihrer Aufrechterhaltung. Die innere Zellspannung, welche den Wabenbau im Gefolge hat, wird unter nicht unbeträchtlichem Arbeits- und Kräfteaufwand eine Verschiebung der einzelnen Alveolen zulassen, vorausgesetzt, daß das Alveolensystem im Spannungsgleichgewichte ist. Sind die Waben nun ihrem Charakter nach verschieden, wie es die verschiedenartige Differenzierung der Zelle in ihren Einzelabschnitten zur Voraussetzung hat, so wird durch die festgespannte Lage der Einzelwaben auch die Struktur der Zelle aufrecht erhalten werden, solange nicht besondere chemische, thermische oder strukturelle Veränderungen die innere Zellspannung verändern und der oft gehörte Einwand, daß sich eine feststehende Zellstruktur nicht mit einem flüssigen Aggregatzustand des Protoplasmas vertrage, wird hinfällig, er verträgt sich mit ihm, sobald man nicht eine einfache Flüssigkeit, sondern ein flüssiges Schaumgemenge in Vergleich setzt."

In dieser Auseinandersetzung findet sich ein kleiner Widerspruch. Es heißt: „So wird .... die Struktur der Zelle aufrecht erhalten werden, solange nicht .... strukturelle Veränderungen die innere Zellspannung verändern." Und wenn strukturelle Veränderungen eingetreten sind, wer wird dann die Struktur der Zelle wieder herstellen?

Doch lassen wir diesen Widerspruch fürs erste auf sich beruhen, so müssen wir zugeben, daß es Rhumbler gelungen ist, das Bild einer Struktur in einem Flüssigkeitstropfen zu entwerfen. Die verschiedenen Spannungen in verschiedenen räumlich geordneten Waben können sich gegenseitig so beeinflussen, daß sie jeder gewaltsamen Verschiebung der Teile einen gewissen Widerstand entgegensetzen und dermaßen die Wirkung einer festen Struktur ausüben. Alles natürlich unter der Voraussetzung, daß der flüssige Tropfen nicht fließt. Denn fängt er an zu fließen, d. h. verschieben sich die Teile regellos durcheinander, so erleidet der Tropfen strukturelle Veränderungen, und wer bringt dann wieder Ordnung hinein, wenn die Struktur verloren ist?

Und nun hören wir, was Rhumbler über die Bewegungsart des Protoplasmas berichtet. An Pflanzenzellen (Charazeen) hat Rhumbler die Protoplasmaströmung untersucht und auf ihre physikalischen Eigenschaften hin geprüft, indem er sie verschiedenen Drucken aussetzte. Dabei stellte sich heraus, „daß die Strömungsgeschwindigkeit von den auf das Deckglas ausgeübten Drucken ganz unabhängig war .... die strömende Substanz erweist sich den genannten Drucken gegenüber in jeder Beziehung als eine Flüssigkeit."

Das Ergebnis der direkten Beobachtung eines kreisenden Plasmastromes formuliert Rhumbler folgendermaßen: „Diese Ausschaltung gewisser Protoplasmateile aus der Kreisströmung der übrigen, ohne daß der Konnex zwischen beiden gelöst wird, zeigt, daß der ausgeschaltete ruhende Plasmateil durch keine Struktur von irgendwelcher Festigkeit mit dem strömenden Teil verkettet sein kann."

Also gibt es im strömenden Protoplasma keinerlei Struktur. Auch eine Spannungsstruktur, die die Waben in festen Abständen bewahrt, kommt nicht zum Vorschein. Sind wir jetzt von der Strukturlosigkeit des Protoplasmas überzeugt, so werden wir naturgemäß daran zweifeln, daß die Wesen, die bloß aus einer flüssigen Substanz bestehen, sich benehmen können wie höhere organisierte Tiere. Vielleicht zeigen diese Wesen die Eigenschaften eines Chloroformtropfens auf Schellack, der ja auch, wie Rhumbler nachweisen konnte, sich bewegt und in der Aufnahme von festen Körpern eine gewisse Auswahl trifft. Ähnliche einfache mechanische Eigenschaften sind wir bereit, den strukturlosen Protoplasmatropfen zuzuschreiben und auf Rechnung ihres Wabenbaues zu setzen, aber alles andere wird wohl Phantasie sein.

Und nun hören wir einen der besten modernen Rhizopodenkenner: Penard. Penard bestätigt die flüssige Natur und völlige Strukturlosigkeit des Protoplasmas. Selbst der Unterschied zwischen der dichteren Außenschicht (Ektosark) und der flüssigeren Innenschicht (Entosark) ist bei den Amöben kein wesentlicher. „Es liegt in der Natur des lebenden Protoplasmas selbst die Fähigkeit begründet, sich bei der Berührung mit dem Wasser zu erhärten, indem es eine Schicht formt, welche dichter und widerstandsfähiger ist. So wird bei den

Amöben, sobald sich an der Oberfläche des Körpers ein plötzlicher Riß gebildet hat, durch den ein heftiger Strom flüssigen Entosarks austritt, diese Masse, anstatt weit weg zu fliegen und verloren zu gehen, augenblicklich den peripheren Schichten eingefügt und gelangt nur dazu, einen Lappen zu bilden, während gleichzeitig das Entosark Ektosark geworden ist."

Bei Amoeba limicola ist die Verwandlung von Entosark in Ektosark sogar die Regel, denn ihre Fortbewegung geschieht durch eine Folge plötzlicher Zerreißungen und Ausströmung des Entosarks mit nachträglicher Verhärtung des Plasmas.

Amoeba limax fließt mit dem ganzen Körper davon. Manchmal erhebt sie sich aber mit dem Vorderende, während ihr Hinterende am Boden haftet, und vollführt schnelle tastende Bewegungen.

Noch merkwürdiger ist, was Penard von einer anderen Amöbe berichtet auf S. 78 seines interessanten Werkes. „Wenn man dann einen Augenblick das Tier beobachtet, sieht man es die verschiedenartigsten Formen annehmen. Nach allen Richtungen des Raumes entwickeln sich die nicht sehr zahlreichen Arme und sozusagen gestützt bald auf die einen, bald auf die anderen bewegt es sich auf gut Glück vorwärts in langsamer Gangart, wie eine Spinne auf ihren Beinen, oft auch allem Anscheine nach auf ihren Pseudopodien rollend. Diese selbst sind während der Zeit in dauernder Umgestaltung begriffen. Sie verlängern sich, sie verkürzen sich, sie kehren in die gemeinsame Masse zurück, um anderweitig wieder zu erscheinen. Oder sie bewegen sich in einem Stück, indem sie die umgebende Flüssigkeit auskundschaften, und die Gesamtform wechselt ohne Aufhören. . . . . Das Tier liebt es auch, sich mit einem Pseudopodium auf irgendeinen Gegenstand festzusetzen . . . . während die anderen Arme sich wie Tentakel entwickeln und dem Tier das Aussehen einer Hydra geben.

Die eben gegebene Beschreibung bezieht sich aber nur auf das Tier im Ruhezustand oder bei langsamem Gang. Alles ändert sich, wenn die Fortbewegung schneller werden soll. Dann sieht man einige Pseudopodien sich auf sich selbst zurückziehen — der Achsenstrom, der sie durchläuft, geht dabei von der Spitze zur Basis, während andere Pseudopodien sich ausbreiten, die einen mit den anderen zusammenfließen und zu einer einzigen Masse verschmelzen, Zum Schluß haben wir ein Amoeba limax vor uns, manchmal selbst mit einem ausgezackten kaudalen Saum versehen, die sich in gerader Linie in beschleunigte Bewegung setzt."

Hyalosphaenia punctata besitzt ein großes Pseudopodium. „Dieses Pseudopodium zeigt sich mit einer besonders bemerkenswerten Aktivität begabt und funktioniert mittels schneller Wellen, die sich Schlag auf Schlag folgen, es umformend, teilend oder ausbreitend. Wenn das Tier zu einer Masse von Zersetzungsprodukten gelangt, flacht es sein Pseudopodium erheblich ab und führt es dem Anscheine nach wie eine Klinge in die Mitte des Detritus."

Das Erstaunlichste leistet das Protoplasma, wenn es Organe hervorzaubert, die völlig differenziert, nur zu einem eng umgrenzten Beruf geschaffen sind und gleich darauf in die formlose Körpermasse wieder aufgehen. Penard berichtet über eine beschalte Rhizopode Difflugia capreolata folgendes: „Wir sehen dann ein starkes und verlängertes Pseudopodium .... Wenn wir dann mit Aufmerksamkeit das Ende des langen Pseudopodiums verfolgen, sehen wir plötzlich an seiner Oberfläche zwei kleine Bogenlinien entstehen, die sich mit ihrer Konkavität gegenseitig anschauen. Diese Linien sind der Ausdruck einer kleinen Welle, welche sich unterhalb der Pseudopodienspitze bildet, wächst und sich wie ein Saugnapf auftreibt .... Dieser Pseudosaugnapf heftet sich an die Unterlage und man sieht die Myriaden außerordentlich feiner Stäubchen, die das Innere des Pseudopodiums ausfüllen und die während seiner Formung von hinten nach vorne zogen, stillstehen und da und dort umkehren. Zu gleicher Zeit bilden sich kleine Wellen längs des Pseudopodiums, das sich auf sich selbst zurückzieht. Zum vorne festsitzenden Saugnapf sich hinziehend, schleppt es hinter sich die Schale her. Aber bald löst sich der Saugnapf, das Pseudopodium schrumpft völlig zusammen und kehrt in das Bukalplasma zurück."

Wenn ich noch hinzufüge, daß nach den Angaben Penards Gromia squamosa wie eine Spinne in einem lebendigen Spinnennetz sitzt, das aus ihren Pseudopodien gebildet ist, und das ihrem Schalenmund prompt die gefangene Beute zuführt — so wird wohl jeder Unbefangene davon überzeugt sein, daß auch die einfachsten Tiere eine Organisation besitzen wie die höchsten, und daß sie genau so gut mittels dieser Organisation in ihre Umgebung eingepaßt sind wie jene.

Das Einzigartige an der Rhizopodenorganisation liegt aber darin, daß sie nicht dauernd vorhanden ist, sondern immer ad hoc erzeugt werden muß aus dem ganz formlosen Protoplasma. Damit ist die Hauptschwierigkeit des Protoplasmaproblems gelöst. Es handelt sich gar nicht um die Frage, wie das Funktionieren einer flüssigen Maschine — wie die maschinelle Tätigkeit ohne Maschine möglich sei, denn die Leistungen der Amöben werden alle durch Organe ausgeübt. Es ist im Moment des maschinellen Handelns auch stets eine passende Maschine vorhanden, die sehr differenziert sein kann.

Die Protoplasmaorgane der Rhizopoden bieten uns keine größeren Schwierigkeiten wie die Organe der höheren Tiere. Ihr Funktionieren ist durchaus mechanisch begreiflich, nur ihr Entstehen bleibt ein ungelöstes Problem.

Die Einzelligen haben die gleichen maschinellen und übermaschinellen Eigenschaften wie alle Tiere. Das Funktionieren der Pseudopodien ist ein mechanisches Problem, ihr Entstehen ein übermechanisches. Entstehen und Funktionieren der Organe treten bei den mehrzelligen Tieren zeitlich getrennt voneinander auf und werden dort niemals verwechselt. Bei den Einzelligen, die ihre Organe immer wieder auflösen, ist die zeitliche Trennung nicht so leicht durchzuführen, obgleich sie am Einzelorgan natürlich immer sichtbar ist. Denn kein Pseudopodium kann funktionieren, wenn es noch nicht da ist.

Die Vernachlässigung des prinzipiellen Unterschiedes zwischen maschinellen und übermaschinellen Eigenschaften hat das Protoplasmaproblem unnötigerweise verdunkelt.

Werfen wir jetzt einen Blick auf die Versuche Rhumblers, die mechanischen Vorgänge bei den Rhizopoden mittels Chloroformtropfen und Ölschäumen nachzumachen, so muß man vor allen Dingen Verwahrung einlegen gegen seine Sprachmißhandlungen. Organismische und anorganismische Substanzen ist gar zu häßlich. Außerdem dienen diese Worte dazu, die Unterschiede zwischen strukturloser Substanz und Maschinen einerseits, sowie zwischen Maschinen und Lebewesen andererseits zu verwischen. Solche Zwischenbegriffe machen jede klare Fragestellung unmöglich.

Im übrigen kann man Rhumbler nur Dank sagen für die Fülle von mechanischen Erfahrungen, die er uns übermittelt hat. Ich will hier nur das reizende Experiment des verdauenden Chloroformtropfens erwähnen, der ein mit Schellack überzogenes Glasstäbchen verschluckt und, nachdem der Schellack sich im Chloroform gelöst hat, wieder ausspuckt.

Rhumbler hat später es ausdrücklich ausgesprochen, daß solche mechanische Versuche keine Lebenserscheinungen darstellen: „Die Zellenmechanik erschöpft nicht die Aufgaben des Zellenlebens, sondern betrachtet seine physikalisch-mechanische Seite.“

Aber sollte es schließlich Rhumbler oder einem andern gelingen, eine künstliche Amöbe herzustellen, die die wichtigsten Funktionen der natürlichen Amöben ausübt, so wäre dadurch nur bewiesen, daß ein erfindungsreicher Geist auch mikroskopische Maschinen zu bauen vermag. Wer es aber soweit bringt, Maschinen mit übermaschinellen Eisenschaften zu bauen, für den ist es dann ebenso leicht ein Pferd zu machen, wie eine Amöbe. Ein solcher Erbauer lebender Wesen muß freilich übermenschliche Fähigkeiten besitzen.

Man würde es leichter verstehen, wenn die ganze Richtung, die sich mit dem Bau künstlicher Amöben befaßt, von Leuten ausginge, die nach einem modernen Beweis für das Dasein Gottes suchten.

Denn was sie mit ihren mikrochemischen und mikromechanischen Versuchen bestenfalls beweisen können, ist, daß es einem denkenden Geiste, der weit höhere Fähigkeiten besitzt als der Menschengeist, gelingen muß, lebende Wesen herzustellen. Statt dessen sollen diese Versuche, die der ganzen geistigen Anspannung der gelehrtesten Forscher bedürfen, nichts anderes beweisen, als daß der Zufall das gleiche bewirken könne.

Auch diese Lösung wollen wir uns ansehen und es versuchen, uns an einem Beispiel klar zu machen, wie es einer durch Zufall entstandenen Maschine weiter ergehen wird. Nehmen wir an, in einer Fabrik sei während eines Erdbebens oder einer Feuersbrunst ein Automobil von selbst entstanden. Diese Annahme ist viel leichter zu machen, als die zufällige Entstehung einer Amöbe, weil das Automobil keine übermaschinellen Eigenschaften besitzt und seinesgleichen nicht wieder erzeugen kann. Nun könnte dieses Automobil doch nur dann ein erfolgreiches Dasein führen, wenn die Welt nur aus einer einzigen, geraden Chaussee bestünde und in den Chausseegräben Benzin flösse. Es gehört zu einem rein mechanischen Wesen als notwendiges Korrelat eine unwandelbare Außenwelt, die zu dieser Maschine paßt. Denn das maschinelle Wesen besitzt keine Eigenschaften, um einer Änderung der Außenwelt zweckmäßig zu begegnen.

Der Plan, den wir in den Lebewesen oder Maschinen verkörpert sehen, ist kein objektiver Naturfaktor, der dem Wesen irgendwelche weiterreichende Fähigkeit verleiht. Deshalb ist mit der einmaligen Entstehung eines Lebewesens, wie sie z. B. Bütschli annimmt, gar nichts erreicht. Dieses Lebewesen muß bei der nächsten Straßenbiegung zu Falle kommen.

Wir sehen aus diesem Beispiel, daß die Wesen, die nicht bei jeder für ihren Bauplan unvorhergesehenen Änderung der Außenwelt umkommen, noch eine weitere übermaschinelle Fähigkeit besitzen müssen, und diese Fähigkeit wollen wir mit Jennings „Regulation" nennen.

Die Regulation geht nach Jennings Hand in Hand mit der Reaktion eines jeden Tieres. Auf eine Änderung der Außenwelt, die sich als Reiz dem Tiere kundtut, führt jedes Tier eine Bewegung aus, und außerdem ändert sich sein physiologischer Zustand. Die Änderung des physiologischen Zustandes wirkt modifizierend ein auf die Antwort, die das Tier dem nächsten Reiz erteilt. Es läuft die Lebenstätigkeit der Tiere auf äußere Reize nicht einfach ab, wie in irgendeiner Maschine, deren Bauplan sich gar nicht verändern kann. Im Gegenteil ändert sich der Bauplan der Tiere dauernd unter dem Einflusse der Umgebung, so daß man mit Übertreibung sagen kann, niemals trifft ein Reiz zum zweiten Male das gleiche Tier. Diese dauernde Änderung des Bauplanes, die dem Leben den fließenden Charakter einer steten Umbildung gibt und dem Tiere eine stete Anpassungsmöglichkeit in weiten Grenzen gewährt, nennt Jennings Regulation.

Bedauerlicherweise hat Jennings den Begriff der Regulation nicht präzis genug gefaßt. Es gibt natürlich auch eine Regulation, die innerhalb des bestehenden Bauplanes bereits vorgesehen ist, neben der Regulation, die den Bauplan selbst ändert. Ferner gibt es auch eine rein äußerliche Regulation, die von jedem äußeren Reiz ausgeht und darin besteht, daß der Reiz nur solange auf das Tier einwirkt, als das Tier seinem Wirkungskreis noch nicht entgangen ist. Diese drei prinzipiell verschiedenen Arten der Regulation, 1. die äußere, 2. die innere, aber im Bauplan vorgesehene, 3. die innere, den Bauplan selbst ändernde Regulation, werden in dem „Versuch und Irrtum“ genannten Grundprinzip zu einem unentwirrbaren Knäuel vereinigt. Die beiden ersten Arten der Regulation sind rein maschinell, nur die dritte bezeichnet eine übermaschinelle Tätigkeit der Tiere.

Jennings Lehre verdankt ihre Entstehung den Amöben. Bei den Amöben gilt unzweifelhaft der Satz: daß niemals der gleiche Reiz zum zweiten Male das gleiche Tier trifft. Die Beobachtung lehrt unmittelbar, daß diese Tiere in einer dauernden Umgestaltung begriffen sind. Diese Umgestaltung geht zwar dauernd und spontan vor sich, wird aber zugleich von äußeren Reizen beeinflußt.

Naturgemäß tritt bei Tieren, deren Haupttätigkeit darin besteht, Augenblicksorgane zu schaffen und wieder zu vernichten, wobei sich dauernd der Bauplan ändert, die übermaschinelle Regulation sehr stark in den Vordergrund, während bei den höheren Tieren mit dauernden Organen, die nach einem dauernden Plane geordnet sind und in der Regel innerhalb dieses Bauplanes ihren Funktionen obliegen, die maschinelle Regulation mehr ins Auge springt. Und wenn wir mit Recht die übermaschinelle Regulation als spezifische Lebenseigenschaft betrachten, so muß man sagen: die Amöbe ist weniger Maschine als das Pferd.

Die übermaschinelle Regulation tritt als dritter Faktor neben die Formbildung und die Regeneration. Übermaschinelle Regulation, Formbildung und Regeneration sind alles Leistungen, die sich auf die Ausbildung und Erhaltung des Bauplanes beziehen, welcher die einzelnen Teile zu einem Ganzen verbindet. Unter maschinellen Fähigkeiten bezeichnen wir alle die Eigenschaften, die sich bei Gegenständen mit ausgebildetem Bauplan vorfinden, d. h. bei allen mechanischen Strukturen, mögen sie belebt oder unbelebt sein. Die übermaschinellen Fähigkeiten, die sich mit der Bildung des Bauplanes selbst befassen, findet man bei den fertigen Strukturen nicht, sie gehören ganz ausschließlich dem ungeformten, aber bildungsfähigen Protoplasma an. Es fällt demnach das Protoplasmaproblem mit dem Problem der übermaschinellen Fähigkeiten bei den Lebewesen zusammen.

Und nun hören wir, was einer der besten Kenner des Protoplasmaproblems, H. Hertwig, über dieses Thema sagt: „Die Dujardinsche Sarkodetheorie und die dadurch zum Ausdruck gelangte Erkenntnis, daß es tierisches Leben gibt, welches nicht an besondere Organe geknüpft ist, sondern von einer gleichförmigen Substanz der Sarkode vermittelt wird, mußte vorausgehen, ehe man zur Vorstellung gelangte, daß die Zelle auch bei den höheren Tieren nicht, wie die Schwan-Schleidensche Zelltheorie lehrte, die nach physikalisch-chemischen Gesetzen wirkende Einheit sei, sondern selbst ein Organismus, welcher alle Rätsel des Lebens in sich berge, daß das Leben des vielgestalteten Organismus nicht die Resultante von chemisch-physikalischen Vorgängen sei, welche durch jene Einheiten vermittelt werde, sondern sich auf den Lebensprozessen der einzelnen Zellen aufbaue. So wurde die wichtigste Reform ermöglicht, welche die Zelltheorie erfahren und ihr im wesentlichen jede moderne Fassung gegeben hat: die Protoplasmatheorie Max Schulzes ... Die Zellen, selbst die Bindegewebs-, Knorpel-, Knochen-, Muskelkörperchen usw. haben im wesentlichen dieselbe Struktur, sie unterscheiden sich zwar von einander durch verschiedene Gestalt, aber diese Formunterschiede haben wohl kaum größere Bedeutung und sind wohl nur die Folgen der Raumverhältnisse, welche den Zellen und ihrer Umgebung geboten werden, hat man doch in der Neuzeit es in Zweifel ziehen können, ob überhaupt die Zellen der verschiedenen Gewebe, wie es Roux und seine Schüler annehmen, selbst differenziert sind, oder ob sie nicht vielmehr sämtlich die gleichen Eigenschaften besitzen, die Eigenschaften der befruchteten Eizelle, aus welcher sie durch artgleiche Teilung entstanden sind. Daß die Unterscheidung von verschiedenerlei Geweben möglich ist, würde nur durch den Einfluß der lokalen Existenzbedingungen, gleichsam den Genius loci, hervorgerufen sein, welcher Ursache wurde, daß gewisse Zellen Muskelsubstanz, andere Bindesubstanz, dritte Nervenfibrille usw. gezeitigt haben. Der Unterschied der Gewebe würde nur durch den Unterschied der Zellprodukte bedingt sein, die verschiedene chemische und morphologische Beschaffenheit der Muskel-, Nerven-, Bindegewebsfibrillen usw. (O. Hertwig)".

Die Zellprodukte bilden ihrerseits die verschiedenen Strukturteile des Gesamttieres. Ihre Leistungen sind maschineller Art und gestatten prinzipiell eine Analyse und eine Synthese, wie die Strukturteile der Maschinen.

Um sich das Verhältnis zwischen Protoplasma und Struktur eindringlich deutlich zu machen, stelle man sich vor, daß unsere Häuser und Maschinen nicht von uns erbaut würden, sondern selbsttätig aus einem Brei herauskristallisierten. Jeder Stein des Hauses und jeder Maschinenteil bewahre noch eine Portion Reservebrei bei sich, der die nötig werdenden Reparaturen und Regulationen vornehme, außerdem besitze jedes Haus und jede Maschine eine größere Anhäufung von Urbrei, die zur Erzeugung neuer Häuser oder neuer Maschinen diene.

Diese Vorstellung spiegelt deutlich den doppelten Charakter jedes Lebewesens, das erstens aus dem Protoplasma und zweitens aus den Protoplasmaprodukten oder der Struktur besteht. Die Funktion der Struktur ist uns verständlich. Die Funktion des Protoplasmas aber ist ein Wunder. Zwar haben wir gesehen, daß der Protoplasmabrei keine maschinellen Funktionen besitzt, und daß es keine flüssigen Maschinen gibt, aber der Brei hat dafür andere Fähigkeiten, welche die Maschinen nicht besitzen.

Je mehr und je eingehender die Leistungen des Protoplasmas studiert werden, um so größer wird das Rätsel. Wir können tausendmal vor einem Hause stehen, das aus dem Urbrei herauskristallisiert, und können jede einzelne Phase analysieren, alle physikalischen und chemischen Faktoren auf das genaueste studieren — das Ganze begreifen wir doch nicht.

Die Tiere und Pflanzen entstehen nach Art einer Melodie, sagt Karl Ernst von Bär, sie bilden nicht bloß Einheiten im Raum wie die Maschinen, sie sind auch Einheiten in der Zeit, und diese zu fassen ist der menschliche Geist nicht fähig. Sie bleiben für ihn Wunder. Uns sind nur mechanische Einheiten verständlich, in denen wie in den Maschinen alle Teile sich gegenseitig im Raume gleichzeitig bedingen. Es scheint uns ganz widersinnig, daß es Faktoren geben könne, die sich auch in der Zeit gegenseitig beeinflussen könnten. Für unseren Verstand gibt es in der Zeit nur eine Wirkung vom Vorhergehenden auf das Folgende und nicht umgekehrt. Wenn etwas Derartiges einträte, daß nämlich das Folgende auf das Vorhergehende wirkte, so würden wir ohne weiteres von einem Wunder reden.

Und doch findet derartiges im Protoplasma statt. Nicht eine vorhandene, sondern eine kommende Struktur bestimmt die Leistungen des Protoplasmas in jedem einzelnen Falle der Strukturbildung. Die entstandene Struktur hemmt nur die strukturbildende Tätigkeit des Protoplasmas, die noch nicht vorhandene Struktur dagegen leitet die Strukturbildung. In einer Melodie findet eine gegenseitige Beeinflussung zwischen dem ersten und dem letzten Tone statt, und wir dürfen deshalb sagen, der letzte Ton ist zwar nur durch den ersten Ton möglich, aber ebenso ist der erste nur durch den letzten Ton möglich. Ebenso verhält es sich mit der Strukturbildung bei den Tieren und Pflanzen. Das fertige Hühnchen steht zwar in direkter Abhängigkeit von den ersten Furchungsvorgängen des Keimes, aber ebenso sind die ersten Keimesfurchen abhängig von der Gestalt des auszubildenden Hühnchens.

Diese Tatsache ist ein Wunder, nicht im Sinne einer Gesetzlosigkeit, sondern einer unbegreiflichen Gesetzlichkeit. Es ist ebenso lächerlich wie unehrlich, das Vorhandensein dieser Tatsache leugnen zu wollen. Sie wird aber stets verschiedene Deutungen zulassen und je nach den verschiedenen Zeitströmungen wird diese oder jene Deutung in der Wissenschaft Mode sein. Die Tatsache selbst kann kein Deutungsversuch aus der Welt schaffen.

Mag man in Analogie des menschlichen Geistes eine Vorstellung im Protoplasma waltend annehmen, oder annehmen, daß das Protoplasma im Laufe des Weltgeschehens, während es von Individuum zu Individuum wanderte, Erfahrungen sammelte, immer bleibt die Tatsache des Wunderbreies bestehen. Schließlich kann man sagen, daß das Bewußtsein eines Beobachters mit übermenschlichen Fähigkeiten, welches nicht wie das unsere von Moment zu Moment lebt, und daher fähig wäre, Zeitabstände ebenso gegenseitig in Beziehung zu setzen, wie unser Bewußtsein es mit den Raumabständen tut, andere Begriffe bilden würde, in der die Harmonie zeitlich getrennter Faktoren keine Schwierigkeit machen würde.

Eines ist aber sicher, daß nämlich alle diese Lösungsversuche sich nur auf das Protoplasma und seine übermaschinellen Eigenschaften beziehen, dagegen nichts mit der Struktur und ihren maschinellen Eigenschaften zu tun haben. Hier wollen wir uns nur mit der Struktur und ihren Leistungen beschäftigen, wir wollen maschinelle Biologie treiben.

Jetzt wird es uns auch verständlich sein, warum der Begriff eines Organismus so verschieden definiert wird, je nachdem man die maschinellen oder übermaschinellen Eigenschaften untersuchen will.

Jennings, dessen Studium wesentlich der Erforschung der Regulationen gewidmet ist, definiert den Begriff des Organismus folgendermaßen: „Ein Organismus ist eine komplexe Masse von Materie, in welcher gewisse Prozesse stattfinden; das Aggregat oder System dieser Prozesse nennen wir Leben. Die Fundamentalprozesse sind jene, die wir Stoffwechsel nennen, jedes Tier nimmt dauernd gewisse Stoffe auf, formt sie um und gibt sie weiter nach außen ab — bei diesem Prozeß Energie gewinnend. Als Hilfsprozeß neben dieser allgemeinen chemischen Umformung finden wir Verdauung, Kreislauf, Ausscheidung und ähnliches. Es ist von der allergrößten Bedeutung für das Verständnis des Benehmens der Organismen, sie vorzüglich als etwas

Dynamisches — als Prozesse aufzufassen, eher denn als Struktur. Das Tier ist ein Geschehnis.“

Dem gegenüber war ich gezwungen, den Organismus ganz anders zu definieren, als ich seine maschinellen Eigenschaften ins Auge faßte: „Biologie ist die Lehre von der Organisation des Lebendigen. Unter Organisation versteht man den Zusammenschluß verschiedenartiger Elemente nach einheitlichem Plan zu gemeinsamer Wirkung.“

Beide Definitionen sind aber ungenügend, weil in ihnen das Protoplasma nicht genannt ist. Das Protoplasma sollte aber den Ausgangspunkt aller Theorien über den Organismus bilden.

Nur wenn man sich dauernd die Rolle des Protoplasmas vor Augen hält, gewinnt man die Möglichkeit, die sich vielfach kreuzenden und widersprechenden Theorien zu entwirren. Das Protoplasma besitzt die Fähigkeit die toten Stoffe aufzunehmen und sich selbst einzufügen. Das ist die eine Seite seiner Tätigkeit. Andererseits besitzt das Protoplasma die Fähigkeit, planmäßige Strukturen aus sich heraus zu bilden. Unter planmäßig soll nichts anderes verstanden werden, als daß die einzelnen Strukturteile zusammen nicht bloß ein räumliches Ganzes bilden wie die Wasserkristalle in einer Schneeflocke, sondern ein funktionelles Ganzes wie die Bausteine eines Hauses.

Die Bildung der Strukturen geschieht ferner planmäßig, d. h. nach einer einheitlichen Regel in der Zeit, wodurch alle Störungen vermieden werden.

In den Gang der einmal gebauten Strukturen greift das Protoplasma nur ausnahmsweise ein. Deshalb darf der Ablauf der normalen Lebensfunktionen der Tiere, soweit er auf den Leistungen der Strukturen beruht, als rein maschinell behandelt werden.

Dagegen hat das Protoplasma in hohem Maße die Fähigkeit, den Verlust von einzelnen Strukturteilen planmäßig zu ersetzen.

Das Protoplasma sitzt überall in jeder lebenden Zelle des Tierkörpers neben und zwischen den von ihm gebauten Strukturteilen. Wieweit es am Stoffwechsel beteiligt ist, wissen wir nicht. Möglich ist es, daß die Strukturteile einen Stoffwechsel für sich erlangt haben, und es dann in jeder Zelle einen doppelten Stoffwechsel gibt, einen für die Strukturteile und einen für das Protoplasma. Möglich ist es aber auch, daß die Strukturteile in ihrem Stoffwechsel vom Protoplasma abhängig bleiben, nachdem ihre Leistungen sich längst vom Einfluß des Protoplasmas befreit haben.

Alle diese Leistungen vollbringt das Protoplasma, ohne jemals gegen das Gesetz von der Erhaltung der Energie zu verstoßen. Und die Befürchtung ausgezeichneter Forscher, daß der heutige Neovitalismus ihren auf den kausalen Zusammenhang der Lebensvorgänge gerichteten Untersuchungen eine Grenze ziehen wird, ist ganz grundlos.

Alles was geschieht, geschieht durch physikalische und chemische Kräfte.

Auch bei der Erforschung einer Maschine kann man sich auf die chemische oder physikalische Fragestellung beschränken, ohne jemals in Gefahr zu kommen, mit der Mechanik in Konflikt zu geraten, die sich mit dem Zusammenwirken der planmäßig gebauten Strukturteile beschäftigt.

Wer dagegen die Planmäßigkeit der lebenden Natur zum Forschungsobjekt nimmt, wird gut tun, sich zu entscheiden, ob er sich mit den Leistungen der ausgebildeten Strukturen befassen will. Dann kann er reine Mechanik treiben und wird niemals mit übermaschinellen Kräften in Konflikt kommen.

Schließlich kann man sich dem Studium des Protoplasmas zuwenden. Dann wird man gut tun, den Versuch, Übermaschinelles mechanisch zu erklären, aufzugeben und sich mit der reinen Darstellung der Vorgänge zu begnügen.

Die philosophische Durchdringung des Protoplasmaproblems ist vor allem von Driesch mit großem Erfolg unternommen worden, und es sind seine Gedanken über die Lebenskraft oder Entelechie von größtem Interesse. Besonders einleuchtend und ganz neu sind seine Ausführungen über die Beziehungen der Entelechie zu den physikalisch-chemischen Kräften.

Ich habe neuerdings in meiner theoretischen Biologie den Versuch gemacht, die Biologie auf eine erkenntnistheoretische Grundlage zu stellen und von diesem Standpunkt die übermaschinellen Fähigkeiten der Lebewesen erörtert.

Inzwischen kann diese Frage ruhig offen bleiben, da sie keinen Einfluß auf die speziellen Aufgaben ausübt, die uns hier beschäftigen sollen und die darin bestehen, die Leistungen des erwachsenen Tierkörpers soweit als möglich auf die mechanischen Leistungen seiner planmäßig geordneten Strukturteile zurückzuführen.

Amoeba Terricola.

Es lebt in feuchtem Moose und auf moderigem Grund ein winziges Tierlein, kaum sichtbar dem Auge des Menschen, aber dennoch ein Riese in seiner kleinen Welt. Als Landbewohner führt es den Namen terricola. Wegen seiner rauhen Oberfläche wird es auch verrucosa genannt. Langsam wälzt es sich daher, nach vorne zu einen breiten Lappen mit glattem Saum bildend, während an seinem verschrumpfelten Hinterende die Runzeln deutlich zutage treten.

Es gleicht in seiner Form und seinen Bewegungen einem verunreinigten Tropfen, der langsam den Rand eines Tellers hinabrollt. Vorne befindet sich die klare Flüssigkeit, während die Verunreinigung als dicker Wulst nachgeschleppt wird. Lange Zeit hindurch hat man als Ursache dieser Bewegung eine Verminderung der Oberflächenspannung am Vorderende angenommen, weil die künstlichen Schaumkügelchen von Bütschli und die Chloroformtropfen von Rhumbler sich mittels solcher Schwankungen ihrer Oberflächenspannung bewegen.

Dann kam Jennings und zeigte, daß alle Fremdkörper, die an der Oberfläche von Amoeba terricola kleben, sich rund um die wandernde Amöbe herumbewegen. Und zwar wandern sie auf der Oberseite von hinten nach vorne und auf der Unterseite von vorne nach hinten. Daraus durfte man schließen, daß die Amöbe einem kontraktilen Sacke gleicht, der um sich selbst rollt. Im Inneren des Sackes, der vom Ektoplasma gebildet wird, zeigt das Endoplasma gleichfalls strömende Bewegungen.

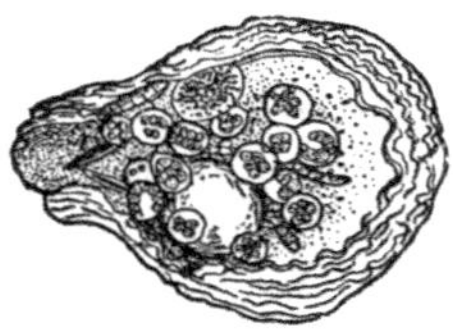

Abb. 1 [1]).

Nun hat Dellinger gezeigt, daß der Vorgang sich ganz anders ausnimmt, wenn man das Tier von der Seite betrachtet. Das Herumrollen des Ektoplasmas, das Jennings beobachtete, ist freilich vorhanden, aber es hat mit der wirklichen Gehbewegung nichts zu tun. Diese geschieht nach Art der Spannerbewegungen gewisser Raupen oder der Blutegel. Es haftet das Hinterende am Boden, während das Vorderende frei ins Wasser ragt, oder sich den Boden entlang schiebt. Dann faßt auch das Vorderende festen Fuß. Nun löst sich das Hinterende vom Boden ab, nähert sich durch eine kräftige Kontraktion des Gesamttieres dem Vorderende und setzt sich dort gleichfalls fest. Worauf das Vorderende den zweiten Schritt beginnt.

Die anderen Amöben sollen ebenso deutlich dieses spannerartige Gehen zeigen, aber keine Umdrehungen um sich selbst vollführen; Fremdkörper, die auf ihrer Oberfläche haften, werden beim Marsche nur hin und her bewegt.

„Wenn die Amöben", schreibt Dellinger, „im freien Felde wandern, oder von einem Haufen Detritus zum anderen ziehen, so bewegen sie sich wie lange Schnüre oder sie fassen an mehreren Stellen festen Fuß, bewahren aber dabei ihre schlanke Gestalt. Bewegen sie sich dagegen auf Algen weidend, so strecken sie zahlreiche Pseudopodien aus und nehmen eine handförmige Gestalt an."

Penard hat für beschalte Lappenfüße das Ausstrecken von

[1]) Aus: Jennings, Das Verhalten der niederen Organismen. Verlag B. G. Teubner, Leipzig und Berlin.

Pseudopodien, die einen Saugnapf am Vorderende bilden können, beschrieben. Der Gang dieser Schaltiere erscheint als eine weitere Durchbildung des gleichen Prinzips. Nur ersetzt hier die schwere Schale den hinteren Saugnapf.

Sucht man sich eine Vorstellung von den Kontraktionsbewegungen des Protoplasmas zu machen, die diese Bewegungsart hervorrufen, so wird man aus der Analogie mit den mehrzelligen Tieren, die eine gleiche Gangart besitzen, schließen, daß das Ektoplasma der Lappenfüßer überall aus wenigstens zwei Schichten besteht, die sich in ihren Verkürzungsrichtungen rechtwinklig kreuzen. Wenn sich eine dieser Protoplasmaschichten allein verkürzt, muß sie dabei die andere dehnen. Nun wissen wir von den mehrzelligen Tieren, daß die Erregung immer nach den gedehnten Muskeln fließt. Auf das Protoplasma übertragen, würde das bedeuten, daß die Verkürzung der einen Schicht die Veranlassung einer darauffolgenden Verkürzung der anderen Schicht abgibt, weil die Erregung der gedehnten Schicht zufließt. Wird die Verlängerung eines Pseudopodiums durch die eine Schicht hervorgerufen, so folgt darauf das Einziehen durch die Verkürzung der anderen. Die Annahme von gekreuzten Protoplasmaschichten würde auch die Kugelform der Amöben ohne weiteres erklären, die immer angenommen wird, wenn allseitig starke Reize das Tier treffen.

Es fragt sich nun, ob eine solche Anordnung des Protoplasmas bei den Lappenfüßern als dauernde Einrichtung anzusehen ist oder nicht? Das Protoplasma besitzt nämlich außer der Fähigkeit sich zu verkürzen und zu verlängern auch noch die Fähigkeit, sich zu erweichen und wieder zu verdichten. Das Ektoplasma vermag außer seiner Form auch seine Konsistenz zu ändern. Die Konsistenzänderung tritt ganz selbständig und unabhängig von der jeweiligen Formbildung auf. Das tritt bei der Nahrungsaufnahme deutlich zutage. J e n n i n g s beschreibt sie folgendermaßen: „Indifferente Partikelchen, wie Stückchen Ruß, welche an der Oberfläche haften, werden nicht aufgenommen.“ Dagegen werden Nahrungsmittel wie Rädertierchen, Infusorien oder Bakterienhaufen nicht bloß fest geklebt, sondern langsam ins Innere der Amöbe hineingezogen. Dieses Eindringen der Nahrung geschieht unausgesetzt, während das Ektoplasma herumrotiert. Dabei geraten die Nahrungsteilchen abwechselnd in Gegenden, von allen möglichen Verkürzungs- und Verlängerungsgraden. Trotzdem geht die Erweichung des Protoplasmas in der nächsten Umgebung der Nahrung dauernd weiter, bis diese im Endoplasma angelangt ist. Die Erweichung muß bis zur völligen Verflüssigung fortschreiten, um die feste Nahrung durchzulassen. Das Ektoplasma stellt sich gleich darauf wieder her.

Daraus geht zur Genüge hervor, daß, wenn eine Schichtungsstruktur im Ektoplasma besteht, sie bei der Erweichung verschwindet, um gleich darauf wieder zu erscheinen. Die Eigenschaft, Strukturen entstehen und verschwinden zu lassen, ist ja die Kardinaleigenschaft des Protoplasmas.

Amoeba terricola umkleidet manchmal ihre Nahrung mit einem Ektoplasmamantel, der dann mit der Nahrung zusammen im Endoplasma versinkt. Penard hat ferner beobachtet, daß gelegentlich die Fäkalien mit einer Ektoplasmaschicht, die sich offenbar im Endoplasma gebildet hatte, umkleidet waren und mit diesem Mantel gemeinsam ruckweise ausgestoßen wurden.

Um mit den Beobachtungen der Ektoplasmabewegung abzuschließen, sei noch erwähnt, das Amoeba terricola bei geringen Verletzungen ihres Ektoplasmas die Wundränder nach innen schlägt, wodurch eine trompetenförmige Einsenkung entsteht. Am äußeren Rande verschmilzt dann das Ektoplasma und verschließt die Öffnung wieder. Das eingezogene Ektoplasma wird resorbiert. Bei größeren Verletzungen, wenn man die Amöbe durch Druck zum Platzen gebracht hat, zieht sich das Ektoplasma hinter der Wundfläche ringförmig zusammen und bildet einen immer schmäler werdenden Hals, der die ganze verletzte Portion abschnürt. Die kleine Wunde, die noch eingezogen werden kann, wird ohne Substanzverlust geschlossen, während beim Verschluß der großen Wunde beträchtliche Teile der Körpersubstanz geopfert werden.

Nach dem Tode des Tieres bildet das Ektoplasma eine derbe, undurchdringliche Haut. Penard konnte beobachten, wie ein Würmchen, das wohl als Ei verschluckt worden war, nachdem es in einer abgestorbenen Amöbe ausschlüpfte, sich vergeblich bemühte, seinem allseitig geschlossenen Kerker zu entrinnen.

Die Bewegungen des Ektoplasmas bei den Wurzelfüßern, deren Körnchenströmung Max Schultze so anschaulich schildert, sind noch gar nicht analysiert. Ebensowenig wissen wir von den Endoplasmaströmen, wie sie außer bei den Amöben hauptsächlich bei allen Infusorien und in vielen Pflanzenzellen auftreten. Über die Bewegung des Protoplasmas in der Schale eines Wurzelfüßers Gromia Brunneri berichtet Penard folgende merkwürdige Beobachtung: „Den gesamten Protoplasmakörper sieht man bei diesen Tieren (wenn sie sich in guter Gesundheit befinden) in seiner ganzen Masse einer unaufhörlichen kreisenden Bewegung unterworfen längs der Innenseite der Schale. Oft bilden sich entgegengesetzte Strömungen, die sich kreuzen. Wenn man durch Druck die Schale sprengt, so tritt das Plasma heraus und teilt sich in eine Anzahl runde Kügelchen. Von diesen beginnen die größeren nach einem Moment der Ruhe sich um sich selbst zu drehen in einer langsamen und dauernden Kreisbewegung.“ Diese rätselhafte Kreisbewegung, von der man nicht weiß, ob man sie zu den Ektoplasma- oder Endoplasmaströmungen rechnen soll, leitet uns über zu den Strömungen im Endoplasma der Amoeba terricola.

Auch das Endoplasma scheint bei unserer Amöbe verschiedene Konsistenz anzunehmen. Wenigstens sagt Dellinger darüber folgendes: „Das Entosark muß so beschaffen sein, daß es den Partikelchen bald gestattet frei umherzuschwimmen, bald sie sicher zusammenhält.“

Dem Endoplasma der Amöben liegt vor allem die Aufgabe ob, durch lokale Kontraktionen die pulsierende Vakuole zu bilden. Die pulsierende Vakuole ist bei Amoeba terricola eine kleine Wasserblase, die von einem dichteren Plasmasaum umgeben ist. Hat die Blase eine gewisse Größe erreicht, so schmilzt der Plasmasaum an einer Stelle ein und das Endoplasma dringt in die Blase, deren Flüssigkeit verschwindet. Die Vakuole entsteht aus zahlreichen kleinen Bläschen, die miteinander verschmelzen. Ihre Lage ist stets nahe am Hinterende des Tieres, hart am Ektoplasma gelegen, an dem sie zu haften scheint. Nur selten wird sie durch die Endoplasmaströmung nach vorne gerissen. Dann entsteht an ihrem alten Platz sofort eine neue Blase. Der Rhythmus, in dem die Vakuole entsteht und vergeht, ist stets in direkter Abhängigkeit von der Geschwindigkeit, mit der sich der ganze Körper fortbewegt. Je schneller das Tier kriecht, um so schneller wird der Rhythmus der Vakuole.

Die Endoplasmaströmungen scheinen bei einer Form der Nahrungsaufnahme eine größere Rolle zu spielen. Rhumbler berichtet, daß Amoeba terricola häufig Oszillarienfäden in sich aufnimmt, ohne eine sichtbare Bewegung auszuführen. Die langen Algenfäden, die bedeutend länger sind als die Amöbe, werden dabei im Innern des Tieres langsam aufgerollt. Oft wird das Verschlucken der Oszillarien durch Bewegungen des ganzen Körpers unterstützt, der sich wie beim Gehen abwechselnd streckt und verkürzt und dabei immer neue Strecken der Algenfäden in sich hineinwürgt.

Wenn wir den Bauplan der Amoeba terricola feststellen wollen, so zeigt sich, daß sich anatomisch nur ein äußeres und ein inneres Tier unterscheiden lassen. Ein Ektoplasma und ein Endoplasma sind immer vorhanden. Wenn auch das Ektoplasma weiter nichts sein mag als das durch Berührung mit dem Wasser veränderte Endoplasma, so weist es doch besondere Fähigkeiten auf. Nur das Ektoplasma hält die Beziehungen der Amöbe zu Umgebung aufrecht. Nur das Ektoplasma bestimmt das, was als Umwelt der Amöbe bezeichnet werden kann. Die ganze biologische Aufgabe, die Wirkungen der Umwelt aufzunehmen und in entsprechende Bewegungen zu verwandeln, liegt dem Ektoplasma ob.

Wir haben gesehen, wie man sich den Mechanismus der Bewegungen vorstellen kann. Über die Aufnahme der Reize muß noch einiges gesagt werden. Viele Amöben haben die Fähigkeit, sich lang zu strecken und mit dem Vorderende im Wasser umherzutasten oder zu wittern. Bei Amoeba terricola läßt sich nur feststellen, daß die Berührung des Vorderendes mit dem Boden eine Wirkung auf das Anheften ausübt. Offenbar löst nur der Reiz eines rauhen Untergrundes die lokale Kontraktion, die zum Haften führt, aus, während ein glatter Grund diesen Reiz nicht übermittelt. Chemische Reize, die von Nahrungsmitteln ausgehen, wirken deutlich auf die Amöbe ein, denn nur sie sind imstande, das Ektoplasma zum Erweichen zu bringen, wodurch eine vorübergehende Mundöffnung geschaffen wird. Auch vermag Amoeba terricola spezifische Reize auszuwählen, denn die Oszillarienfäden werden ganz sicher von anderen Gegenständen unterschieden.

Von den allgemeinen Reizen scheint die Schwerkraft nicht auf das kleine Tier einzuwirken, das, in ständig rollender Bewegung begriffen, keine dauernde Bauch- und Rückenseite aufweist und daher keine definierte Lage zum Erdmittelpunkte anzunehmen vermag.

Das Sonnenlicht hat auf dieses Dämmerungswesen einen ausgesprochen reizenden Einfluß. Die Amöbe bewegt sich immer vom Lichte fort, indem sie ihren lappigen Fuß nach der beschatteten Seite hin ausstreckt und sich an der belichteten Seite zusammenzieht. Ebenso wirken alle stärkeren Reize: Die nächst getroffene Protoplasmaseite zieht sich zusammen und die abgekehrte Seite dehnt sich zu einem Pseudopodium aus. Besonders überraschend ist die Wirkung des Sonnenlichtes auf Oszillarien fressende Amöben, wie Rhumbler beobachtete. Die Tiere hören sofort mit dem Zusammenrollen der Algenfäden in ihrem Inneren auf und die Fäden schnurren wieder auseinander, um wie Borsten überall aus dem Amöbenkörper hervorzuschauen.

Amoeba terricola begnügt sich nicht mit Pflanzennahrung, sondern ist auch ein gefährlicher Räuber. Dank ihren langsamen, unmerklich fortschreitenden Bewegungen gelangt sie, ohne Reize auszusenden, in die Nachbarschaft von Infusorien oder Rädertierchen, die bei der ersten Berührung sofort am Räuber festkleben und dann nicht mehr entrinnen können.

Die Fähigkeit der Amöben, die Reizwirkungen der Umgebung zu unterscheiden, ist daher keineswegs so gering, wie es auf den ersten Blick scheinen mag. Dazu kommt noch die Fähigkeit, den eigenen Körper von allem Übrigen zu trennen. Nie wird eine Amöbe, wie schon Max Schultze sagt, mit einer Amöbe der gleichen Art verschmelzen. Während die Amöben selbst mit abgeschnittenen Teilen ihres eigenen Körpers, wie Jensen nachwies, sich wieder vereinigen.

Amoeba terricola läßt gelegentlich die Spitze ihres zurückgebogenen Pseudopodiums mit dem eigenen Hinterkörper verschmelzen, verschmilzt aber nie mit einem fremden Individuum. Während bei höheren Tieren alles darauf ankommt, zu verhindern, daß sie sich selbst auffressen, hat das bei den Amöben gar nichts zu sagen, da bei ihnen durch die Autophagie keine Struktur zerstört wird. Die Leistungen des Ektoplasmas sind, um es kurz zusammenzufassen, Formveränderungen, Konsistenzveränderungen und Klebrigwerden. Diese Tätigkeiten werden durch verschiedene Reize abwechselnd hervorgerufen.

Die Tätigkeit des Endoplasmas beschränkt sich auf die Funktion der Verdauung, der Atmung und der Sekretion, die bei einem dauernden Kreisstrom ausgeführt werden Die kontraktile Vakuole sorgt für einen besonderen Säftestrom, der die kreisende Endoplasmamasse durchdringt.

Betrachten wir jetzt rückblickend Amoeba terricola, so gewinnen wir den Eindruck eines allerliebsten Kunstwerkes, das in einer fremden Welt sich seine eigene Welt geschaffen, in der sie sich ruhig, wie in sicheren Angeln schwebend, hält. Um dieser Umwelt näher zu kommen, müssen wir vergessen, welchen Eindruck die Umgebung der Amöbe auf unser Auge macht. Von all den bunten, vielgestaltigen Gegenständen, wie Oszillarien, Infusorien, Rotatorien, Steinchen und Detritus ist nicht die Rede. Schwache und starke Reize gibt es, die nur der Intensität nach unterschieden werden, mögen sie mechanisch oder chemisch oder durch das Licht ausgelöst sein. Dazu kommen die spezifischen Reize der Nahrungsmittel, die das Ektoplasma klebrig machen und erweichen.

So hängt die Amöbe in ihrer Umwelt wie an dreierlei Arten von Gummifäden, die sie ringsum halten und alle ihre Bewegungen lenken und bestimmen. Dieser kleine Ausschnitt der Welt ist eine in sich zusammenhängende Welt, einfacher und widerspruchsloser als die unsere, aber ebenso planvoll, ebenso künstlerisch.

Paramaecium.

Die Ausbildung einer maschinellen Struktur hat bei den Infusorien bereits einen großen Schritt vorwärts getan. Zwar zeigt ihr Endoplasma noch einen rein protoplasmatischen Charakter, da es Eingeweide entstehen und vergehen läßt, aber das Ektoplasma hat die übermaschinelle Fähigkeit freier Strukturbildung verloren und damit seinen protoplasmatischen Charakter eingebüßt. Das Ektoplasma der

Infusorien besitzt eine feste Gestalt und zeigt eine ganze Reihe durchgearbeiteter Strukturen.

Als Prototyp der Infusorien wähle ich Paramaecium caudatum, das zu den besterforschten Tieren gehört. Paramaecium caudatum ist ein zartes, durchsichtiges Tierchen, das 0,1 bis 0,3 mm lang wird und die Gestalt einer schräg abgestumpften Zigarre besitzt. Sein spitzes Hinterende trägt etwas längere Wimpern als der übrige Körper. Diesem Umstande verdankt es seinen Artnamen. Vorder- und Hinterende sind somit deutlich unterschieden. Durch eine tiefe Rinne, die vom Vorderende bis zur Mitte des Körpers verläuft und hier mit der Mundöffnung endigt, erhält die Zigarre eine Mundseite, der eine Rückenseite gegenüberliegt. Damit sind ferner eine rechte und eine linke Körperseite gegeben, was die anatomischen Bestimmungen sehr erleichtert.

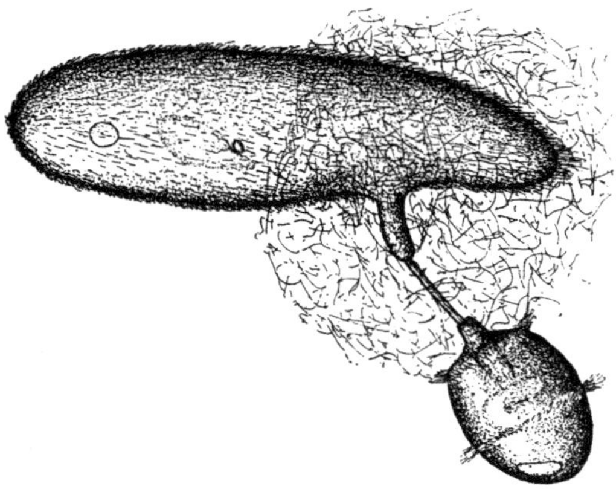

Abb. 2. Paramaecium im Kampf mit Didimium[1]).

Der ganze Körper ist mit Wimpern (Zilien) bedeckt. Sie sind das Fortbewegungsmittel der Paramaecien. Im Ektoplasma befinden sich feine Kanäle, die schräg von vorn nach hinten verlaufen und den ganzen Körper wie zarte Längsreifen umfassen. In diesen Kanälen liegen lange, dünne Muskelfäden, welche die wohldefinierten Gestaltsveränderungen hervorbringen, während das übrige Ektoplasma überall eine diffuse Kontraktilität besitzt.

„Der elastische Körper eines Infusors,“ schreibt Bütschli, „kann nicht etwa mit einem soliden Gummiball, sondern nur mit einer von Flüssigkeit erfüllten Blase mit relativ dünner, elastischer Wand verglichen werden.“ Die Form dieser Blase wird durch die Muskelfäden in geringem Umfang reguliert.

[1]) Aus: Kafka, Einführung in die Tierpsychologie. Bd. I.

Das Wimperspiel ist von Wallgreen anschaulich beschrieben worden: „In ihren Kontraktionsphasen schlagen die Wimpern wie bekannt kräftig nach hinten und es entsteht das zierliche und regelmäßige Wimperspiel, welches den Eindruck macht, als ob regelmäßige Wellen über die Wimperreihen hinwegliefen. Solange die Infusorien frei schwimmen, kann man dieses rastlose Wimperspiel sehen. Nur wenn die Paramaecien tigmotaktisch (durch Berührung) beeinflußt sind, ist die Wimperbewegung verlangsamt oder ganz zum Stillstand gebracht. Durch dieses Wimperspiel wird der Körper durch das Wasser vorwärts getrieben."

Die Bewegungen von Paramaecien sind von Jennings in einer Reihe mustergültiger Arbeiten analysiert worden, der diesen Tieren in seinem schönen Buche „Behavior of lower organisms" eine monographische Darstellung gewidmet hat. Aus ihr schöpfe ich die folgenden Daten.

Wäre der Körper von Paramaecium mit Wimpern bedeckt, die alle gleich stark von vorne nach hinten schlügen, so müßte das Tier geradlinig nach vorne schwimmen. Nun schlagen aber die Wimpern der Mundrinne stärker als die übrigen Wimpern. Dadurch wird die geradlinige Fortbewegung zu einer kreisförmigen, wie ein Boot im Kreise schwimmen muß, wenn sich die Ruderer auf der einen Seite mehr anstrengen als auf der anderen. Da bei Paramaecium auf der Mundseite stärker gerudert wird als auf der Rückenseite, so wird beim Kreisen dauernd nach der Rückenseite eingebogen. Die Mundseite schaut immer nach der Peripherie, der Rücken immer nach dem Zentrum des Kreises.

„Wie soll ein unsymmetrischer Organismus", fragt Jennings, „ohne Augen und andere Sinnesorgane, die ihn durch Einstellung auf entfernte Objekte leiten können, einen bestimmten Kurs beibehalten durch das pfadlose Wasser, in welchem es von seiner Bahn nach rechts oder links, nach oben oder unten und in jeder dazwischenliegenden Richtung abweichen kann? Es ist wohl bekannt, daß Menschen unter ähnlichen, aber einfacheren Umständen ihren Kurs nicht beizubehalten vermögen. In der pfadlosen, schneebedeckten Prärie bewegt sich der Wanderer immer im Kreise, wie sehr er sich auch anstrengen mag einen geraden Kurs beizubehalten — obgleich er bloß nach rechts oder links abirren kann und nicht nach oben und unten, wie im Wasser."

Und doch vermag Paramaecium trotz seiner ausgesprochenen Neigung zum Kreisschwimmen eine gerade Richtung im Wasser beizubehalten. Dies wird ihr ermöglicht durch eine dauernde Drehung um die Längsachse beim Schwimmen. Die Wimpern schlagen in Wirklichkeit nicht genau von vorne nach hinten, sondern in schräger

Richtung von links vorne nach rechts hinten. Dadurch wird der Körper gleichzeitig nach vorne getrieben und um seine eigene Längsachse gedreht.

Denken wir uns, um die Wirkung dieser doppelten Bewegung zu verstehen, einen Augenblick in Paramaecium hinein: Erst werden wir von den mächtigen Mundwimpern der Peripherie eines Kreises entlang getrieben, dessem Mittelpunkt wir dauernd den Rücken zuwenden. Zu gleicher Zeit beginnen die übrigen Wimpern unseren Körper um seine Längsachse zu drehen. Diese Drehung verschiebt die Mundwimpern nach rechts. Das bedeutet aber eine Verlegung des Mittelpunktes unserer Kreisbahn nach links, weil wir dem Schlag der starken Mundwimpern unter allen Umständen gehorchen müssen. Nun beginnen wir um einen Mittelpunkt zu kreisen, der uns dauernd nach links hin entgleitet. Dadurch wird unsere kreisförmige Schwimmbahn zu einer Spirale. Während wir diese Spirale beschreiben, führen wir gleichzeitig drei Bewegungen aus. Wir schwimmen der Hauptsache nach nach vorne, werden aber zugleich von den Mundwimpern um die Querachse und durch die Schrägstellung der Körperwimpern um die Längsachse gedreht. Unsere Körperachsen stehen aber, weil sie miteinander anatomisch verbunden sind, dauernd senkrecht aufeinander. An jeder Stelle des Kreises, den wir durchschwimmen, während wir uns einmal um unsere Querachse drehen, zwingt uns die Drehung um die Längsachse in eine Ebene hinein, die senkrecht auf dem durchschwommenen Kreise steht. Auf der Peripherie eines Kreises kann nur ein Zylindermantel senkrecht stehen. Unsere Bahn wird sich daher in Spiralen bewegen, die sich alle um einen Zylinder winden. Bei jeder vollen Windung haben wir uns einmal um unsere Querachse und einmal um unsere Längsachse gedreht.

Der Zylinder kann weit oder eng sein, die Spiralwindungen können nahe aneinander liegen oder gestreckt sein, stets bildet die Längsachse des Zylinders eine gerade Linie. Die Längsachse des Zylinders gibt aber die Richtung oder den Kurs an, den Paramaecium im pfadlosen Wasser innehält. Auf diese Weise wird die senkrechte Stellung der Körperachsen zueinander zur Erzeugung einer geradlinigen Bewegungsrichtung verwertet.

Jennings macht darauf aufmerksam, daß die Spiralbahn dem Tiere noch besondere Vorteile bietet, weil sie ihm Gelegenheit gibt, von allen Seiten Wasser herbeizustrudeln und auf diese Weise allseitig „Proben“ seinem Medium zu entnehmen.

Eine dieser Proben möge einen chemischen Reiz enthalten, dann ändert sich das Benehmen von Paramaecium in sehr charakteristischer Weise: Sobald der Reiz einsetzt, schwimmt das Tier eine Strecke rückwärts, stellt sein Vorderende auf einen neuen Kurs ein und schwimmt wieder vorwärts. Dieses ist die einzige Antwort, die Paramaecium kennt und die unweigerlich auf jeden Reiz erfolgt. Jennings, dem wir die Kenntnis dieser Funktion verdanken, hat sie ursprünglich „Motorreflex" genannt. Seitdem er die Reflexlehre völlig verbannt hat, spricht er von einer „Vermeidungsreaktion". Die Bezeichnung tut nichts zur Sache. Die aus drei Phasen bestehende Antwort bildet eine einheitliche Handlung, die mit relativ einfachen Mitteln den größten Erfolg erzielt. Wären die beiden Enden von Paramaecium anatomisch und physiologisch einander gleich, so könnten sie bei jeder Reizung ihre Plätze tauschen und das Tier auf noch einfachere Weise vom Reiz fortführen. Paramaecium besitzt aber ein wohl ausgebildetes und durch hohe Empfindlichkeit ausgezeichnetes Vorderende, das nicht dauernd seinen Platz abtreten kann. Daher muß das Vorderende, wenn das Tier dem Reiz ausweichen soll, in eine neue Bahn gelenkt werden. Das geschieht durch die drei Tempi: zurück — seitwärts — vorwärts. Wir werden bei vielzelligen Tieren auf die gleiche dreiphasige Ausweichungsreaktion stoßen, die dort nur mit anderen Mitteln ausgeführt wird.

Die Mittel, die Paramaecium anwendet, sind besonders interessant. In der ersten Phase schlagen alle Wimpern in umgekehrter Richtung, das Schwanzende wird zum Vorderende und das Tier legt eine Strecke seiner eigenen Bahn wieder zurück. Dann schnappen die Wimpern der rechten Körperhälfte wieder in die normale Schlagrichtung ein, während die Wimpern der linken Körperhälfte in umgekehrter Richtung weiterschlagen. Dadurch heben sie sich gegenseitig in ihrer Wirkung auf und das Tier steht still. Allsobald setzen aber die Mundwimpern mit ihrer normalen Schlagrichtung energisch ein und werfen das stillstehende Tier rückwärts um. Würden jetzt auch die Wimpern der linken Seite richtig schlagen, so müßte das Tier in einer neuen Richtung davonschwimmen.

Bei schwachen Reizen verläuft die Reaktion auch scheinbar nach diesem einfachen Schema. Jennings gelang es jedoch nachzuweisen, daß sich zwischen dem Umfallen und dem Fortschwimmen noch eine Phase einschiebt, die nur bei starkem Reiz zur vollen Entfaltung kommt, bei schwachem Reiz jedoch sich leicht der Beobachtung entzieht. Ist Paramaecium durch den Schlag der Mundwimpern umgeworfen worden, so bringt das Überwiegen des Wimperschlages der einen Körperhälfte über die andere eine leichte Drehung um die Längsachse hervor und diese veranlaßt das stillstehende Tier mit dem Vorderende einen Kreis zu beschreiben, während das Hinterende feststeht. Das ganze Tier beschreibt dabei die Form eines steilen oder flachen Trichters, je nachdem ob es nur wenig oder sehr weit rücküber gefallen war.

Während dieser Bewegung hat Paramaecium die Gelegenheit, von verschiedenen Seiten Proben des Mediums zu erhalten, und sobald das Wasser keinen Reizstoff mehr enthält, ist in dieser Richtung die Passage frei. Das bezieht sich auf die chemischen Reize. Bei sehr starken mechanischen Reizen kommt es vor, daß der allzu heftig einsetzende Schlag der Mundwimpern das stillstehende Tier vollkommen umwirft, worauf es die Form des allerflachsten Trichters beschreibt, das heißt, sich mehrmals in einer Ebene um sich selber dreht, um dann in gerader Linie fortzuschwimmen, wobei es gelegentlich direkt auf den reizenden Gegenstand zustoßen kann.

Wie man daraus sieht, ist die Stärke oder die Dauer des Reizes das einzige Regulativ für die schwächere oder stärkere Ausbildung der verschiedenen Phasen des Reflexes. Wenn wir uns die Wirksamkeit der drei anatomischen Faktoren in den verschiedenen Phasen des Reflexes klarmachen wollen, so brauchen wir nur einen Blick auf die nebenstehende Tabelle zu werfen. L bedeutet in ihr die linken, R die Wimpern der rechten Körperhälfte, M die Mundwimpern.

1. Vorwärtsschwimmen = L +, R +, M +, Reiz,
2. Rückwärtsschwimmen = L —, R —, M —.
3. Stillstand = L —, R +, M 0.
4. Umfallen = L —, R +, M +.
5. Rotieren in Trichterform = L —, < R +, M +.
6. Vorwärtsschwimmen = L +, R +, M +.

Der Vorgang ist also ein ganz einfacher. Auf den Reiz hin schlagen erst alle Wimpern in die umgekehrte Richtung und kehren dann in bestimmter Reihenfolge zur normalen Schlagführung zurück: Erst die Wimpern der rechten Körperhälfte, dann die Mundwimpern und schließlich die Wimpern der linken Seite.

Die Bewegung der einzelnen Wimper geht währenddessen unbehindert weiter, sie pendelt immer in der gleichen Ebene hin und her. Da die Wimpern auf einer leichtgewölbten Fläche stehen, so haben sie die Möglichkeit, einen vollen Halbkreis zu beschreiben. Diese Möglichkeit wird aber niemals ausgenutzt. Die schwingende Wimper beschreibt immer nur die eine oder die andere Hälfte des Halbbogens, d. h. einen Viertelkreis. Der Schlag erfolgt immer aus der senkrechten Stellung zur tangential geneigten (von oben nach unten) und von der geneigten Stellung zur senkrechten zurück (von unten nach oben). Die Ruhelage, um die der Pendel schwingt, befindet sich demnach einen Achtelkreisbogen von der Unterlage entfernt.

Die Wimper unterscheidet sich aber von einem Pendel darin, daß sich die beiden Schlagphasen in ihrer Geschwindigkeit nicht gleichen. Immer ist die Phase des Schlagens, die von oben nach unten führt, fünfmal so schnell als die entgegengesetzte. Die schnelle Phase des Schlages ist die wirksame, ist sie von vorn nach hinten gerichtet, so schwimmt das Tier vorwärts, ist sie dagegen von hinten nach vorne gerichtet, so schwimmt das Tier rückwärts. Es ändert die vom Reiz hervorgerufene Erregung am Schlagtypus nichts, sondern beeinflußt bloß seine Richtung. Damit stimmt auch die oft wiederholte Erfahrung überein, daß einzelne Wimpern, die vom Körper losgelöst waren, unbekümmert weiter schlugen.

Es muß zwei Ruhestellungen der Wimpern für die beiden Richtungen des Schlagens geben. Beim Vorwärtsschwimmen ist die Wimper in der Ruhestellung nach hinten geneigt, beim Rückwärtsschwimmen dagegen nach vorne. Es tritt infolge der Reizung bloß ein Wechsel der Ruhestellung ein, alles übrige bleibt sich gleich.

Da die Wimper, sich selbst überlassen, weiter schlägt, muß sie sowohl Kontraktionsvorrichtungen wie Erregungsbahnen bei sich beherbergen. Um die Schlagphase von oben nach unten fünfmal so schnell erfolgen zu lassen, muß irgendeine federnde Vorrichtung vorhanden sein, die wir nicht kennen. Möglich ist es, daß die Erregungen, die infolge von Reizung eintreten, und die Ruhelage der Wimper ändern, auch auf die federnde Vorrichtung wirken und die Feder umstellen.

Leider wissen wir von dem feineren Bau der Wimperhaare nichts, als daß sie im Leben homogene Stäbchen sind, die mit einer kugeligen Anschwellung im Ektoplasma sitzen und nach Durchbohrung der feinen Oberhaut des Tieres frei im Wasser endigen. Einer der besten Kenner der Wimperapparate bei den Infusorien, H. N. Mayer, schreibt: „Die Zilien der Infusorien stellen äußerst feine, haarartige Fädchen von plasmatischer Substanz vor und sind als kontraktile Primitivfibrillen oder Myofibrillen aufzufassen.“

Pütter meint, „daß der typische Unterschied der Zilienbewegung — in des Wortes weitester Bedeutung — gegenüber der Pseudopodienbewegung wesentlich in der Ausbildung zweier verschiedenwertiger Substanzen innerhalb der Bewegungsorganellen zu suchen ist, einer stützenden und einer bewegenden. „Die Stützsubstanz ist in der Achse der Wimper zu suchen, die von flüssigem Protoplasma umgeben sein soll. Pütter glaubt: „daß die Filmmerbewegung durch einfaches hyalines Protoplasma an der Zilienoberfläche zustande kommen muß.“ Mit anderen Worten, daß die Verschiebung einer Flüssigkeit längs eines Stabes diesen Stab zu biegen vermag.

Obgleich alle Wimpern in selbständigem Rhythmus weiterschlagen, wenn sie vom Körper losgetrennt sind, so stören sie sich doch niemals, solange sie sich im gemeinsamen Verbande befinden. Da die Wellen des Wimperschlages in gleichmäßigem Zuge von vorne nach hinten gehen, wie die Wellen über ein wogendes Ährenfeld, so wird man zunächst an eine mechanische Beeinflussung denken, weil die Ähren in ihrer Bewegung sich durch den Druck gegenseitig regulieren. Die mechanische Beeinflussung ist jedoch nicht die einzige, wie sich aus einer Beobachtung von Jennings ergibt, der nachweisen konnte, daß die Paramaecien, wenn sie an einen weichen, nachgiebigen Gegenstand stoßen, den Schlag ihrer Körperwimpern einstellen. Besonders wirksam ist die Berührung, wenn sie zwei Körperstellen zugleich trifft. Dann bleibt das bewegliche Tierchen still sitzen und nur die Mundwimpern sprudeln das Wasser durch die Mundrinne hindurch.

Das beweist, daß alle Körperwimpern durch ein allgemeines Netz von Erregungsbahnen miteinander verbunden sind. Während des normalen Schlages kreisen die Erregungen der einzelnen Wimpern in geordnetem Rhythmus hin und her Werden einige Wimpern am Schlagen verhindert, so wird dieser Rhythmus der Erregungskreise einseitig unterbrochen und die Erregung ergießt sich in das allgemeine Netz, überall die Ausbildung der normalen Erregungskreise hindernd, wie bei der Ausbildung der Chladnischen Klangfiguren die geringste Störung den Rhythmus aufhebt.

Soweit kann die Zerlegung des Motorreflexes geführt werden. Es erübrigt noch, die Verwendung des Reflexes zu betrachten. Die Art des Außenreizes ist ganz gleichgültig für den Reflex, nur muß das Tier an der vorderen Hälfte gereizt werden. Eine Reizung des Hinterendes ruft bloß eine beschleunigte Vorwärtsbewegung hervor- Besonders leicht erregbar ist das Vorderende und die Mundöffnung. Die mechanische Behinderung des Wimperschlages an einer oder mehreren Stellen des Körpers bringt die Körperwimpern zur Ruhe. Das sind die gesamten Fähigkeiten von Paramaecium, mit denen es sein tägliches Leben bestreiten muß. Die Umwelt von Paramaecium beschränkt sich auf zwei Dinge: Flüssigkeit mit Reiz und Flüssigkeit ohne Reiz, wobei der Reiz chemisch oder mechanisch sein kann. Die Wimpern sind nur auf Flüssigkeiten angepaßt und die Rezeptoren behandeln alle Reize ganz gleichmäßig, so daß man von einer Umwelt mit nur einer einzigen Reizart reden kann.

Der Unterschied zwischen der Umgebung der Infusorien, wie sie sich unseren Sinnesorganen darstellt und der Umwelt, die für die Rezeptoren der Paramaecien existiert, erscheint uns so außerordentlich groß zu sein, daß es uns schwer fällt, zu begreifen, wie sie im Leben von Paramaecium zur Deckung kommen. Betrachten wir die Pfütze, in der Paramaecien leben, so wirken alle die verschiedenen Gegenstände, wie Gräser, Blätter, Steine usw., als gleichartige Reize, weil das Paramaecium, sobald es an sie anstößt, den gleichen Motorreflex vollführt, der ihm immer einen neuen Kurs gibt. Auf diese Weise kommt das Tier dazu, nach und nach die ganze Pfütze im Zickzack zu durchschwimmen. Ebenso wirken verschiedene chemische Reize, die als Zersetzungsprodukte der Pflanzen auftreten können.

Immerhin würde durch diese rein abstoßende Wirkung der Umwelt Paramaecium nicht zu seinem Ziel, d. h. seiner Nahrung gelangen, die aus allerhand Bakterien besteht, welche sich an verwesenden Pflanzenresten sammeln, wenn nicht noch ein innerer Faktor vorhanden wäre, der es bewirkt, daß die Paramaecien von den Stoffwechselprodukten ihrer Nahrungsmittel wie in einer Fischreuse gefangen werden. Paramaecium zeigt sich nämlich befähigt, seine Erregbarkeitsschwelle sofort den veränderten Bedingungen der Umgebung anzupassen. Setzt man z. B. Paramaecien in eine schwache Kochsalzlösung, so werden sie in dieser herumschwimmen wie in destilliertem Wasser, und niemand wird ahnen können, daß die Salzlösung ein Reiz werden kann. Kaum haben sie sich aber wieder an destilliertes Wasser gewöhnt, so vermeiden sie jede Salzlösung durch den Motorreflex. Hat man in die Mitte eines Objektträgers einen Tropfen schwach angesäuerten destillierten Wassers gebracht, und in Kreisen ringsum erst destilliertes Wasser, dann Salzlösungen in steigender Konzentration hinzugefügt, so werden die Paramaecien, die sich anfangs im äußersten Ringe in der konzentriertesten Salzlösung befinden, bei ihrem Zickzackschwimmen auch in die inneren Ringe gelangen. Dort sind sie sofort gefangen, denn der höhere Salzgehalt wirkt, sobald sie sich an die schwache Lösung gewöhnt haben, reflexauslösend.

Dagegen ruft das Eintreten in die schwächere Lösung gar keinen Reflex hervor. So sammeln sich immer mehr Paramaecien in der Mitte an, zu der sie ungehindert gelangen können, während sie vom nächsten Ring bereits abgestoßen werden.

Die schwache Säure ist das Optimum. Ihr gegenüber ist jede andere Flüssigkeit, selbst destilliertes Wasser, ein Reiz. In der schwachen Säure sammeln sich binnen kurzem alle Paramaecien an. Nun sezernieren die Bakterien, die das Hauptnahrungsmittel der Paramaecien bilden, immer ein wenig Kohlensäure und werden dadurch zu einer chemischen und mechanischen Falle für die Paramaecien. Denn die herbeigelockten Paramaecien heften sich am Gallertklumpen der Fäulnisbakterien an, sobald sie ihn mit ihren Wimpern berühren. Die Mundwimpern treiben dann die Bakterien dem Mund zu.

Da die Paramaecien selbst auch Kohlensäure produzieren, so bilden die festsitzenden unter ihnen für die freischwimmenden ein Anlockungsmittel. Bis die Konzentration der Kohlensäure so stark wird, daß diese selbst wiederum zum Reiz wird und die Tiere mittels des Motorreflexes auseinander treibt.

Da sowohl wärmeres wie kälteres Wasser, als auch sauerstoffarmes Wasser als Reiz wirken, erhält Paramaecium von allen Seiten Direktiven, die es immer zwingen, zu den Orten mit den günstigsten Lebensbedingungen zurückzukehren.

Viele Paramaecien zeigen ferner, sobald sie senkrecht abwärts zu schwimmen anfangen, einen ausgesprochenen Motorreflex. Dieser Reflex tritt nur bei Tieren auf, die reichlich Nahrung beherbergen. Er fehlt dagegen den hungernden Tieren. Ferner wird der Reflex sehr stark, wenn man wohlgenährte Tiere zuvor leicht zentrifugiert hat. Beim Zentrifugieren stellen sich die Tierchen mit ihrem schweren Vorderende nach außen. Im flüssigen Endoplasma werden infolgedessen alle spezifisch schwereren Teile in das Vorderende des Tieres getrieben. Aus diesen Tatsachen hat man den Schluß gezogen, daß bei Paramaecium die Nahrungsmittel als Orientierungsorgane dienen können, indem sie bei senkrechter Stellung des Körpers mit abwärtsgeneigtem Vorderende der Schwere nach herabsinken, das Vorderende reizen und so den Motorreflex hervorrufen, der das Tier in eine andere Lage bringt. Dadurch wird bewirkt, daß das Tier die Oberfläche der Pfütze, solange noch Nahrung in ihr vorhanden ist, nicht verläßt.

So ruht Paramaecium in seiner Umwelt sicherer als ein Kind in der Wiege. Überall von den gleichen wohltätigen Reizen umgeben, die es vor Irrfahrten schützen und ihm immer wieder die Wege weisen zu den Quellen seiner Nahrung und seines Wohlbefindens. Paramaecium ist so in die Welt hineingebaut, daß alles ihm zum Heile ausschlagen muß. Tier und Umwelt bilden zusammen eine geschlossene Zweckmäßigkeit. Auf eine sehr lehrreiche Ausnahme werden wir später zu sprechen kommen.

Werfen wir einen Blick auf Paramaecium, während es seine Nahrung einnimmt, so eröffnen sich wieder eine Fülle bedeutsamer Erscheinungen. Von der Mundöffnung, die am unteren Ende der Mundrinne sitzt, führt eine S-förmig gebogene kurze Speiseröhre nach hinten und endigt mit schräger Fläche im flüssigen Endoplasma. In der Speiseröhre befindet sich eine undulierende Membran, deren Aufgabe es ist, die in den Mund gestrudelten Nahrungspartikelchen weiter zu befördern. Nach den Beobachtungen von Nierenstein muß man annehmen, daß sich „das den Grund des Ösophagus bildende Endoplasma nach innen halbkugelig aushöhlt und so die Flüssigkeit in Form eines Tropfens hineinzieht oder schlingt. Beim Abschnüren des Nahrungstropfens (Nahrungsvakuole) zieht sich das Protoplasma um die innere Öffnung der Speiseröhre konzentrisch zusammen und bildet eine feine Lamelle, welche die Öffnung abschließt, worauf die Bildung einer neuen Nahrungsvakuole einsetzt. Der abgeschnürte

Nahrungstropfen wird indessen von der Endoplasmaströmung ergriffen und fortgeführt.“ „Bei Paramaecium bursaria zieht, nach Bütschli, der Strom auf der rechten Körperhälfte nach hinten, um auf der linken wieder nach vorne zu eilen.“ Diesem Strom folgt anfangs der Nahrungstropfen und umkreist im Inneren das ganze Tier. Später kreist er nur im Hinterende des Tieres und schließlich findet er die Afteröffnung, die mitten zwischen Mund und Hinterende gelegen ist, und entleert dort seinen Inhalt.

Aber der Inhalt hat sich im Verlauf dieser Wanderung sehr verändert. Anfangs besteht der Nahrungstropfen aus feinen im Wasser suspendierten Körpern (Bakterien, Flagellaten, Detritus usw.), die durch die Tätigkeit der Mundwimpern und der undulierenden Membran die Speiseröhre hinabgelangten. Sobald der Nahrungstropfen im Körper zu wandern beginnt, treten in ihm die ersten Veränderungen auf. Seine Inhaltsflüssigkeit wird sauer, „die saure Reaktion, schreibt Nierenstein, beruht auf der Anwesenheit von Mineralsäure im Vakuoleninhalte. Die Abscheidung der Mineralsäure geht in jedem Falle so weit, daß nicht nur die in der Vakuole enthaltenen Stoffe abgesättigt werden, sondern daß ein Überschuß an Mineralsäure auftritt, denn in jeder Nahrungsvakuole von Paramaecium ist innerhalb einer bestimmten Periode freie Mineralsäure regelmäßig nachzuweisen“.

Durch die freie Säure wird der lebendige Inhalt der Nahrungsvakuole abgetötet, worauf er sich zu einem kleinen Klumpen zusammenballt. Dann verschwindet die saure Reaktion in den Vakuolen und ihr Inhalt wird alkalisch. Inzwischen haben sich feine Körnchen aus dem Endoplasma rings um den Nahrungstropfen angesammelt, die, nachdem der Tropfen seine saure Reaktion verloren hat, einzuwandern beginnen. Mit ihrem Erscheinen beginnt die eigentliche Verdauung. Daher nimmt man an, daß sie tryptische Verdauungsfermente enthalten. Der flüssige Inhalt des Tropfens nimmt gleichfalls ab und zu. Dadurch wird die Aufnahme der verflüssigten Nahrung in das Endoplasma bewerkstelligt. Schließlich gelangt die verkleinerte Vakuole zum Anus, verschmilzt mit anderen Vakuolen, die sich dort bereits angesammelt haben, und alle entleeren gemeinsam ihren Inhalt nach außen.

Diese merkwürdige Differenzierung des Verdauungsaktes in zwei getrennte Perioden, eine saure und eine alkalische, erinnert unmittelbar an die Verdauung der Wirbeltiere. Nur wird der Periodenwechsel beim Wirbeltier durch den Übertritt der Nahrung vom Magen in den Darm hervorgerufen, während sich bei Paramaecium der gleiche Wechsel im gleichen Organ vollzieht, das mit der Verdauung zugleich entsteht und vergeht. Was beim Wirbeltier räumlich und zeitlich geordnet ist, ist beim Infusorium nur zeitlich geordnet. Aber das Prinzip ist dasselbe und der Effekt ist der gleiche.

Während der Darm von Paramaecium ein vergängliches Organ ist, das vom Protoplasma in übermaschineller Weise stets neu gebaut und wieder vernichtet wird, haben die Nieren bereits den Charakter eines ständigen, maschinellen Apparates angenommen. Auf der Innenseite des Ektoplasmas, stets durch eine dünne Schicht Ektoplasma vom strömenden Endoplasma getrennt, liegen die beiden pulsierenden Vakuolen mit ihren strahlenförmig weit ausgreifenden Zuleitungskanälen. Der Rhythmus der gleichfalls pulsierenden Kanäle wechselt mit dem der Blase ab. Kontrahieren sich die Kanäle, so füllt sich die Blase, entleert sich die Blase nach außen, so beginnen die Kanäle sich wieder zu füllen. Die dauernde Aufnahme von überschüssigem Wasser durch den Mund bei der Bildung von Nahrungsvakuolen wird durch die Tätigkeit der pulsierenden Vakuolen wieder ausgeglichen. Deshalb darf man die pulsierenden Vakuolen als Nieren im weitesten Sinne ansprechen.

In den tiefen Schichten des Ektoplasmas aber, über den pulsierenden Vakuolen und ihren Kanälen liegen winzige spindelförmige Bläschen dicht nebeneinander gelagert mit ihrer Längsachse senkrecht zur Oberfläche. Sie enthalten einen gelatinösen Inhalt, der bei der Kontraktion des Ektoplasmas durch feine Kanälchen nach außen gespritzt wird. Er tritt in Form von dünnen Fäden heraus. Die Fäden können mit großer Gewalt weit weggeschossen werden, stoßen sie dabei an einen harten Gegenstand, so biegt sich ihre Spitze um. Diese „Trychozysten“ (Haarbläschen) werden für Verteidigungswaffen gehalten, weil sie sich auf jeden starken Reiz entladen. Gegen den Hauptfeind von Paramaecium sind sie freilich wenig wirksam.

Und hier nahen wir uns der Stelle, an der die sonst so vollkommene Umwelt von Paramaecium versagt. Hier wird Paramaecium selbst zur planmäßigen Umwelt eines anderen Tieres. Hier greifen zwei Ringe biologischer Planmäßigkeit deutlich ineinander.

Didimium nasutum heißt der Feind. Kaum halb so groß als Paramaecium, aber gebaut wie eine Spitzkugel, sich wie rasend um seine Längsachse drehend, kommt er wie ein Pfeil dahergeschossen. Zwei mächtige Wimpersäume treiben den Räuber drehend vorwärts. Hart vor einem Paramaecium macht er Halt, indem er den einen Wimpersaum rückwärts schlagen läßt. Nun tastet er mit seiner spitzen Nase, in deren Mitte die Mundöffnung liegt, am Beutetier entlang. Plötzlich schießt er, durch eine energische Kontraktion der Mundhöhle mit wunderbarer Geschwindigkeit ein Stilett heraus, das sich tief in den Körper von Paramaecium einbohrt. Vergeblich entlädt Paramaecium seine Trichozystenbatterien, der Stich des Feindes ist tödlich.

Das Stilett besteht aus einem soliden plasmatischen Zylinder, in dessen Mitte sich ein Bündel spitzer Stäbchen befindet. Das Stilett tötet die Beute und verankert sich zugleich fest in ihrem Inneren. Dann wird es langsam zurückgezogen, die Mundöffnung erweitert sich zu einer geräumigen Höhle, in der das Paramaecium mit Haut und Haar verschwindet.

Didimium ist fast ausschließlich Paramaeciumjäger und greift nur im Hungerzustande andere Infusorien an. Sein Bewegungsapparat ist dem flinken Wilde angepaßt und der Schlund eignet sich ganz besonders dazu, große mit Flüssigkeit gefüllte Blasen zu verschlucken. So ist die Umwelt von Didimium mit schnell entgleitenden Nahrungsballen angefüllt. Leider sind wir nicht näher über die Reflexe unterrichtet, um diese Umwelt analysieren zu können. Aber staunenswert ist es, daß Didimium ebenso vollkommen seinem Lebenszweck angepaßt ist, wie Paramaecium dem seinigen.

Nach einer soeben erschienenen Schilderung von Mast über den Kampf zwischen Didimium nasutum und Paramaecium scheint es, daß das Stilett nicht ausgestoßen, sondern nur im Ektosark verankert wird. Dann beginnt Didimium seine Beute ohne sie zu töten sofort in sich hineinzuschlingen. Und zwar konnte Mast Fälle beobachten, in denen das verschluckte Paramaecium zehnmal so groß war wie sein Verspeiser. „Wenn andere Tiere relativ so große Objekte verschlucken könnten, als es diese jagende Ziliate vermag, so könnte ein gewöhnliche Kreuzotter (?) mit Leichtigkeit ein Kaninchen verschlucken, eine große Hauskatze ein Schaf, und ein Löwe oder ein Mensch einen voll ausgewachsenen Ochsen."

Aber die Jagd auf so große Paramaecien mißlingt bisweilen. Wenn Paramaecium noch sehr kräftig ist, so entlädt es an der gebissenen Seite eine große Menge von Trichozysten, die im Wasser eine quellende Masse bilden und Didimium mechanisch wegdrücken. Oft reißt das gepackte Stück Ektosark aus und bleibt in der Trichozystenmasse hängen, Didimium an seinem Stilett festhaltend, während Paramaecium enteilt. In solchen Fällen muß sich Didimium sein lang ausgezogenes Stilett selbst abdrehen und verstümmelt das Weite suchen. Dies ist das erste Beispiel für Autotomie. So ist Paramaecium, wenn auch nicht ausreichend geschützt, so doch nicht ganz ungeschützt im Kampfe gegen seinen Spezialfeind.

Der Funktionskreis.

Erst bei den mehrzelligen Tieren, die durchweg dauernd ausgebildete Gewebe aufweisen, kann die mechanische Biologie voll einsetzen und die Zerlegung des Körpermechanismus analog einem maschinellen Mechanismus mit Aussicht auf Erfolg beginnen. Wenn man auch mit Sicherheit annehmen kann, daß eine jede tierische Handlung mit Hilfe eines lückenlosen Mechanismus wie eine maschinelle Bewegung abläuft, so ist damit über die im Protoplasma verborgene Fähigkeit, den Körpermechanismus von Fall zu Fall umzugestalten, noch gar nichts ausgesagt. Das Studium dieser Fähigkeit gehört aber einem anderen biologischen Wissenszweig an, den ich „Technische Biologie" nennen möchte, und die hier ausscheidet.

Bevor wir uns der mechanischen Biologie der mehrzelligen Tiere zuwenden, wird es vorteilhaft sein, unseren Betrachtungen ein allgemeines Schema zugrunde zu legen, das die Beziehungen eines jeden Tieres zur Welt darstellt. Je nach der Gunst der gegebenen Umstände wird die Beobachtung der verschiedenen Tiere bald diesen bald jenen Teil des Schemas zur vollen Anschauung bringen, während der übrige Teil verborgen bleibt. Bewahren wir aber das ganze Schema im Gedächtnis, so wird uns die Einheit, die jedes Tier mit seiner Welt bildet, niemals verloren gehen.

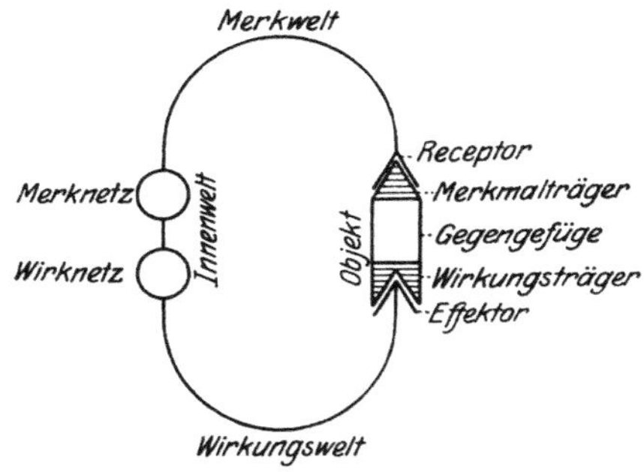

Abb. 3. Schema des Funktionskreises.

Wie wir bereits wissen, bildet der Tierkörper den Mittelpunkt einer speziellen Umwelt dieses Tieres. Was uns als außenstehenden Beobachtern der Umwelt der Tiere am meisten auffällt, ist die Tatsache, daß sie nur von Dingen erfüllt ist, die diesem speziellen Tier allein angehören. In der Welt des Regenwurmes gibt es nur Regenwurmdinge, in der Welt der Libelle gibt es nur Libellendinge usw.

Und zwar sind die Umweltdinge eines Tieres als solche durch eine doppelte Beziehung zum Tier charakterisiert. Einerseits entsenden sie spezielle Reize zu den Rezeptoren (Sinnesorganen) des Tieres, andrerseits bieten sie spezielle Angriffsflächen seinen Effektoren (Wirkungsorganen).

Die doppelte Beziehung, in der alle Tiere zu den Dingen ihrer Umwelt stehen, ermöglicht es uns, die Umwelt in zwei Teile zu zerlegen, in eine Merkwelt, die die Reize der Umweltdinge umfaßt, und in eine Wirkungswelt, die aus den Angriffsflächen der Effektoren besteht.

Die gemeinsam ausgesandten Reize eines Objektes in der Umwelt eines Tieres bilden ein Merkmal für das Tier. Dadurch werden die reizaussendenden Eigenschaften des Objektes zu Merkmalträgern für das Tier, während die als Angriffsflächen dienenden Eigenschaften des Objektes zu Wirkungsträgern werden.

Merkmalträger und Wirkungsträger fallen immer im gleichen Objekt zusammen, so läßt sich die wunderbare Tatsache, daß alle Tiere in die Objekte ihrer Umwelt eingepaßt sind, kurz ausdrücken.

Das Objekt, das in seiner doppelten Eigenschaft als Merkmalträger und Wirkungsträger zum Umweltding wird, besitzt noch sein eigenes Gefüge, das diese doppelten Eigenschaften aneinander bindet. Mag es sich um einen toten Gegenstand oder um ein Lebewesen handeln, stets ist auch dieses „Gegengefüge" des Objektes in den Bauplan des Tiersubjektes mit aufgenommen, obgleich keinerlei Wirkung vom Gegengefüge des Objektes auf das Gefüge des Subjektes ausgehen kann. Diese Tatsache allein verbürgt uns das Vorhandensein einer allgemeinen Planmäßigkeit in der Natur, die Subjekte und Objekte gleichmäßig umfaßt.

Betrachten wir jetzt das Tier, dessen Körper den Mittelpunkt der Umwelt bildet, so sehen wir, daß es eine Innenwelt besitzt. Die Innenwelt, die das gesamte Körpergefüge umfaßt, stößt auf der einen Seite an die Merkwelt, die ihr durch die Bauart der Rezeptoren zugewiesen ist. Die Aufgabe der Rezeptoren besteht nicht nur darin, bestimmte Reize aufzunehmen, sondern auch darin, alle übrigen abzublenden. Alle von einem Merkmal stammenden Reize werden zunächst in Erregungen verschiedener Nerven verwandelt, die sich im Zentrum in einem nervösen Merknetz zusammenfinden und dadurch die Einheit des Merkmals schaffen.

Jedem nervösen Merknetz entspricht bei höheren Tieren ein ebenfalls nervöses Wirknetz, von dem die Bahnen ausgehen, welche bestimmte Muskelgruppen zu einer einheitlichen Handlung zusammenfassen.

Erst jetzt sind wir genügend vorbereitet, um zu erkennen, daß eine in sich geschlossene Kette von Wirkungen bei jeder tierischen Handlung Subjekt und Objekt aneinander bindet. Diese Kette geht vom Merkmalsträger des Objektes in Form von einem oder mehreren Reizen aus, die auf die Rezeptoren des Tieres einwirken. Im Tier werden sie im Merknetz verbunden, greifen dann auf das Wirknetz über. Dieses erteilt den Effektoren eine bestimmte Bewegungsart, die wiederum in den Wirkungsträger des Objektes eingepaßt ist. Wirkungsträger und Merkmalsträger sind aber durch das Gegengefüge verbunden. So schließt sich der Kreis, den ich den „Funktionskreis" nenne.

Durch solche Funktionskreise wird ein jedes Tier eng mit seiner Umwelt verbunden. Man kann bei den meisten Tieren mehrere Funktionskreise unterscheiden, die sich je nach dem Objekt, das sie umfassen, als Beutekreis, Feindeskreis, Geschlechtskreis. Kreis des Mediums benennen lassen.

Die Aufgabe, die der Tätigkeit eines jeden Kreises obliegt, besteht immer darin, das Objekt aus der Umwelt zu entfernen.

Das kann auf zweierlei Weise geschehen, entweder endet die Handlung wie beim Beutekreis mit einer Vertilgung dss Objektes, oder sie führt zu einer Flucht wie beim Feindeskreis. In beiden Fällen verschwindet das Objekt aus der Umwelt. Das gleiche gilt für den Kreis des Mediums. Wasser- und Lufttiere vermeiden die schädlichen Strömungen, die sich in ihrer Umwelt bemerklich machen, und die Landtiere überwinden oder umgehen die Hindernisse, die sich auf ihrem Wege befinden. Es ist aber noch eine andere Lösung möglich. Da alle Reizempfänglichkeit der Rezeptoren an die Überwindung einer inneren Schwelle gebunden ist, kann es vorkommen, daß der gleiche Reiz der Beute z. B. nach der Sättigung unter die Schwelle sinkt und das Objekt dadurch aus der Umwelt verschwindet. Im Geschlechtskreis spielt diese Art der Ausschaltung des Objektes die Hauptrolle.

Die Aufgabe der speziellen Biologie eines Tieres kann erst dann als beendet gelten, wenn alle Funktionskreise umschritten sind und wir eine volle Anschauung davon gewonnen haben, mit welchen Bändern der Körper ringsum in seiner Umwelt aufgehängt erscheint. Die Bänder sind, wie wir wissen, Wirkungsketten, die mit Fugen und Zapfen ineinander greifen. Überall sind es mechanische Probleme, die der Lösung harren. Das ganze Leben eines jeden Tieres, soweit es sich um sein ausgebildetes Gefüge handelt, kann und soll mechanisch begriffen werden.

Diese Aufgabe wird dadurch erschwert, daß der Tierkörper aus einzelnen Zellen aufgebaut ist, die lauter selbständige kleine Maschinen bilden. Folgen wir dem Funktionskreis vom Beginn seines Eintritts in den Tierkörper, so sehen wir, daß zu äußerst die Sinneszelle sitzt, in der der Reiz eine Erregung auslöst. Die Erregung fließt aber nicht ohne weiteres fort, sondern erweckt erst durch abermalige Reizung im zentripetalen Nerven eine neue Erregung, die zum Zentrum geleitet wird. Hier wiederholt sich der gleiche Vorgang, bis endlich die Muskelfaser in Erregung gerät.

Alle Zellen bewahren auf dem gangen Wege ihre volle Individualität, obgleich sie miteinander verwachsen sind.

Mit dieser Tatsache wird die Physiologie einmal rechnen müssen, wenn sie soweit sein wird, um die mikromechanischen Vorgänge der einzelnen Zellen zu verstehen. Bisher stehen wir dem Einblicke, den uns die Histologie in das Gefüge der Zellen gewährt, völlig verständnislos gegenüber.

Um aber den großen Zusammenhang nicht aus den Augen zu verlieren, vernachlässigen wir die Reizübertragung von Zelle zu Zelle im Reflexbogen und behandeln den ganzen Erregungsablauf von der Reizung der Sinneszelle an bis zur Verkürzung des Muskels als einen einzigen maschinellen Vorgang.

Es hat sich herausgestellt, daß wir uns das Nervensystem nach Art eines Röhrensystems vorstellen können, in dem ein Fluidum kreist, an welchem wir Druck und Menge unterscheiden. Das Fluidum bewegt sich bald in Wellen (dann sprechen wir von dynamischer Erregung), bald als geschlossene Masse (dann sprechen wir von statischer Erregung).

Nehmen wir noch die Vorstellung von Erregungsreservoiren hinzu, die sich bald aktiv erweitern, bald aktiv verengern und dabei die Erregung bald ansaugen, bald ausstoßen, so erhalten wir ein leidlich zusammenhängendes Bild des Erregungsvorganges, das man durch Einfügen von Klappen und Ventilen vervollständigen kann.

Mit Hilfe dieses grobmechanischen Bildes vermögen wir den Funktionskreis im Nervensystem des Tieres zu schließen.

Da die Biologie immer vom Ganzen ausgehend den Zusammenhang der Teile untersucht, wird sie solcher vorläufiger Hilfsvorstellungen nicht entraten können, die, sobald die wirklichen Vorgänge erforscht sind, auszuscheiden haben.

Darin unterscheidet sich die Biologie von der Physiologie, die die wirklichen Vorgänge an jeder ihr zugänglichen Stelle festzustellen sucht, die Erkenntnis des allgemeinen Zusammenhanges aber auf später verschiebt.

Die mechanische Biologie behandelt das Gefüge des Nervensystems wie einen in sich geschlossenen Mechanismus, ohne deshalb zu leugnen, daß gerade im Gehirn der höheren Tiere dieser Mechanismus nicht dauernd geschlossen ist, sondern anerkennen muß, daß gerade hier das Protoplasma umbauend und Bahnen bildend während des ganzen Lebens tätig ist. Diese Probleme gehören aber, wie gesagt, der technischen Biologie an, und können ausgeschieden werden, weil im Augenblick des Ablaufes des Funktionskreises ein geschlossener Mechanismus vorliegen muß.

Es erübrigt, noch ein Wort über die Muskeln zu sagen, die bei allen Tieren den Bewegungsapparat der Effektoren bilden. Sie dienen dazu, Bewegungen auszuführen und Lasten zu heben. Dazu bedürfen sie zweier gesonderter Apparate: eines Verkürzungsapparates und eines Sperrapparates, die unabhängig voneinander in Tätigkeit treten können. Wie das geschieht, wird erst die Analyse der einzelnen Tiere lehren können. Eines darf man aber nicht vergessen, daß der Muskel allein kein vollständiges Organ des Körpers ist. Immer gehört zu ihm mindestens ein zentrifugaler Nerv und ein nervöses Zentrum

(Ganglienzelle), das die Muskelfaser im Zentralnervensystem vertritt und das ich daher als Repräsentanten bezeichne.

Um den Überblick bei der Erforschung eines Tieres nicht zu verlieren, empfiehlt es sich, das allgemeine Schema der Untersuchung zugrunde zu legen und die Funktionskreise zur Gliederung der Lebenserscheinungen zu benutzen.

Anemonia sulcata.

Wer als Taucher ins Meer hinabsteigt, wird erstaunt sein, wenn er in einer Tiefe von über zehn Meter den ganzen felsigen Boden der Küste in eine grüne Wiese verwandelt sieht. Überall, soweit das Auge blickt, wehende Grashalme, die vom Winde bewegt erscheinen. Im blauen Dämmerschein des Meeres, der ihn wie ein silberner Rauch umgibt, sieht der Taucher keine scharfen Schatten und bemerkt erst bei näherer Prüfung, daß die vermeintlichen Grashalme nicht flache Blätter sind, sondern drehrunde Röhrchen. Auch sind diese Röhrchen nicht bloß passiv bewegt, wenn die Strömung über sie hinwegzieht, sondern sie vermögen sich auf Berührung zusammenzuziehen und wie Korkzieher aufzurollen.

Die grüne Wiese besteht nicht aus Pflanzen, sondern aus Tieren. Die kleinen Röhren sind keine Grashalme, die in der Erde wurzeln, sondern es sind die Tentakel genannten Arme von drei bis fünf Zentimeter hohen Tieren. Die Tentakel umgeben in mehreren Kreisen stehend den Mund wie Blütenblätter den Blumenkelch. Deshalb nennt man die Tiere auch Seeanemonen. Die Farbe kann bei Anemonia sulcata weißlich schimmern, meist ist sie bräunlich oder grün.

Entfernt man die Tentakel, so bleibt als Körper nur ein zylinderförmiger muskulöser Magensack übrig. Die runde Fläche, die den Magen unten abschließt, nennt man den Fuß, weil er nicht bloß das Tier am Boden festsaugt, sondern auch eine geringe Fortbewegung ermöglicht. Die Fortbewegung geschieht, indem sich die Muskulatur des Fußes an verschiedenen Teilen bald ablöst, bald ansaugt. Die Reize, die das Tier zum Wandern zwingen, sind das Licht und die Schwere des eigenen Körpers, der bei geneigter Lage einseitig auf dem Fuße lastet. Über dem runden Fuß erheben sich die zylinderförmigen Seitenwände des Körpers. Sie sind der unempfindlichste Teil des ganzen Tieres.

Oben schließt die Mundfläche den Zylinder senkrecht ab. Sie enthält radiäre und zirkuläre Muskelfasern, die sich alle um die in der Mitte gelegene Mundöffnung gruppieren. Verkürzen sich die zirkulären Ringfasern, so schließt sich der Mund.

Vom Mund aus führt ein gerades Rohr bis tief in den Verdauungssack hinein. Dieses Mundrohr wird durch zahlreiche muskulöse Scheidewände gehalten, die ringsum strahlenförmig zu den Außenwänden des Tieres ziehen. Zwischen den Scheidewänden oder Septen entstehen zahlreiche Taschen, die nach unten zu offen stehen. Sie bilden den Darm. Nach oben zu wird jede Tasche von der Mundmembran nicht einfach abgeschnitten, sondern stülpt sich wie ein

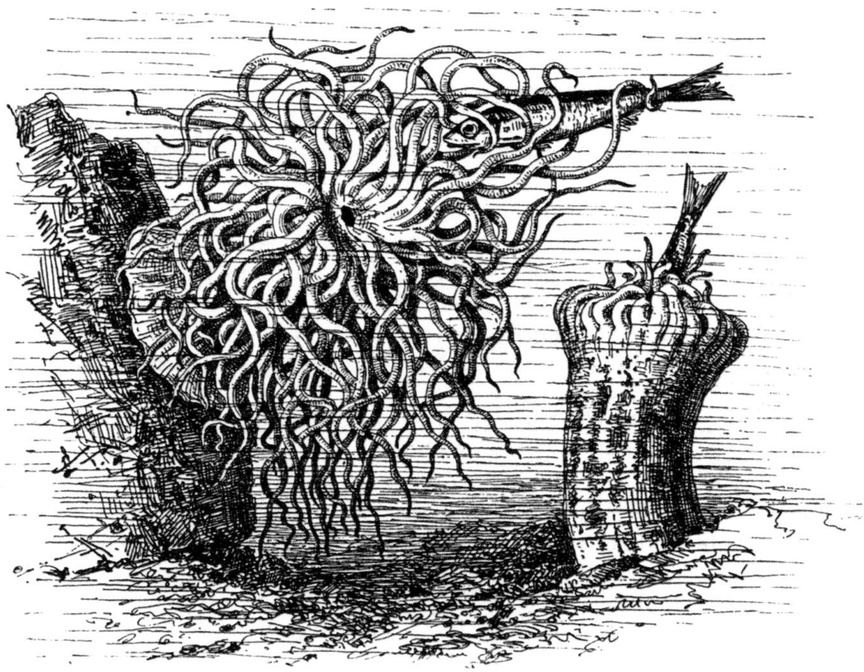

Abb. 4 [1]).

Handschuhfinger nach außen vor. Dadurch entstehen die Tentakel. Das Darmepithel tritt in den Tentakel ein und bildet seine innere Bekleidung. Die Wand des Tentakels besteht nach O. und R. Hertwig aus einer Lage Bindegewebe (Stützsubstanz), die sowohl innen wie außen eine Muskelschicht trägt. Zwischen der äußeren Muskelschicht und der Außenhaut befindet sich eine Schicht von Nervengewebe, d. h. Ganglienzellen und Fasern. Ebenso schiebt sich zwischen die innere Muskelschicht und das Darmepithel eine Nervenschicht ein. Die Haut besteht aus Sinneszellen, Stützzellen, Drüsen und Nesselkapseln.

[1]) Nach: Hesse-Doflein, Tierbau und Tierleben. Bd. I.

Wie hängen diese einzelnen Organe funktionell zusammen? Diese Frage kann nur durch das Experiment gelöst werden. Und dieses hat folgende einfache Tatsachen zutage gefördert.

Der mechanische Berührungsreiz ist bei einer normalen Anemonia sulcata fast wirkungslos. Dagegen ist leicht nachzuweisen, daß die Tentakel einem leichten Druck nachgeben und wie ein Taschenmesser umklappen. Oft schlagen sie dann weit vom drückenden Gegenstande fort. Stets bleiben sie noch eine Zeitlang gebogen, nachdem der drückende Gegenstand entfernt wurde. Das beweist, daß die Biegung ein aktiver Vorgang ist. Wir werden der gleichen Erscheinung beim Seeigelstachel wieder begegnen. Sie ist einfach darauf zurückzuführen, daß die durch den Druck gedehnten Muskeln erschlaffen und dadurch ihren Antagonisten die Möglichkeit verschaffen, eine aktive Bewegung auszuführen, die den Tentakel von dem drückenden Gegenstande wegführt. Auf Erschütterung sind die Tentakel recht empfindlich. Oft antworten sie auf ein Klopfen am Glase mit einer Längsmuskelkontraktion, die auch einseitig sein kann und dann die Arme korkzieherartig zusammenzieht. Ebenso ruft Kneifen eine Verkürzung der Arme hervor.

Unter den Längsmuskeln zeichnet sich ein Strang besonders aus, der auf der dem Munde zugekehrten Seite eines jeden Tentakes als weißer Strich sichtbar ist. Schneidet man einen Tentakel eines normalen Tieres glatt ab und wirft ihn in ein Schälchen mit Wasser, so wird er eine charakteristische Form annehmen. Von der Schnittstelle aufwärts bis etwa zur Hälfte ist der Tentakel nicht bloß leicht verkürzt, sondern auch halskrausenförmig zusammengezogen. Immer ist die überwiegende Verkürzung des weißen Stranges Ursache dieser Erscheinung.

Während die Längsmuskeln dem mechanischen Reiz untertan sind, antworten die Ringmuskeln den chemischen Reizen. Eine einprozentige Essigsäure in Seewasser, die noch hundertmal verdünnt ist, vermag abgetrennte Arme, wenn sie genügend empfindlich sind, in lange, dünne Fäden zu verwandeln. Auch stärkere Lösungen haben die gleiche Wirkung. Nur muß man, je stärker die Lösung wird, um so vorsichtiger mit dem Einlegen der Arme werden. Denn wenn auch der chemische Reiz nicht direkt auf die Längsmuskeln einwirkt, so hat er doch die Fähigkeit, die Rezeptoren der Längsmuskeln für den mechanischen Reiz erregbarer zu machen. Läßt man in eine stärkere Lösung den abgeschnittenen Tentakel fallen anstatt ihn vorsichtig hineinzulegen, so wird er sich zusammenziehen, anstatt sich zu verlängern.

An Stelle von Essigsäure kann auch Kochsalz als Reiz verwendet werden. Am meisten empfiehlt sich eingedampftes Seewasser. Seewasser, das durch Eindampfen 5% seines Volumens verloren hat, beginnt als Reiz zu wirken. Man kann einzelne Tentakel in eine solche Lösung legen oder mit einer zur Kapillaren ausgezogenen Pipette die Lösung lokal den Tentakeln des unverletzten Tieres beibringen. Alle Lösungen, die schwerer als Seewasser sind, eignen sich für ein solches Verfahren. Da zeigt sich nun, daß peripher von der Reizstelle mehr oder weniger weit bis zur Spitze hin die Ringmuskeln in Kontraktion geraten und den Tentakel verlängern, während zentralwärts eine leichte Erschlaffung eintritt. Diese wirkt ebenso, wie die mechanisch hervorgerufene Erschlaffung, d. h. der Arm schlägt von der Reizstelle fort.

Unabhängig von den Muskeln ist die Tätigkeit der Drüsen, die das bekannte Ankleben der Tentakel zur Folge hat. Auf ein reines Glasstäbchen, das geglüht und abgekühlt ist, und dauernd in Seewasser aufgehoben wird, kleben normale Tentakel niemals an. Ebensowenig kleben sie, wie schon Nagel zeigte, an Papierstückchen, die in Säure getaucht waren. Auch Papier- oder Schwammstückchen, die mit Salzlösung von hoher Konzentration vollgesogen sind, vermögen nicht den Klebereflex hervorzurufen. Dagegen genügt es, ein reines Glasstäbchen nur einmal über die Zunge zu ziehen, um sofort ein kräftiges und andauerndes Kleben der Tentakel zu beobachten. Nicht selten sieht man kränkelnde Tiere auch an reine Glasstäbchen ankleben.

Es ist mir gelungen, ein Tier, das ganz normal war, in diesen Zustand erhöhter Drüsentätigkeit zu versetzen, indem ich es auf die Mundseite legte. Nach einiger Zeit begannen alle Arme klebrig zu werden. Ob dies ein Hilfsmittel ist, um losgerissene Aktinien schnell wieder zu verankern, steht dahin. Das Tier, in die normale Lage gebracht, verlor nach und nach seine Klebrigkeit.

Wir haben demnach drei getrennte physiologische Faktoren vor uns, von denen jeder auf eine getrennte anatomische Grundlage Anspruch erheben kann: 1. Die Drüsen, die den klebrigen Schleim produzieren, müssen ein eigenes Nervensystem besitzen, das sie mit ihren sehr spezialisierten Rezeptoren verbindet, die nur auf den chemischen Reiz der Nahrung reagieren. 2. Die Ringmuskeln, die auf jeden chemischen Reiz antworten. Auch sie bedürfen eines eigenen Nervennetzes und eigener Rezeptoren, die aber weniger spezialisiert sind und auf chemische Reize aller Art ansprechen. 3. Die Längsmuskeln verlangen ein besonderes Nervennetz, das sie mit ihren Tangorezeptoren verbindet. Diese drei selbständigen Reflexbögen, die auf verschiedene Reize eingestellt sind, handeln trotzdem gemeinsam, weil sie räumlich an das gleiche Organ gebunden sind. Ihr Zusammenarbeiten ist überraschend zweckmäßig und den Bedürfnissen der Anemonen angepaßt.

Fällt auf die Anemone ein Steinchen, so müssen die Arme es passieren lassen, denn es verursacht nur Unordnung und ist gänzlich ungenießbar. Das kann auf verschiedene Weise geschehen. Entweder der Stoß des Steines ruft keine Erregung hervor, dann gleitet er einfach zwischen den glatten Tentakeln hindurch. Oder er bleibt liegen und dehnt dann die von ihm belasteten Tentakel, die darauf fortklappen und ihre Last fallen lassen. Oder die Erschütterung des fallenden Steines war stark genug, die Längsmuskel reflektorisch zu verkürzen, dann ziehen sich die Arme von ihm zurück. Der gleiche Effekt wird erzielt, wenn ein Arm durch den Stein geklemmt wird. In jedem Falle sinkt der Stein zu Boden.

Naht sich der Anemonia ein Tier, das nicht wie der Stein chemisch indifferent ist, so werden die Tentakel durch Ringmuskelreflex lang werden und an das fremde Tier anstoßen. Produziert dieses chemisch schädliche Stoffe, wie es etwa eine säurebildende Nacktschnecke tut, so werden auf die Berührung hin die Längsmuskeln sich zusammenziehen, weil ihre Rezeptoren durch den chemischen Reiz erregbar gemacht und sie selbst durch die Dehnung der Erregung zugänglicher geworden sind. Auf diese Weise vermeidet Anemonia die Schädlichkeit.

War das Tier eßbar, z. B. ein kleiner Oktopus de Philippi, so werden die Tentakel gleichfalls lang, die Längsmuskeln verkürzen sich auch, aber nicht so stark, d. h. sie ziehen sich nur an den Berührungsstellen zusammen. Dadurch werden sie zu Ranken, die sich um die Beute schlingen, und fahren dann erst in gemeinsamer Kontraktion zusammen. Aber sie fahren nicht leer zurück, denn die Drüsen haben infolge des Nahrungsreizes die Beute am Arm festgeklebt, und diese wird nun mit fortgerissen. Handelt es sich um einen leicht beweglichen Bissen, etwa ein Stückchen Fischfleisch, so schlägt, wie Nagel das beschrieben, der Tentakel zum Munde hin. Dies geschieht durch die überwiegende Kontraktion des weißen Stranges, der die Beute immer nach dem Munde ziehen muß.

Was die Nesselkapseln betrifft, so hat Parker beobachtet, daß sie auf chemischen Reiz hin explodieren (sie bestehen bekanntlich aus einem Spiralfaden, der in einer giftgefüllten Kapsel ruht). Dagegen sind Nahrungsreize für die Nesselkapseln indifferent.

Die Drüsen zeigen in ihrem Bau deutlich zwei verschiedene Typen. Auch wird auf chemischen Reiz zweierlei Schleim sezerniert. Der eine, der am Gegenstand klebt, und ein zweiter, der den ganzen Arm mit einer dichten Hülle umgeben kann und ihn vor weiterer Schädlichkeit bewahrt.

Über die Muskeln des Körpers sind wir durch Jordan freilich an einer anderen Aktinienart, nämlich Aktinoloba, unterrichtet worden. Da mit seiner Aktinienarbeit die schönen Muskeluntersuchungen dieses Forschers einen vorläufigen Abschluß erreicht haben, sei es mir vergönnt, näher auf seine grundlegenden Resultate einzugehen. Jordan hat sich mit solchen Tieren beschäftigt, deren Muskulatur ein zentrales Netz beherbergt und daher dem Einfluß der statischen Erregung nicht entzogen werden kann. Er nennt solche Muskeln Tonusmuskeln. Da das zentrale Netz sich überall hin verbreitet, spricht er diesen Tieren einen generellen Reflex zu, im Gegensatz zu anderen Tieren, die viele induvidualisierte Reflexe aufweisen und zahlreiche Reflexbögen besitzen. Deshalb nennt er die Tiere mit Tonusmuskulatur reflexarme Tiere. Auch die reflexarmen Tiere können eine gewisse Subordination des Netzes unter höheren Zentren aufweisen.

Bei den Aktinien gibt es keine Subordination. Bei ihnen treten die Grundgesetze der Tonusmuskeln, die Jordan aufgestellt hat, ohne weiteres zutage. Erstens ist die Reizbarkeit abhängig vom Niveau der statischen Erregung oder, was dasselbe sagen will, vom Grade des Tonus: „Je niedriger der Tonus, desto höher der Grad von Reizbarkeit.“ Es ist dieses die gleiche Regel, die ich auch für die Seeigel nachweisen konnte. Zweitens findet Jordan, daß die Strecke, um die sich ein Tonusmuskel auf den gleichen Reiz zusammenzieht, ebenfalls abhängig vom Tonus ist: sie wächst, wenn der Tonus fällt. Schließlich und drittens sinkt der Tonus infolge der Belastung. Auch dies ist ein an anderen Tieren nachweisbares Faktum.

Jordan fand ferner die merkwürdige Tatsache der Übertragung des Tonusfalles von einer Muskelpartie auf die andere. Das zentrale Netz übermittelt den Tonusfall vom gedehnten Muskel zu den ungedehnten Muskelpartien. Für Aktinoloba vermochte Jordan nachzuweisen, daß der durch starke Belastung hervorgerufene Fall des Tonus aufgehalten werden kann, wenn man eine ungedehnte Muskelpartie neben der gedehnten stehen läßt. Auch nach Jordans Auffassung ist der Tonus im Muskel ein Erzeugnis des Nervensystems, und wenn wir alle Vorgänge im Nervensystem kurzerhand als Erregungsvorgänge bezeichnen, so ist auch für die Tonusmuskel das allgemeine Erregungsgesetz gültig, das da besagt, daß die Erregung immer den gedehnten Muskeln zufließt.

Während ich für die Erregung die Vorstellung eines Fluidums bevorzuge, das vom höheren zum niederen Niveau fließt, wählt Jordan ein anderes Bild für den gleichen Vorgang. Er schreibt: „Wir haben in beiden Fällen (bei Aktinoloba) ein Stück Nerven-Muskelschlauch, das wir belasten und dadurch seines Tonus berauben. Das eine Stück steht noch in Verbindung mit einem großen Gebiete des Nervensystems, nämlich vor allem mit der Mundscheibe, und dieses Gebiet muß über ‚Energie‘ verfügen, da die zugehörige Muskulatur Tonus aufweist. Mehr noch, da die einzelnen Teile des Aktinienkörpers sich in der Norm nicht gegenseitig hinsichtlich des Tonus beeinflussen, so müssen die ‚Potentiale‘ in all diesen Teilen ungefähr gleich sein. Ist aber durch Belastung eine wesentliche Abnahme des Tonus innerhalb der Fußmuskulatur eingetreten, so wird die an sich unbeeinflußte Mundscheibe den Fuß mit ‚Energie‘ speisen müssen.“

Jordan gelang es zu zeigen, daß das stark entwickelte Nervensystem, das den Mund der Aktinien umgibt, durchaus nicht die Rolle eines superponierten Zentralteiles spielt, sondern daß überall die gleichen nervösen Beziehungen herrschen.

Die Septenmuskulatur, die bei Aktinoloba das Einstülpen der Mundfläche ausführt, besitzt eine viel schnellere Tonusmuskulatur als die Wände und der Fuß. Auch sie ist von Jordan untersucht worden.

Die von mir oben erwähnten Versuche über die Armbewegungen von Anemonia sulcata zeigen die Schwierigkeit, die sich einer allgemeinen Anwendung der Jordanschen Einteilung in generelle und individuelle Reflexe entgegenstellt. Wenn sowohl Längs- wie Ringmuskeln wie die Drüsen ein besonderes Nervennetz besitzen, so ist man schon im Zweifel, ob man noch im strengen Sinn des Wortes von generellen Reflexen reden darf. Jedenfalls würde auch die geringste weitergehende Spaltung in einem der drei Netze einen individualisierten Reflexbogen hervorbringen.

Ebenso interessant, wenn auch ganz anderer Art als die Jordanschen Arbeiten, sind die Versuche, die Bohn mit ebensoviel Ausdauer als Geschick an den Aktinien ausgeführt hat. Ihn interessieren weniger die Reflexe, die vom Rezeptionsorgan kommend durch das Nervensystem den Muskeln zufließen, als der Einfluß, der von anderen Lebensprozessen auf die Reflexe ausgeübt wird, und der sich erst in einer Abänderung der Reflexe offenbart.

Bohn untersuchte die Aktinien des Atlantischen Ozeans, die innerhalb der Flutgrenze leben und die dem Rhythmus des steigenden und fallenden Meeres ausgesetzt sind. Diese Aktinien sind während der Flut geöffnet und während der Ebbe geschlossen. Die Reize, die ihnen durch den Gezeitenwechsel zugeführt werden, erzeugen in den Aktinien einen rhythmischen Prozeß, der sich noch erhält, wenn die Tiere im Aquarium unter gleichförmige Bedingungen gebracht werden. Obgleich dauernd vom Wasser umgeben, schließen sich die Aktinien noch tagelang regelmäßig, wenn draußen im Meere ihre Schwestern unter dem Einfluß der Ebbe sich zusammenziehen. Ebenso öffnen sie sich wieder, wenn draußen die Flut zu steigen beginnt. Dieser innere Rhythmus klingt langsam ab. Nach und nach werden die Aktinien bloß noch von den Reizen, die das Aquariumleben bringt, beeindruckt. Daß aber der innere Rhythmus trotzdem weiter besteht, sieht man daran, daß eine einfache Erschütterung die geschlossene Aktinie zur Zeit der Ebbe nicht beeinflußt, dagegen zur Zeit der Flut zum Öffnen bringt. Dagegen bringt die gleiche Erschütterung eine geöffnete Aktinie nur zur Zeit der Ebbe zum Schließen und verläuft wirkungslos zur Zeit der Flut.

Sehr interessant sind ferner die Beobachtungen Bohns über die Wirkung des Lichtes auf die Aktinien. Einmal läßt sich die Wanderung der Aktinien durch das Licht hervorrufen. In einem Glasgefäß stellen sie sich immer auf der dem Licht abgewandten Seite auf. Während der Wanderung können die Aktinien durch Steine oder Algenblätter aufgehalten werden, die eine rauhe Oberfläche besitzen und dem Fuß einen besseren Halt gewähren als die Glaswand. Eine Tatsache, die schon Loeb beobachtet hatte. Ferner hat die Beleuchtung auf die Aktinien einen lange überdauernden Einfluß, der die Tiere, welche mehrere Tage im Hellen zugebracht haben, befähigt, sich schneller und ausgiebiger auf den gleichen Reiz zu öffnen als Tiere, die zwar gleichfalls im Hellen stehen, die Tage vorher aber im Dunkeln verbracht haben. Endlich ließ sich auch ein Rhythmus des Öffnens und Schließens nachweisen, der mit dem Wechsel von Tag und Nacht Hand in Hand ging.

Der Rhythmus zwischen Öffnen und Schließen, der vom Wechsel der Tageszeiten abhängig ist, steht in enger Beziehung zum Wohnort, dem die Aktinien entnommen sind. Stammen sie aus flachen, algenhaltigen Felswannen des Ufers, die sehr stark der Sonne ausgesetzt waren, so öffnen sie sich im hellen Aquarium am Tag und schließen sich in der Nacht. Werden dieselben Tiere im Dunkelzimmer gehalten, so kehrt sich diese Reaktion um. Sie öffnen sich in der Nacht, bleiben aber am Tage geschlossen, „denn sie leiden von der Abwesenheit des Lichtes wohl am Tag, nicht aber in der Nacht.“

Diejenigen Aktinien (es handelt sich immer um Actinia equina), die an beschatteten Orten gelebt haben, öffnen sich, im hellen Aquarium gehalten, bei Nacht und schließen sich am Tag vor dem ungewohnten Sonnenlicht. Aber die Öffnung in der Nacht geschieht rascher und ausgiebiger, wenn sie tags vorher beleuchtet wurden, als wenn sie den Tag im tiefen Schatten verbracht hatten. Die lange andauernde Dunkelheit ruft bei allen Aktinien eine immer mehr zunehmende Schwächung der Lebensfunktion hervor. Ebenso wirkt die Asphyxie und die lang andauernde Bewegung des umgebenden Wassers. Auch ich habe bei Anemonia sulcata beobachten können, daß alle Reaktionen der Arme bei sehr empfindlichen Exemplaren durch eine vorhergehende Bewegung des Wassers herabgesetzt wurden. Nach einer kürzeren oder längeren Ruhepause stellte sich die alte Erregbarkeit wieder her. Ähnliches berichtet auch Lulu Allenbach.

Bohn trennt die Wirkung der Dunkelheit, der Asphyxie und der

Wasserbewegung als gegenwärtige von den vergangenen Beeinflussungen durch das Licht und die Gezeiten. Im Ganzen gelingt es Bohn überzeugend nachzuweisen, daß die Aktinien die Fähigkeit besitzen, in sehr weitem Maße den Anforderungen ihrer Umgebung gerecht zu werden. Alle Reize der Außenwelt können, einer Aktinie übermittelt, verschiedene Wirkungen hervorrufen, je nachdem die vergangenen Reize eine Dauerwirkung hinterlassen haben oder nicht. Die Aktinien zeigen sich befähigt, auf rhythmische Wirkungen der Außenwelt rhythmische Antworten zu finden, die den Rhythmus der Außenwelt sogar überdauern.

Diese Fähigkeiten werden von Bohn der „lebenden Substanz" als solcher zugeschrieben. Dies kann in der Tat der richtige Schluß sein. Aber welche lebende Substanz ist eigentlich gemeint? Soll es das Protoplasma sein, das in den Muskelzellen sitzt, oder im Nervennetz und den Rezeptoren? Oder in allen dreien?

Wenn auch die Strukturen als etwas Nebensächliches zu betrachten sind, ihre Existenz läßt sich doch nicht ableugnen. Und die Funktionen, wie das Schließen und Öffnen der Aktinien, werden von wohldifferenzierten Geweben ausgeführt. Ein Reflexbogen ist sicher vorhanden. Aber der Reflex ist von außerhalb des Reflexbogens beeinflußbar. Außerhalb des differenzierten Gewebes, das den Reflexbogen bildet, befindet sich das undifferenzierte Protoplasma, das den Reflexbogen hat entstehen lassen. Mehr wissen wir nicht.

Bei den Amöben läßt das Protoplasma die Strukturen entstehen und zerstört sie gleich wieder. Bei den Aktinien bleiben die Strukturen bestehen, aber das Protoplasma bewahrt einen entscheidenden Einfluß auf ihre Funktion. Das Protoplasma vermag bei einer bestimmten Amöbenart nur bestimmte Organe zu produzieren, die eine bestimmte Funktion haben. Bei den Aktinien kann die Funktion der einmal gebildeten Gewebe auch nicht geändert werden. Das Nervensystem kann nur Erregungen leiten, aber vermag sich nicht zu verkürzen. Die Muskeln können sich nur verkürzen, aber keine Erregung von Faser zu Faser leiten. Aber jede einzelne Funktion kann, so scheint es, vom Protoplasma gehemmt, beschleunigt und so weit sie umkehrbar ist auch umgekehrt werden. So kann auf den gleichen Reiz einmal Erschlaffung, einmal Verkürzung eintreten, je nach dem Eingreifen des Protoplasmas.

Die biologische Aufgabe des Protoplasmas besteht darin, die durch das Auftreten fester Strukturen zur Unveränderlichkeit neigende Reflexfunktion geschmeidig zu erhalten, so daß sie sich dem wechselnden Einfluß der Umgebung gewachsen zeigt. Dies ist besonders bei Tieren notwendig, die nur wenige Reflexe ausgebildet haben. Denn diese werden auch in allen möglichen Kombinationen doch nicht die nötige Mannigfaltigkeit erreichen, um dem Wechsel der Umgebung folgen zu können. Bei Tieren mit reichem Reflexleben sind nicht allein zahlreiche Möglichkeiten gegeben durch Reflexkombination, dem Wechsel der Außenwelt ein Gegengewicht zu halten, auch das Zentralnervensystem ist bei differenzierteren Tieren befähigt, von verschiedenen Faktoren der Umwelt spezielle Eindrücke aufzunehmen und aufzubewahren. Diese Eindrücke werden nach und nach zu Strukturteilen. Daher kann die Protoplasmawirkung immer mehr und mehr zurücktreten. Denn bei diesen Tieren ist die Umwelt sozusagen in das Hirn hinüberdestilliert und ihre Veränderungen rufen durch nervöse Übertragung analoge Veränderungen im Hirn hervor. Da das Hirn einen reichen Reflexapparat beherrscht, zeigen sich diese Tiere allen Wechselfällen des Lebens gewachsen.

Die einfachen Nervennetze der Aktinien sind für solche Leistungen ganz und gar nicht eingerichtet. Deshalb muß sie der regulierende Einfluß des Protoplasmas mit dem Wechsel der Umwelt vertraut machen. Wie das geschieht und wo das geschieht, darüber vermögen wir nicht einmal Vermutungen aufzustellen, aber daß es geschieht, ist wohl eine unbezweifelbare Tatsache.

Interessant ist es, an den Befunden Bohns die beiden Theorien zu messen, die, wie Bohn sich ausdrückt, die Forscher Amerikas in zwei Lager spalten. Unzweifelhaft ist durch diese Versuche nachgewiesen, daß es sich beim Phototropismus von Loeb nicht bloß um unaufgelöste Reflexe handelt, sondern eine direkte Wirkung des Lichtes auf das Protoplasma angenommen werden muß. Diese Wirkung ist aber keine mechanische, da das Protoplasma die Fähigkeit besitzt, alle vitalen Reize planmäßig zu verwerten. Die Versuche Bohns geben andererseits auch Jennings recht, wenn er von der Wirkung innerer Prozesse auf die Bildung von Gewohnheiten spricht. Sie widersprechen aber der Lehre vom „Versuch und Irrtum", denn die Planmäßigkeit wird nicht gesucht und dann erst gefunden, sondern sie ist selbst die fundamentale Eigenschaft des Protoplasmas und vor allen Versuchen vorhanden. Wie man sieht, behalten die Theorien, die sich mit dem Protoplasma befassen, gerade so lange recht, bis sie eine mechanische und physikalische Deutung zu geben versuchen. Die mechanische Deutung tritt erst dann in ihr Recht, wenn es sich nicht mehr um Protoplasma, sondern um Strukturen handelt.

Wenn uns die Bohnschen Beobachtungen davon überzeugten, daß bei den Aktinien die Wirkung des Protoplasmas unverkennbar ist, so können wir den Versuchen, die Jennings in dieser Richtung bei den Aktinien angestellt hat, die gleiche Überzeugungskraft nicht zuerkennen. Jede Anemone besitzt die drei wesentlichen Strukturelemente des Reflexbogens: die Rezeptoren, das Nervensystem und die Muskeln. Jedes dieser Elemente hat physiologische Eigenschaften, d. h. es ist in gewissen Grenzen, die von seiner Bauart abhängen, variabel. Die Muskeln ermüden durch Anhäufung ihrer eigenen Stoffwechselprodukte. Die Rezeptoren werden leicht erschöpft, wenn sie einen zersetzlichen Stoff beherbergen, dessen Zersetzung der Nervenerregung dient. Das Nervensystem ist am allervariabelsten, weil seine Leistungen von der Menge der Erregungen abhängig sind, die es im Moment beherbergt.

Diese Faktoren hat Jennings nicht genügend berücksichtigt. Er findet z. B., daß eine Aktinie, die anfangs Papierstückchen fraß, diese Gewohnheit aufgibt, nachdem man ihr ein paar Fleischstückchen gereicht hat. Lulu Allenbach führte den gleichen Versuch aus, schaltete aber die Wirkung der Sättigung aus, indem sie sowohl Papier wie Fleischstückchen, wenn sie zum Munde gelangt waren, wieder fortnahm. Trotzdem blieb der Erfolg der gleiche. Die Papierstückchen wurden abgelehnt, nachdem man das Fleisch gegeben hatte. Das besagt, daß der stärkere Reiz den schwächeren unwirksam macht. Es handelt sich also bloß um eine Beeinflussung der Rezeptoren und nicht um einen inneren Prozeß im Jenningschen Sinn.

Gewiß gibt es auch innere Prozesse, die wir mit den Worten Hunger und Sättigung bezeichnen. Aber diese Prozesse sind noch gar nicht analysiert, und in welcher Weise sie auf den Reflexbogen einwirken, ist uns unbekannt. Möglicherweise wirken sie mittels bestimmter Stoffwechselprodukte nach einer ganz festen Regel auf die Rezeptoren oder das Nervensystem ein und gehören somit zu dem Bauplan des Tieres, der weder durch Hunger noch Sättigung eine Änderung erfährt.

Jennings führt selbst einen sehr lehrreichen Versuch an, der deutlich zeigt, wie leicht man sich über die inneren Prozesse täuschen kann. Eine Anemone, die ihre Tentakel nach links hin ausbreitete, wurde durch mehrfache Reize dazu gebracht, sie nach rechts hin auszubreiten. Dies war aber keine neuerworbene Gewohnheit, wie es den Anschein hatte, denn es zeigte sich, daß die Wandmuskeln infolge des Reizes dauernd einseitig verkürzt blieben.

Wenn Jennings die These aufstellt, die Tiere seien ein Bündel von Prozessen, so bleibe ich bei meiner These, die Tiere sind ein Bündel von Reflexen. Unserem Verständnis sind die mechanischen Vorgänge in den Reflexbögen unmittelbar zugänglich. Diese sind daher in den Mittelpunkt der Betrachtung zu stellen. Erst wenn man eine deutliche räumliche Anschauung besitzt, kann man die Abänderung dieser Vorgänge durch fremde Einwirkung betrachten, ohne befürchten zu müssen, daß sich alles in eine allgemeine Unklarheit auflöst.

Die Nahrungsaufnahme der Aktinien ist bereits bis zum Überdruß geschildert worden. Am eindruckvollsten bleibt die Beschreibung, die Nagel gegeben hat und die mit einer guten schematischen Zeichnung illustriert ist. Zwei Faktoren kommen zunächst in Betracht, die Tentakel und die Mundmembran. Ferner beteiligt sich das Schlundrohr am Freßakt und schließlich die gesamte Muskulatur des Tieres, soweit sie den Binnendruck der Arme und des Magensackes reguliert. Die hohlen Tentakel besitzen eine Öffnung an der Spitze, die aber für gewöhnlich verschlossen bleibt. Dagegen ist die Öffnung, die zum Lumen der Septenkammer und somit in den Gastro-Vaskularraum des Tieres führt, bald offen, bald verschlossen. Wenn man einem Tentakel die Spitze abschneidet und ihn dann auf ein Glasrohr bindet, durch das man Luft dem Tier einbläst, so wird man bald in diesem, bald in jenem Tentakel die Luft eintreten sehen, während die übrigen sich ihr dauernd verschließen. Auch trifft man manchmal auf Exemplare, die lauter steife, prall gefüllte Tentakel besitzen, die sehr schwer reagieren, weil sie einen zu hohen Binnendruck besitzen, den sie nicht an das Gesamttier abzugeben vermögen.

Ist mit Hilfe der drei Reflexe der Arme, der Ringmuskelkontraktion, dem Kleben und der Längsmuskelkontraktion, wobei der weiße Strich sich besonders hervortut, die Speise zum Mund gebracht worden, so werden die zunächst liegenden Arme durch den starken dauernden chemischen Reiz in dünne Fäden verwandelt, die wie zähe Ranken an der Beute sitzen.

Ist der Mund, der sich erst durch die Kontraktion der Radiärmuskeln öffnete, bis an die Beute gelangt, so schließt er sich mit Hilfe der Zirkulärmuskeln wieder. Meist ist das Mundrohr deutlich zutage getreten und hat die Speise umschlossen. Die Schleimhaut des Mundrohres, die für gewöhnlich von innen nach außen flimmert, kehrt, wie Parker gefunden, ihre Flimmerrichtung um, sobald sie von den chemischen Reizen der Speise getroffen wurde. Außer dem Verschlucken kommt noch eine andere Art der Nahrungsaufnahme bei Anemonia vor. Ich fütterte ein Tier mit den Stücken eines Seeigeleierstocks, die wohl zum Munde geführt, aber nicht verschluckt wurden. Dafür fand sich nach einigen Stunden der Eierstock dicht von Mesenterialfilamenten umschlungen.

Das Verhältnis der Aktinien zu ihrer Umwelt ist ein besonders interessantes. Ihr Nervensystem, das in drei getrennte Nervennetze zerfällt, besitzt nur analytische Funktionen. Das Beutetier wird von den Rezeptoren in seine physikalischen und chemischen Eigenschaften zerlegt. Eine Synthese findet im Nervensystem nicht statt. Nur das Zusammenarbeiten der verschiedenen Muskulaturen und Drüsen am gleichen Organ führt zur Synthese einer einheitlichen Handlung. Es ist die Innenwelt einer Aktinie keine Einheit, sondern mindestens eine Dreiheit. Bald geraten die einzelnen Faktoren getrennt, bald gemeinsam in Erregung und bringen ihre Gefolgmuskel zur Verkürzung. Die Einheit liegt nur im Bauplan des Gesamttieres. Dies lehrt uns handgreiflich, daß das Zentralnervensystem nicht die Einheit des Tieres zuwege bringt, wie es bei komplizierten Tieren oft den Anschein hat. Das Zentralnervensystem ist genau so ein Teilorgan oder eine Summe von Teilorganen, wie alle anderen Organe. Nach den Bedürfnissen des Gesamttieres wird das eine oder das andere Organ mehr ausgebaut.

Für die Umwelt, in der die meisten Aktinien leben, genügt das einfache Bündel der drei Reflexe. Wo sie in großen Mengen rasenbildend den Meeresgrund überziehen, sind sie dem Einfluß der Gezeiten entzogen, und je tiefer sie wohnen, desto geringer wird der Wechsel der Tages- und Nachtzeiten sie beeinflussen. Je höher aber die Aktinien wohnen, je mehr wirken der Tages- und der Gezeitenwechsel auf sie ein. Dazu kommt, daß sie, auf der Wanderung begriffen, aus tiefem Schatten an das Licht gelangen können oder aus dem Gezeitenwechsel in die Tiefe und umgekehrt. Überallhin begleitet sie die Vorsorge des Protoplasmas, das den Wechsel der Umwelt mit stillem Rhythmus wiedergibt, der die Erregbarkeit steigernd oder beruhigend auf die Reflexorgane wirkt. So stehen die Aktinien noch an der Kindheit Grenze, dem Gängelbande des Protoplasmas noch nicht ganz entwachsen, und doch schon im Besitze ausgebildeter Reflexorgane den voll entwickelten Tierarten gleichend.

Medusen.

1. Rhizostoma pulmo.

Die Oberfläche des Meeres ist eine einzige Weide mit reichem Pflanzenwuchs übersäet. Wie auf den Landweiden sich die Lämmer ernähren, so ernähren sich auf der Meeresweide die Medusen. Ebenso verschiedenartig wie die beiden Weiden, ebenso verschiedenartig sind die Tiere, die darauf leben. Aber in jedem Falle passen Weide und Weidender gleich vollkommen zueinander.

Der Pflanzenwuchs des offenen Meeres besteht aus den zahllosen einzelligen Algen, insbesondere Diatomeen, die in verschiedener Dichte und in wechselnde Tiefe hinab wie feinste Pünktchen aufgehängt sind. Sie können jeder Wellenbewegung widerstandslos folgen ohne ihren Platz zu wechseln, wie das Wasser selbst. Um diesen feinen Nahrungsstaub aufzunehmen, bedarf das weidende Tier eines pulsierenden Magens, der das Wasser unfiltriert aufnimmt und filtriert entläßt. Nur auf diese Weise kann der Nahrungsstaub in genügender Menge gesammelt werden, um ein größeres Tier zu ernähren. Zugleich muß das Tier, wenn es schwerer als das Wasser ist, Schwimmbewegungen ausführen, die es an der Oberfläche halten.

Die Betrachtung von Rhizostoma pulmo, einer der großen Medusen des freien Mittelmeeres, lehrt uns, auf welche geistreiche Weise die beiden notwendigen Bewegungen der Nahrungsaufnahme und des Schwimmens mit einander verknüpft sind. Eine ruhende Rhizostoma gleicht annähernd einem aufgeschlagenen Regenschirm, der aus elastischer Gallerte verfertigt ist. Sie zeigt sowohl Stiel wie Schirm. Der Stiel gleicht seinerseits einem schweren herabhängenden Eiszapfen. Er ist mit Längskanälen durchsetzt, in die von außen feine Poren münden, die der Wasseraufnahme dienen. Der Stiel ist mit vier federnden Spangen an die Unterseite des gleichfalls federnden Gallertschirmes befestigt. Zwischen den vier Spangen ist der häutige Magen ausgespannt, in den die Längskanäle des Stieles münden.

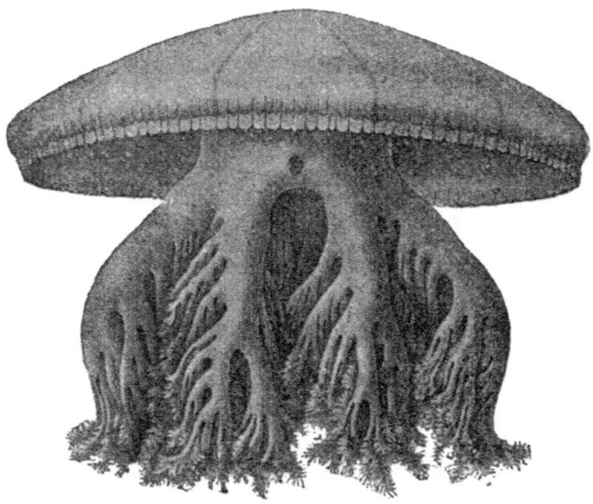

Abb. 5[1]).

Es gilt, einmal den Magen in rhythmische Pulsation zu versetzen, und zweitens Schwimmbewegungen mit dem Schirm auszuführen. Beides geschieht durch eine feine Schicht Ringmuskeln, die am inneren Schirmrande sitzen und bei ihrer Zusammenziehung den elastischen Schirm stark nach oben wölben. Lassen die Muskeln in ihrer Tätigkeit nach, so flacht sich der Schirm dank seiner Federkraft wieder ab. Da der durch die Muskeln herbeigeführte Schirmschlag nach unten energischer ist, als der federnde Schlag nach oben, so ist damit eine Bewegung des Gesamttieres nach oben gegeben. Der schwere Stiel sorgt dafür, daß die Richtung „Schirm oben“ dauernd erhalten bleibt und nach äußeren Störungen bald wieder eingenommen wird.

Damit ist die Schwimmbewegung gegeben. Bei jeder Kontraktion des Schirmrandes wird, wie wir sahen, der Schirm gewölbt und der Gipfel nach oben gedrängt. Dadurch wird ein Zug auf den Stiel

[1]) Nach: Ziegler, Zoologisches Wörterbuch.

ausgeübt. Dieser kann dem Zug nicht allsogleich folgen, weil sein Reibungswiderstand im Wasser zu groß ist. Daher werden die federnden Spangen gedehnt und das Magenlumen erweitert. Nach Beendigung des Muskelschlages flacht die Glocke wieder ab, die Spangen federn zurück, der Stiel nähert sich dem Schirm und verengert das Lumen des Magens. Auf diese Weise wird die Schirmbewegung und die Magenbewegung durch eine einzige Muskeltätigkeit ausgelöst. Die Pulsationen des Magens treiben ihrerseits die Nahrung in die Verdauungskanäle, die sich an der Unterseite des Schirmes strahlenförmig ausbreiten. Zugleich dringt auf diesem Wege frisches Atemwasser zu den inneren Geweben. So werden durch die Kontraktion der Randmuskeln alle Bewegungsfunktionen, deren der Körper bedarf, ausgeführt.

Die Tätigkeit der Randmuskeln ist also für Rhizostoma ungleich wichtiger als es sonst Bewegungen peripherer Teile in der Regel sind. Denn bei Rhizostoma werden die Funktionen des Schwimmens, Fressens, Verdauens und Atmens durch die Ringmuskeln ausgeführt oder wenigstens eingeleitet. Kein Wunder, daß sich das ganze animale Leben des Tieres auf diese Muskeln konzentriert. Hier sitzen die einzigen Rezeptionsorgane, die sogenannten Randkörper, hier sitzt das ganze Nervensystem.

Die kurzen Muskelfasern, die gemeinsam das lange Band bilden, das den Schirmrand umschlingt, zeigen, wenn sie direkt gereizt werden, keine besonderen Eigenschaften. Sie ziehen sich einfach zusammen, solange der Reiz dauert. Niemals greift die Erregung von einer Muskelfaser zur anderen über. Sie bilden, wie alle Muskelfasern aller Tiere, die einzelnen Tasten des Klaviers, die vom Nervensystem aus einzeln angeschlagen werden müssen, um zu klingen.

Im normalen Leben der Medusen antworten die Muskeln aber niemals anders als rhythmisch. Immer folgt auf eine Verkürzung eine vollkommene Erschlaffung. Dann, nach einer kurzen Ruhepause, beginnt die nächste Verkürzung. Dieser Rhythmus wird von verschiedenen Faktoren beeinflußt. Die Wärme beschleunigt ihn und die Kälte verlangsamt ihn. Die Abtragung des Stieles, welche die Muskelarbeit erleichtert, beschleunigt den Rhythmus. Werden einzelne Randstücke mit ihren Muskeln abgetragen, so wird dadurch der Rhythmus nicht vernichtet. Nur schlagen die einzelnen Stücke nicht mehr in den gleichen Phasen. Es hat also der gemeinsame elastische Widerstand, den die Muskeln in gemeinsamer Arbeit überwinden müssen, die Wirkung, daß der Rhythmus überall im gleichen Tempo vor sich geht.

Wir haben schon von dem allgemeinen Erregungsgesetz gesprochen, demzufolge die Erregung immer den gedehnten Muskeln zufließt. Werden nun alle Muskeln von einer gemeinsamen Feder gleichzeitig gedehnt, so wird die Erregung auch allen Muskeln zu gleicher Zeit zufließen. Dadurch erhält der Rhythmus überall die gleiche Phase. Aber der Rhythmus selbst ist damit nicht ausreichend erklärt. Wohl läßt sich das allgemeine Erregungsgesetz darauf zurückführen, daß die Erregung im zentralen Netz nur deshalb zu den gedehnten Muskeln fließt, weil sie durch die Dehnung ärmer an Erregung geworden sind. Ist die Erregung in sie eingetreten, so hört die Armut auf, und damit verlieren die Muskeln ihre Anziehungskraft auf die Erregung. Auf diese Weise lassen sich die rhythmischen Reflexbewegungen, wie sie viele Gehbewegungen der Tiere charakterisieren, ableiten. Allein diese rhythmischen Reflexe werden nicht zwangsmäßig ausgeführt, sondern können jederzeit durch das Auftreten eines stärkeren Reizes oder eines äußeren Hindernisses abgeändert werden. Der Rhythmus der Medusen hingegen ist echt und unabänderlich. Auch die stärksten Dauerreize, die das zentrale Netz treffen, sind nicht imstande, den Rhythmus zu durchbrechen und eine Dauerkontraktion hervorzurufen. Solange die Muskeln sich verkürzen, ist jede Verbindung zwischen ihnen und dem zentralen Netz unterbrochen.

Die völlige Unterbrechung der Leitung zwischen Netz und Muskel muß einem nervösen Apparat zugeschrieben werden, den wir „Unterbrecher“ nennen können. Über seine Leistungen wissen wir ferner, daß die Muskeln der Medusen, wie die Muskeln aller derjenigen Organe der höheren Tiere, die einen echten Rhythmus zeigen, bei jeder Art von Reizung sich immer nur maximal und niemals untermaximal kontrahieren. Das beweist, daß der Unterbrecher immer nur eine ausgiebige Erregungsportion in die Muskeln einläßt oder gar nichts. Diese beiden Eigenschaften kann man dazu benutzen, um sich eine ungefähre Vorstellung dieses sonderbaren Organes zu machen. Offenbar hat der Unterbrecher die Fähigkeit, die Erregungen, die im zentralen Netz vorhanden sind, so lange zu stauen, bis ein genügendes Quantum vorhanden ist, das da ausreicht, um die Muskeln in maximale Tätigkeit zu versetzen.

Während dieser Stauungsperiode ist der Unterbrecher zum zentralen Netz hin geöffnet, zum Muskel hin aber geschlossen. Hat die Stauung ihren Höhepunkt erreicht, so schlägt der Unterbrecher um und schließt sich gegen das zentrale Netz ab. Das nennt man seine refraktäre Periode. Zugleich öffnet er sich aber zu den Muskeln hin und gibt ihnen seine volle Ladung von Erregung ab.

Die Vorstellung eines nervösen Apparates mit Unterbrechereigenschaften bringt auch, wenn sie noch so vage ist, die beiden Leistungen, die in der Physiologie unter dem Namen „refraktäre Periode“ und

„Alles- oder Nichtsgesetz“ bekannt sind, in einen verständlichen Zusammenhang. Das Alles- oder Nichtsgesetz fordert, daß Erregung gestaut werde, und die refraktäre Periode bedeutet Leitungsunterbrechung. Nun ist es selbstverständlich, daß ein Organ, das die Erregung zu stauen vermag, auch die Fähigkeit haben muß, ihr Weiterfließen zu verhindern, d. h. die Erregungsleitung zu unterbrechen. Andererseits muß ein Organ, das die Leitung der Erregung aufhebt, auf die neu hinzufließende Erregung stauend wirken. Wenn wir von einem Unterbrecher sprechen, so meinen wir damit ein nervöses Organ, das zwischen Nervennetz und Muskelfaser eingeschaltet ist. Es wird sich später zeigen, daß bei allen Tieren an dieser Stelle ein besonderer Apparat vorhanden ist, der im allgemeinen die Aufgabe hat, die Ansprüche der Muskeln auf die Erregung im zentralen Netz zu regeln. Ich nenne dieses Organ den Repräsentanten und betrachte dementsprechend den Unterbrecher der Medusen als einen umgewandelten Repräsentanten.

Werfen wir noch einen Blick auf den Rhythmus der Medusenmuskeln, so können wir, wie gesagt, drei Phasen unterscheiden: die Kontraktionsperiode, die Erschlaffungsperiode und die Pause. Beim Unterbrecher kennen wir nur zwei Perioden: Füllung und Leerung. Während der Füllung öffnet er sich zum zentralen Netz und während der Leerung zu den Muskeln. Es fällt die Leerungsperiode des Unterbrechers mit der Kontraktionsperiode der Muskeln zusammen. Denn nur während der Kontraktionsperiode verläuft jede neue Erregung völlig wirkungslos. Die Füllungsperiode des Unterbrechers umfaßt sowohl die Erschlaffungsperiode der Muskeln als die Pause. Denn zu dieser Frist ist es möglich, durch neu hinzutretende Erregung den Rhythmus zu beeinflussen. Wird durch eine neue Erregung die Füllung beschleunigt, so tritt die nächste Kontraktion früher ein, und zwar je nach der Menge der neu hinzugekommenen Erregung schon zur Erschlaffungszeit der Muskeln oder in der Pause. Wäre nun die künstlich erzeugte Neuerregung ganz von der gleichen Art wie die normalen Erregungen, so müßte der Rhythmus nach dieser kleinen Verschiebung im gleichen Tempo weitergehen. Dies geschieht aber nicht, sondern die nächste Pause wird über Gebühr verlängert. Das bedeutet, daß der Unterbrecher infolge der künstlichen Erregung erschöpft ist und einer längeren Füllungsperiode oder einer größeren Füllung bedarf, um wieder normal zu funktionieren.

Bethe ist der Ansicht, „daß der natürliche Reiz bei der Meduse einen ganz anderen Kontraktionsmodus hervorruft als der künstliche Reiz. Letzterer ist sicher instantan, er wirft auf einmal an eine Stelle des Gewebes eine große Menge Reizenergie. Ich nehme an, daß der natürliche Reiz einen anderen Verlauf hat, daß er sich nämlich dauernd, aber schwach in das Gewebe ergießt und es gewissermaßen in allen Teilen, welche in engerem Zusammenhange stehen, füllt. Die Entladung kann dann überall nahezu gleichzeitig erfolgen. Der Instantanreiz bringt dagegen auf einmal einen großen Anstoß in das Gewebe, so daß die Entladung an der Applikationsstelle früher erfolgt als der Reiz Gelegenheit gehabt hat, sich über das ganze Gewebe auszudehnen".

Auch mir scheint die Annahme, daß die vom Instantanzeiz erzeugte Erregung, die plötzlich in großer Menge an einer Stelle des Gewebes auftritt, sich von der normalen Erregung, die sich langsam und gleichmäßig ausbreitet, durch einen, wenn ich so sagen darf, höheren Erregungsdruck auszeichnet. Dieser Unterschied zwischen normaler und künstlicher Erregung wäre ausreichend, um die Abweichungen des Unterbrechers zu erklären.

Der Unterbrecher ist mithin die Ursache des Rhythmus. Er zwingt seine Gefolgsmuskeln in regelmäßigen Pausen zu arbeiten und sich jedesmal maximal anzustrengen. Wären die einzelnen Muskelfasern mit ihren Unterbrechern ganz unabhängig voneinander, so würde bei dauerndem, gleichmäßigen Erregungszufluß bald ein allgemeines Flimmern eintreten; denn jeder Unterbrecher würde sich nur nach seiner individuellen Bauart richten. So aber sind die Muskeln alle an einen und denselben Widerstand gebunden, und dieser zwingt sie zu gemeinsamer Arbeit. Da anzunehmen ist, daß durch die Dehnung der Muskeln der Unterbrecher beeinflußt wird, so kommt der ganze Muskelmechanismus in gleichmäßigen Takt.

Und dieser Takt würde auch beibehalten werden, wenn irgendeine Erregungsquelle dauernd sprudeln würde. Statt dessen ist durch eine sehr feine Vorrichtung dafür gesorgt, daß die Erregung im gleichen Rhythmus auftritt, den der Muskelapparat innehält. Der Schlag des Schirmrandes erzeugt nämlich selbst die nächste Erregung.

Dies geschieht durch Vermittlung der Randkörper. Die Randkörper von Rhizostoma bilden kleine Säckchen, die einen Stein und ein Nervenpolster enthalten. Man schließt daraus, daß das Anschlagen des Steines an das Nervenpolster einen Nervenreiz erzeugt.

Schneidet man einer Rhizostoma alle Randkörper bis auf einen einzigen weg, so schlägt sie trotzdem ruhig weiter. Hält man aber diesen Randkörper mit einem feinen Stäbchen an und verhindert es, die Schwingungen des Schirmrandes mitzumachen, so bleibt die Meduse augenblicklich stehen. Erst wenn man den Randkörper künstlich in Schwingungen versetzt hat, beginnen auch die Schwimmbewegungen von neuem. Der Randkörper benimmt sich wie eine Glocke, deren Klöppel plötzlich festgehalten wurde und die daher nicht mehr tönen kann. Bei sehr großen Tieren, die nur noch einen Randkörper besitzen, kann man beobachten, wie vom Randkörper aus die Kontraktion des Schirmrandes beginnt, um sich dann über den ganzen Rand hin fortzusetzen. Viel deutlicher tritt dies bei künstlicher Reizung des Schirmrandes ein. Es ist daher der natürliche Reiz vom künstlichen Instantanreiz nur quantitativ und nicht qualitativ unterschieden. Wenn noch mehrere Randkörper mitarbeiten, sieht man von der Erregungsleitung nichts.

Rhizostoma besitzt mithin zwei Ursachen, die ihren Rhythmus hervorrufen: die Leitungsunterbrechung im Nervennetz und die rhythmische Reizfolge durch die Randkörper. Beide Ursachen sind derart miteinander verkoppelt, daß sie sich gegenseitig unterstützen müssen. So wird das rhythmische Muskelspiel festgelegt, das dem Schwimmen dient und zugleich die anderen Bewegungsfunktionen auslöst.

Wenn man vom Bord des Schiffes aus die schimmernde Fläche des blauen Meeres überschaut und darin die stummen Glocken der Medusen einherschweben sieht in zahllosen Scharen wie wundervolle Blumen eines Zaubergartens, so überkommt uns unwillkürlich das Gefühl des Neides. In all dieser Farbenpracht einherschweben zu dürfen, frei und unbekümmert, von den klingenden Wogen getragen, durch den strahlenden Tag und die glänzende Mondnacht, muß ein herrliches Los sein. Aber die Meduse vernimmt von alledem nichts. Die ganze Welt, die uns umgibt, ist ihr verschlossen. Das einzige, was ihr Innenleben ausfüllt, ist die gleichmäßige Erregung, die, von ihr selbst erzeugt, immer im gleichen Wechsel in ihrem Nervensystem entsteht und vergeht.

So ist dieser wundervolle Organismus für das Allernotwendigste gebaut. Der Bauplan sichert dem Tiere die Nahrung und die notwendige Bewegung, ohne daß irgendwelche Reize der Außenwelt mitsprechen. Eine Umwelt, die das Nervensystem mit reichen Erregungen erfüllt, gibt es für Rhizostoma nicht, nur eine Umgebung, aus der ihr Magen die Nahrung entnimmt.

Gegen Feinde sind die Medusen durch reiche Batterien von Nesselkapseln wohl geschützt, so daß ihr eintöniges Schweben keine Störung zu befürchten hat. Doch gibt es einige Fische, die sich nach Eisigs Angaben von den Medusen nähren. Er schreibt darüber folgendes: „Unter den Glocken von Cassiopea borbonica und Rhizostoma pulmo — der zwei ansehnlichsten Medusen des Golfs — pflegen häufig kleinere Fische zu hausen, welche so unzertrennlich von ihren Genossen sind, daß sie nicht selten mit ihnen in Gefangenschaft geraten.

Auch noch in den Bassins schwimmen sie beständig um die Medusen herum und ziehen sich zuweilen auch unter deren Schirm zurück. Ich war lange Zeit hindurch der Meinung, daß diese Fische die Medusen nur deshalb begleiten, um bei herannahender Gefahr Schutz unter deren Schirm zu suchen; aber es stellte sich heraus, oder es bestätigte sich, daß dieses Verhältnis kein so harmloses ist. Von diesen Begleitern der Medusen sind folgende sämtlich zur Familie der Makrelen gehörigen Formen zur Beobachtung gekommen: Stromataeus microchirus, Caranx trachurus und Schedophilus medusophagus. Stromataeus ist weitaus der am häufigsten erscheinende, und ein ungefähr zwei Zoll langes Exemplar dieser Gattung wurde eines Tages mit einer ungefähr fünf Zoll Schirmweite messenden Cassiopea zusammengebracht. Am nächsten Morgen schon fand ich die Meduse aller ihrer Wurzelspitzen beraubt; der Fisch hatte sie aufgefressen. Bald hatte ich Gelegenheit, ein anderes Exemplar beim Fressen zu beobachten, so daß gar kein Zweifel über die Tatsache walten kann. Daß aber diese Nahrung nicht etwa nur aus Mangel an anderem geeigneten Futter gewählt wurde, geht aus folgendem hervor. Ein größeres, etwa sechs Zoll langes Tier, welches längere Zeit in einem Bassin ohne Medusen gehalten worden war, nahm keinerlei Nahrung zu sich und kam schließlich so herab, daß ich für sein Leben fürchtete; nachdem ihm aber eine Cassiopea zugestellt worden, wurde das vorher ziemlich träge Tier ganz lebhaft, schwamm beständig um die Meduse herum, und es dauerte nicht lange, bis es sie anzufressen begann."

2. Carmarina und Gonionemus.

Die Medusen sind in zwei sehr ausgesprochene Typen gespalten. Der eine Typus wird durch Rhizostoma vertreten, der andere Typus ist an Carmarina in Neapel und an Gonionemus in Amerika studiert worden. Beide Gattungen unterscheiden sich von Rhizostoma dadurch, daß ihr Mundstiel beweglich ist und dank seiner großen Mundöffnung richtige Bissen aufzunehmen vermag. Diese Tiere sind also nicht auf ein einfaches Herbeistrudeln des umgebenden Wassers, sondern auf einen richtigen Nahrungsfang angewiesen. Dementsprechend besitzen sie am äußeren Umkreis ihres Schirmes Fangapparate, die den Tentakeln der Aktinien sehr ähnlich sind. Die Nahrungsaufnahme der Medusen ist der einer mundabwärts gehaltenen Seeanemone nicht unähnlich.

Die Muskulatur, mit der die Schwimmbewegungen ausgeführt werden, ist nicht bei allen Medusen so ganz einfach wie bei Rhizostoma. Bethe schreibt hierüber: „Cothylorhiza und verschiedene andere Medusen haben zwei ganz voneinander getrennte Muskulaturen, eine parallel und nahe dem Rande verlaufende Zirkulärmuskulatur und eine die zentraleren Partien (der unteren Schirmseite) einnehmende

Radiärmuskulatur. Bei den normalen Pulsationen und auch bei künstlicher Reizung kontrahiert sich zuerst die Radiärmuskulatur, wodurch die Glocke gewölbt wird, und dann, wenn die Kontraktion der radiären auf der Höhe ist, die zirkuläre, wodurch die Glockenöffnung verengert wird.“ Da bei allen Medusen der Anreiz der Muskeltätigkeit von dem Schirmrande ausgeht, so muß es auffallen, daß die dem Reizort näher gelegenen Zirkularmuskeln später ansprechen als die entfernteren Radiärmuskeln. Bethe fand nun, daß bei gleichzeitiger künstlicher Reizung eines Schirmstückes, das beide Muskelarten enthält, die Zirkulärmuskeln immer später ansprechen. Auch für diese Verspätung der einen Muskellage muß ein nervöser Apparat verantwortlich gemacht werden. Wir werden wohl nicht fehlgehen, wenn wir in einer abweichenden Bauart des Unterbrechers die Ursache dieses interessanten Phänomens sehen.

Bei Carmarina treten die rhythmischen Kontraktionen immer gruppenförmig auf. Benützt man die Pausen, die oft eine halbe Minute dauern, zur Reizung, so kann man folgenden von Bethe angegebenen Versuch ausführen: „Berührt man einen Tentakel, z. B. in der Mitte, ganz leicht mit einem Glasstäbchen, so tritt nur eine geringe Verdickung an demselben auf. Ist die Berührung stärker, so greift die Kontraktion auf weitere Teile des Tentakels über. Bei einem kleinen Stoß tritt schon ein Emporschnellen des ganzen Tentakels auf, welches sich bei noch stärkerem Anstoß auf die beiden zunächst benachbarten Tentakel und schließlich auf alle Tentakel ausdehnt. Hierbei macht der Magenstiel bereits in der Regel eine schwache Bewegung nach der Reizstelle hin, die bei weiterer Steigerung des Reizes zu einem heftigen Schlagen mit dem Magenstiel wird.“

Es ist der Magenstiel durch ein nervöses Netz, das die ganze Unterseite des Schirmes einnimmt, mit dem Schirmrand verbunden, der noch einen besonderen Nervenring trägt. Am Schirmrande hängen die besprochenen Tentakel herab. Nagel verdanken wir die physiologische Erforschung der nervösen Verbindungen. Er zeigte, daß ein Tentakel, in dessen Nähe der Schirmrand rechts und links durchschnitten ist, physiologisch isoliert ist. Dadurch wird bewiesen, daß jede Erregung, die vom Tentakel stammt, vor allen Dingen den Nervenring passieren muß. Darauf gelangt die Erregung in das Netz auf der Innenseite des Schirmes. Die Existenz eines Netzes vermochte Nagel dadurch zu beweisen, daß er der Erregung den kürzesten Weg zum Magenstiel durch einen Einschnitt zwischen Tentakel und Magenstiel anatomisch abschneiden konnte, ohne die physiologische Leitung zu vernichten. Die Erregung vermochte die Schnittstelle zu umgehen. Das gelingt nur in einem Falle, wenn nämlich viele Bahnen vorhanden sind, die zusammen ein Netz bilden und der Erregung allseitig die Bahn offenhalten. Reizt man durch Andrücken einer Drahtschlinge, die man über den Magenstiel stülpt, die ganze Unterseite gleichzeitig, so bleibt der Stiel ruhig, weil sich die aus allen Richtungen kommenden Erregungen gegenseitig aufheben.

An dem einzelnen Tentakel sind bisher zwei Reflexe nachgewiesen worden. Eine Verkürzung, die den Tentakel korkzieherartig zusammenziehen kann, und das Klebrigwerden. Eine Verlängerung ist nicht beschrieben worden. Die Medusententakel scheinen daher einfacher gebaut zu sein als die Aktiniententakel, denn es fehlt ihnen das Längerwerden durch eine Ringmuskelverkürzung. Die Längsmuskelverkürzung tritt genau wie bei den Aktinien auf mechanischen Reiz auf und das Klebrigwerden ist ebenfalls in entsprechender Weise an den chemischen Reiz der Nahrungsmittel geknüpft. Wir werden also bei den Tentakeln der Medusen ein doppeltes Netz annehmen müssen, eines für die Längsmuskeln und eines für die Drüsen. Beide Netze münden in den Ringnerven.

Für Gonionemus beschreibt Yerkes ganz die gleichen Erscheinungen. Ein dauernder Nervenreiz, der von der Beute ausgeht, ruft die korkzieherartige Kontraktion des getroffenen Tentakels hervor, worauf ein Zusammenziehen des Schirmrandes und ein Hinneigen des Magenstieles erfolgt.

Entsprechend seiner Lebensführung, die nicht auf dauernde Aufnahme des umgebenden Wassers angewiesen ist, schwimmt Gonionemus nicht dauernd einher. Yerkes gibt an, daß Gonionemus Murbachi nur schwimmt, wenn er hungrig ist. Solange er satt ist, sitzt er am Boden, am Algen verankert. Über die Wirkung des Lichtes hat Yerkes interessante Beobachtungen veröffentlicht. Eine sehr charakteristische Reaktion von Gonionemus ist der Hemmungsreflex. Er tritt regelmäßig auf, wenn das Tier beim Hinaufschwimmen mit dem Schirm über die Wasseroberfläche gerät. Dann hört die Schlagfolge plötzlich auf, der Schirm wird weit ausgebreitet und steht dauernd still. Dadurch sinkt das Tier wieder langsam zu Boden. Legt man eine Karte auf die Wasseroberfläche, die das Auftauchen der Glocke verhindert, so tritt der Reflex nicht ein, sondern die Meduse fährt mit ihren Schwimmbewegungen bis zur Ermüdung fort. Ganz den gleichen Reflex vermag auch starkes Licht auszulösen und nicht selten auch plötzliche Beschattung. Sonst wirkt mäßiges Licht steigernd auf den Schlagrhythmus ein, und es gelingt sogar, ein halbbeleuchtetes Tier auf der beleuchteten Seite zu energischerem Schlagen zu bringen, was zur Folge hat, daß die Meduse in den Schatten hineinschwimmt.

Der abgeschnittene Mantelrand, der allein die Lichtrezeptoren beherbergt, ist viel empfindlicher gegen Licht und Schatten als das ganze Tier. Der Mantelrand besitzt außerdem die Fähigkeit, sich selbst umzudrehen, wenn er mit dem unteren Rand nach oben gelagert war. Das beweist, daß bei diesen Medusen die Randkörperchen bereits eine andere Funktion besitzen als bei Rhizostoma.

Wenn wir Rhizostoma mit Gonionemus vergleichen, so fällt uns am meisten auf, daß so ähnlich gebaute Organismen in so durchaus verschiedenen Umwelten leben können. Rhizostoma vernimmt nur den Schlag der eigenen Glocke. Gonionemus dagegen wird von Licht und Dunkelheit, von der Gravitation, von mechanischen und chemischen Reizen berührt und bewegt. Die Außenwelt ist für beide die gleiche, aber Rhizostoma verschließt sich ihr dauernd, während Gonionemus durch die Pforten der Rezeptoren die Wirkungen der Außenwelt in reichem Strome einläßt. Der Organismus ist wie eine Wunderwelt, allen Wirkungen der Außenwelt verschlossen; nur dem richtigen Schlüssel öffnet sie sich. Wenn kein Schloß vorhanden ist, so findet sich auch kein Schlüssel. So ist es bei Rhizostoma. Gonionemus hat viele Türen, jede mit ihrem besonderen Schlosse versehen. Die Türen sind wie die Türen eines Hauses an jenen Stellen angebracht, wo sich ein passender Eingang findet, der dem Bauplan des Ganzen entspricht. Wer wird behaupten wollen, daß ein Haus mit vielen Türen vollkommener sei, als ein Haus mit wenigen Eingängen? So wird man die Ausschließung der Reize, die Rhizostoma ihre große Einförmigkeit und Geschlossenheit verleiht, nicht niedriger anschlagen dürfen als die Reizaufnahme bei Gonionemus, die dank der zahlreichen Reize zahlreiche Handlungen ausführt. Rhizostoma braucht diese Handlungen nicht, sie nützen ihr nichts. Und doch ist Rhizostoma ebenso kunstvoll gebaut wie Gonionemus. Keine Medusenart kann die andere vertreten, weder kann Gonionemus auf der pelagischen Weide leben, noch Rhizostoma sich selbst Beute fangen.

Obgleich sie Tiere vom gleichen Bautypus sind, mit den gleichen nervösen Apparaten und Zentralnervensystem, die den Schlagrhythmus regeln, so sind sie dennoch völlig unvergleichbar, wenn man ihre Lebensweise betrachtet. Die Neigung, alle Tiere in vollkommenere und unvollkommenere zu scheiden, um dadurch eine aufsteigende Entwicklung zu demonstrieren, welche vom Minderwertigen zum Höheren fortschreitet, wird nirgends eindringlicher ad absurdum geführt als in solchen Fällen, wo Tiere von dem gleichen Typus, die nur nach verschiedenen Richtungen differenziert sind, ganz verschiedene Umwelten besitzen. Von verschiedenen Anpassungsgraden sollte nicht mehr die Rede sein, nur von gleich vollkommener Einpassung in verschiedene Umwelten. Auch einer Zensur über die Umwelten sollte man sich lieber enthalten, denn die Umwelt ist ihrerseits nur verständlich aus ihren Beziehungen zu den Handlungen des Tieres. Die Umwelt besteht nur aus denjenigen Fragen, die das Tier beantworten kann. Und schließlich ist die Bauart des Zentralnervensystems, welches die Antworten erteilt, auch nichts anderes, als der Teil einer Antwort, die durch die Bauart des ganzen Tieres auf die Frage des Lebens gegeben wird. Manchmal liegt dabei der Schwerpunkt auf der Ausbildung eines besonderen Organes. Dem Zentralnervensystem mit besonderer Wertschätzung zu begegnen, ist durchaus unbegründet, denn die Natur kann mit jedem Organ ihre eigenen Fragen beantworten.

Die Seeigel.

Schon der Name Seeigel oder Seekastanie gibt uns eine Anschauung von dem Tier, auch wenn wir es niemals gesehen haben. Ein runder Körper, der mit Stacheln besetzt ist und der im Meer zu finden ist — mehr wissen meist auch diejenigen nicht, die an der Meeresküste mit dem Seeigel persönliche Bekanntschaft gemacht haben. Den meisten Physiologen ist er völlig unbekannt, und doch liegen die Antworten auf die Grundfragen der Physiologie der Muskeln und des Nervensystems bei keinem Tier so offen da wie beim Seeigel. Deshalb ist es nötig, die Ergebnisse der Seeigelbiologie ausführlicher darzulegen als bei irgendeinem anderen Tiere.

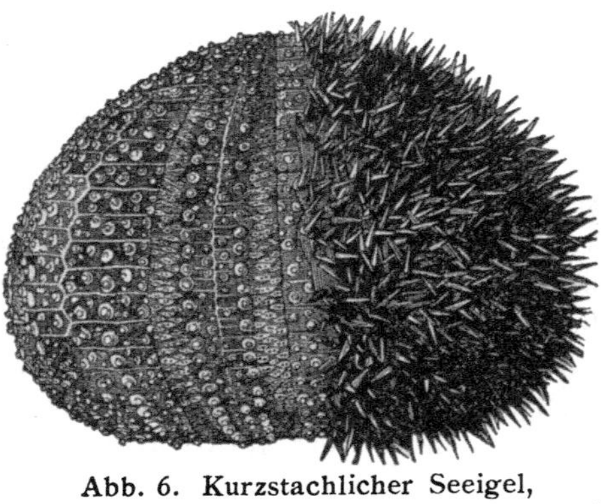

Abb. 6. Kurzstachlicher Seeigel, auf der einen Hälfte seiner Stacheln beraubt[1]).

Wer sich in das innere Leben der Seeigel vertiefen will, um aus diesem fremdartigen Dasein reiche Belehrung zu schöpfen, der muß sich das schematische Bild der einfachen anatomischen Verhältnisse fest einzuprägen suchen. Dann werden ihm die Leistungen dieser allerliebsten Maschinerie keine begrifflichen Schwierigkeiten bereiten.

Der Seeigel besteht aus einer kugeligen Kalkschale, welche die Eingeweide beherbergt. Sie zeigt unten eine Öffnung für den Mund und oben eine für den Anus. Die Kalkschale trägt auf der Außenseite zahlreiche runde Gelenkhöcker, denen die Stacheln aufsitzen.

Die Anatomie des Stachelgelenkes verdient besondere Aufmerksamkeit. Es ist ein Kugelgelenk mit festsitzender Kugel und beweglicher kleiner Pfanne, welche die Basis des Stachels bildet.

[1]) Nach: Carus-Sterne, Werden und Vergehen.

Die Muskeln.

Die Muskeln des Seeigelstachels sind für das Verständnis der Muskelarbeit überhaupt von fundamentaler Wichtigkeit und müssen daher eingehend behandelt werden. Ungefähr dreißig Muskelstränge umgeben das Stachelgelenk und drücken die Pfanne auf die Kugel. Jeder der dreißig Muskelstränge ist doppelt: er besteht aus einem weißlich, undurchsichtigen, inneren und einem glashellen äußeren Strang. Der äußere Strang wird von der allgemeinen Körperhaut überzogen, die das gemeinsame Nervensystem für beide Stränge beherbergt.

Reizt man die Körperhaut durch einmalige Berührung in der Nähe eines Stachels, so verkürzen sich die zunächstliegenden Muskelstränge und der Stachel neigt sich dem Reizorte zu, um gleich darauf in die aufrechte Ruhelage zurückzukehren.

Reizt man hingegen die Haut mehrere Male, so verkürzen sich die Stränge stärker und der Stachel neigt sich gleichfalls. Der Stachel kehrt aber nicht in die Ruhelage zurück, sondern bleibt in geneigter Lage unbeweglich stehen und leistet jedem Versuch, ihn gewaltsam in die Ruhelage zurückzuführen, erfolgreichen Widerstand.

Dieser Unterschied in der Reizbeantwortung findet, wie eingehende Experimente beweisen, seine Erklärung darin, daß die vom einmaligen Reiz erzeugte, schwache und kurze Erregung nur den äußeren Muskelstrang in Tätigkeit versetzt, während die wiederholte Reizung eine dauernde und starke Erregung im Nervensystem hervorruft, die auch zu dem inneren Strang hinüberfließt.

Der äußere Strang dient dank seiner Verkürzung zur Bewegung, der innere zum Feststellen des Stachels. Wir bezeichnen daher die äußeren Stränge als Bewegungs- oder Verkürzungsmuskeln, die inneren als Sperrmuskeln.

Das Überfließen der Nervenerregung vom Bewegungs- zum Sperrmuskel findet auch ohne wiederholte Reizung statt, wenn die Bewegung des Stachels durch irgendeinen äußeren Widerstand gehemmt wird. Sobald die äußeren Stränge sich nicht weiter verkürzen können — sei es, daß sie ihr Maximum bereits erreicht haben, sei es, daß ein Hindernis im Wege liegt — immer fließt die überschüssige Erregung den Sperrmuskeln zu. Die Sperrmuskeln geraten hierauf in Tätigkeit, die in einer allmählich zunehmenden Spannung besteht. Die Spannung wächst so lange an, bis sie dem äußeren Wiederstande — mag dieser in dem Gewicht des eigenen Körpers oder in einer fremden Last bestehen — das Gleichgewicht hält. Auf diese Weise wird, was von großer biologischer Tragweite ist, stets ein Gleichgewicht zwischen Sperrmuskelspannung und Last hergestellt.

Ist das Gleichgewicht erreicht, so fällt damit zugleich die Ursache fort, die zur Steigerung der Sperrmuskelspannung führte. Die Erregung vermag jetzt in die entlasteten Bewegungsmuskel einzudringen, weil ihrer freien Verkürzung jetzt nichts mehr im Wege steht.

Die Kenntnis der Seeigelmuskeln ist deshalb so wichtig, weil hier bei den Seeigeln eine anatomische Trennung von Sperr- und Bewegungsmuskeln vorhanden ist, die es uns ermöglicht, die beiden Grundfunktionen aller Muskulatur experimentell zu sondern.

Die Muskeln aller Tiere haben die Fähigkeit, jeder Last (bis zur Maximallast) in jeder Lage genau das Gleichgewicht zu halten. Nur durch diese Fähigkeit ist es den Tieren möglich, ihren Körper in all seinen Stellungen auszubalancieren. Es muß jeder einzelne Muskel außer seinem Verkürzungsapparat auch einen Sperrapparat besitzen, der ihm die Fähigkeit verleiht, das mit jeder Stellung wechselnde Gewicht des Körpers sowohl bei Zunahme wie Abnahme des Gewichtes durch eine entsprechende Spannungsänderung auszugleichen. Diese hochwichtige Leistung der Muskulatur setzt eine besondere Regulierungsrichtung voraus, die es der Last ermöglicht, die Muskelspannung zu beherrschen.

Die Seeigelmuskeln lehren uns die Einrichtung des Regulierungsmechanismus kennen, der einfach darin besteht, daß die Erregung nur so lange dem Sperrapparat zufließt, als die Verkürzungsapparate belastet sind. Sobald die zunehmende Spannung der Sperrapparate die Bewegungsapparate entlastet hat, hört jeder weitere Erregungszufluß auf.

Ist das Gleichgewicht zwischen Last- und Sperrmuskelspannung erreicht, so kann entweder eine Verkürzung der Bewegungsmuskeln eintreten oder ausbleiben — das hängt lediglich von der Menge und der Art der vorhandenen Erregung ab.

Biologisch ist damit die Frage nach der Muskeltätigkeit beim Heben der Lasten völlig geklärt, physiologisch bleibt eine große Schwierigkeit bestehen: Wie ist es den Sperrmuskeln beim Heben einer Last, die sie durch ihre Spannung ausbalanciert haben, möglich, diese Spannung auch während der Weiterverkürzung, die sie doch auch mitmachen müssen, dauernd zu bewahren? Wir können uns hier mit dem Hinweise begnügen, daß die Muskeln chemo-mechanische Apparate darstellen, wie sie unsere Technik weder kennt, geschweige denn herzustellen vermag.

Wir haben bisher den scheinbar schwierigeren Fall behandelt, wenn drei Faktoren: Last, Muskel und Erregung zusammenkommen. Es handelt sich jetzt darum, die Einwirkung der Last auf den Muskel zu studieren, wenn keine Erregung zur Verfügung steht. Der Muskel antwortet auf den Zug der Last nicht wie ein Gummiband mit einfacher physikalischer Dehnung, sondern mit einem verwickelten physiologischen Vorgang, der Erschlaffung genannt wird.

Ein jeder Muskel besitzt eine physiologische Länge, die wechseln kann, und eine anatomische, die erst erreicht wird, wenn sich keine funktionellen Prozesse mehr in ihm abspielen. Den Verlust der physiologischen Länge nennen wir Erschlaffung.

Betrachten wir einen langen Hauptstachel von Centrostephanus longispinus, so sehen wir, daß er in der Ruhe senkrecht zur Basis getragen wird, weil sich alle Sperrmuskelstränge rings um das Gelenk in Spannung befinden. Dadurch halten sie sich gegenseitig die Wage und lassen den Stachel nach keiner Seite ausschlagen.

Erteilt man nun dem Stachel einseitig einen leisen Druck (Erschütterung reizt die Muskel), so sehen wir, daß der Stachel nicht allein dem Druck nachgibt, sondern daß er auch viel weiter wegschlägt als der Druck ihn führte.

Es hat also der Druck den von ihm betroffenen Muskeln etwas geraubt, das sie bisher vor den Ansprüchen der übrigen Muskeln schützte — dies ist die normale Spannung der Sperrmuskeln. Die Höhe der normalen Sperrung bestimmt zugleich die Größe des Gewichtes, das auf den Stachel drücken muß, um die Erschlaffung eintreten zu lassen. Wir sprechen in solchen Fällen von einer Schwelle, die überstiegen werden muß, ehe die Wirkung eintreten kann, und bezeichnen daher die Sperrung als die Schwelle für die Erschlaffung. Jeder Muskel besitzt normalerweise eine solche „Sperrschwelle".

Das stets zum Vergleich herbeigezogene Gummiband besitzt keine Sperrschwelle — es wird einfach von einem kleineren Gewicht weniger gedehnt als von einem großen. Ferner kennt das Gummiband keine Erschlaffung, die den Muskel befällt, sobald eine Sperrschwelle überschritten ist. Dann vermag ihn der kleinste Zuwachs an Last bis zu seiner anatomischen Länge zu dehnen. Ist diese erreicht, so wird die Last von den Bändern und Sehnen übernommen, die sich wie das Gummiband verhalten und nur die physikalische Dehnung kennen.

Deshalb vermögen beim Stachel von Centrostephanus die Antagonisten den Stachel weit wegzuziehen, sobald die belasteten Muskeln ihre Sperrschwelle eingebüßt haben. Erschlaffte Muskeln bieten der Dehnung keinen Widerstand.

Sobald der Druck die Erschlaffung der belasteten Muskeln herbeigeführt hat, sind die Antagonisten von dem normalen Gegenzug befreit. Die Spannung ihrer Sperrmuskeln wird unnötig und die Bewegungsmuskeln erhalten freies Spiel. Um in Tätigkeit zu geraten, bedürfen die Bewegungsmuskeln einer Erregung. Diese kommt ihnen jetzt von ihren eigenen entlasteten Sperrmuskeln zugeflossen. Diese Erregung diente bisher zur Erzeugung der Sperrschwelle. Es ist also die Sperrschwelle das Anzeichen für das Vorhandensein einer bestimmten Erregung.

Der Druck, der auf der belasteten Seite die Sperrschwelle zum Schwinden bringt, löscht diese Erregung aus, die sich nie wieder in vollem Umfang einstellt, bevor die Last ganz entfernt wurde: ist das geschehen, so erhalten die Bewegungsmuskeln ihre alte Länge wieder, die Sperrmuskeln ihre alte Spannung und alles ist wieder wie sonst. Der Stachel steht ruhig und senkrecht auf seiner Unterlage.

Aus diesen Beobachtungen geht mit Sicherheit hervor, daß der einfache Fall, den wir suchten, mit Muskel und Last als einzigen Faktoren im Leben gar nicht vorkommt. Stets spielt die Erregung als dritter Faktor eine entscheidende Rolle. Woher stammt die Erregung? Das ist die Frage, der wir uns jetzt zuwenden.

Die Zentren.

Das Studium der Muskeln weist uns auf einen außerhalb liegenden Faktor hin, von dem die Erregung herstammt. So werden wir zur Betrachtung des Nervensystems hingeführt, das den Muskeln zunächst liegt. Im Seeigelstachel befindet sich über den Muskeln ein nervöser Ring, der Nervenfasern und Ganglienzellen enthält. Dieser Ring ist physiologisch keine Einheit. Man kann ihn beliebig oft an der Grenze zweier Muskelstränge durchschneiden, ohne seine Funktion zu stören. Es zerfällt der Nervenring in ebenso viele einzelne Zentren, als es unter ihm liegende Muskelstränge gibt.

Wir wollen nun diejenige Leistung der nervösen Zentren aufsuchen, die uns zu einer möglichst greifbaren Vorstellung ihrer Fähigkeiten verhilft. Zu diesem Zweck müssen wir weiter in die Anatomie des Nervensystems eindringen. Ein jedes Muskelzentrum im Nervenring steht außer mit seinen Gefolgmuskeln und seinen Nachbarzentren auch noch in Verbindung mit dem weitverzweigten Hautnervensystem. Dieses umzieht in zahlreichen Netzen die ganze Oberfläche des Seeigels. Aus diesen Netzen treten ferner Nebenbahnen in das Innere der Kalkschale und bilden hier die Seitennerven der Radialnerven. Die Radialnerven sind fünf Nervenstämme, die nahe dem Anus beginnend an der Innenseite der Schale bis zum Munde ziehen, um sich hier zu einem Ringkanal zu vereinigen, der den Mund umschließt.

Wird ein Radialnerv durch Nikotin in Erregung versetzt, so pflanzt sich die Erregung bis zu den Stachelmuskeln hin fort, die erst in heftige Bewegung geraten, dann aber im Sperrkrampf unbeweglich stehen bleiben. Umspült man dagegen das Radialnervensystem mit kohlensaurem Seewasser, so werden nach kurzer Zeit alle Muskeln schlaff und die Stacheln senken sich der Schwere nach herab.

Beide Wirkungen fallen fort, wenn man zuvor die Seitennerven durchschnitten hat. Daraus ergibt sich die Vorstellung einer Erregung, die einmal (bei der Nikotinwirkung) von den Radialnerven kommend, durch die Seitennerven von innen nach außen zu den Zentren der Stachelmuskeln geflossen ist, das andere Mal (bei der Kohlensäurewirkung) von den Muskelzentren kommend, durch die Seitennerven von außen nach innen fließend, zu den Radialnerven gelangt ist. Wie zwei Reservoire stehen die Muskelzentren und die Zentren der Radialnerven vor unseren Augen da, sich gegenseitig die Erregung zusendend. Ob wir die Ganglienzellen in diesem Fall als die Reservoire ansprechen dürfen, ist zwar verführerisch, aber nicht nachgewiesen.

Vergleichen wir die beiden Reservoire miteinander, so ist ein Unterschied sehr in die Augen fallend. Auf der einen Seite haben wir das geschlossene System der fünf Radialnervenstämme, das wie eine große Einheit gebaut ist, auf der anderen Seite die außerordentlich zahlreichen und zerstreuten Nervenringe, alle wiederum aus 30 einzelnen Zentren bestehend. Es ist daher nicht zu verwundern, daß das Radialnervensystem dem übrigen Nervensystem gegenüber wie ein einziges Zentralreservoir wirkt, das die zahlreichen Einzelzentren in der Oberhaut vollkommen beherrscht.

Man kann sagen, das Erregungsniveau der Zentralstelle ist ausschlaggebend für das Niveau in allen einzelnen Muskelzentren. Sinkt das Niveau im Zentralreservoir durch Vergiftung mit Kohlensäure, so sinkt es auch in allen Nervenringen der Stacheln. Steigt das Niveau bei Nikotinvergiftung im Zentralreservoir, so steigt es auch in allen Nervenringen. Das Steigen und Fallen des Erregungsniveaus in den Zentren kann man natürlich nicht sehen, sondern aus dem Verhalten der Muskeln erschließen. Es ist deshalb notwendig, Hypothesen über die Beziehungen der Muskeln zu ihren Zentren zu machen. Nur sollen die Hypothesen möglichst direkt aus den Beobachtungen entspringen.

Die Beobachtung, die uns den unmittelbarsten Aufschluß über die Muskelzentren gibt, ist folgende: Man bringe die Muskeln eines Seeigelstachels durch das Auflegen einer Last einseitig zur Erschlaffung. Dann beginne man in größerer Entfernung die Haut an einer den erschlafften Muskeln vis-à-vis liegenden Stelle zu reizen. Dann werden, abgesehen von den der Reizstelle zunächstliegenden Stacheln, alle übrigen Stacheln in völliger Ruhe verharren. Einzig die weitabliegenden erschlafften Muskeln verkürzen und sperren sich so lange, bis sie ihre Last einem Nachbarstachel aufgebürdet haben.

Es ist also die von der Reizstelle ausgehende Erregung, die (wie man beweisen kann) dabei die Radialnerven passiert, um sich überall hin auszubreiten, nur in die erschlafften Muskeln des einen Stachels eingedrungen; an allen anderen ging sie spurlos vorüber.

„Es fließt die Erregung in einfachen Nervennetzen immer den erschlafften Muskeln zu"; so lautet diese fundamentale Beobachtung als Gesetz gefaßt.

Vor den Muskeln liegen aber ihre Zentren und ohne sie zu passieren kann man nicht zu den Muskeln gelangen. Wären an der Erschlaffung die Zentren ganz unbeteiligt, so könnte die Erregung niemals ihren Weg zu den Muskeln finden. Es sind also die Zentren durch die Erschlaffung ihrer Muskeln auch in Mitleidenschaft gezogen.

Diese Mitleidenschaft spricht sich darin aus, daß sich das Zentrum zentralen Erregungsvorgängen gegenüber anders verhält als sonst. Wirft man einen Blick auf die Muskelzentren, so sieht man, daß die Zentren genau den Zustand ihrer Gefolgsmuskeln widerspiegeln. Sie repräsentieren in ihrer Weise ihre Gefolgsmuskeln. Es ergibt sich dadurch eine höchst wichtige Wechselwirkung zwischen dem Muskel und seinem Zentrum. Der Muskel hat nicht nur blind dem Zentrum zu gehorchen, wenn dieses ihm Erregungen zusendet. Nein, der Muskel hat auch die Fähigkeit, sein Zentrum zu beeinflussen. Und das Zentrum ist einerseits der Herr des Muskels, anderseits ein Repräsentant, der entsprechend dem Zustand des Muskels sich den Erregungen im zentralen Netz gegenüber verschieden zu verhalten hat.

Ich habe deshalb vorgeschlagen, die Muskelzentren „Repräsentanten" zu nennen. Dieser Name führt uns ohne weiteres zum Verständnis der Grundfunktion des zentralen Nervensystems. Das Zentralnervensystem vermag weiter nichts als Erregungen zu ordnen. Wenn es mit dieser Fähigkeit allein den ganzen Körper regieren soll, so kann das nur geschehen, wenn einerseits alle Reize der Außenwelt in Erregungen umgesetzt werden, anderseits alle Körperbewegungen durch Erregungen auszulösen sind. Um aber die Körperbewegungen ordnungsgemäß auslösen zu können, muß das Zentralnervensystem in jedem Augenblick über den Zustand der Muskeln orientiert sein. Es muß daher ein nervöses Organ da sein, das von dem Zustand der Muskeln beeinflußt wird und seinerseits auf die Erregungen einzuwirken vermag. Dieses Organ sind die Repräsentanten. Es ist interessant festzustellen, daß der nervöse Abschnitt, der vom Repräsentanten bis zum Muskel reicht, bei den Säugetieren als die „letzte gemeinsame Strecke" von Sherrington bezeichnet und zur Grundlage einer ganzen Reflexlehre gemacht worden ist.

Die Repräsentanten sitzen bei den Seeigeln noch nahe ihren Gefolgsmuskeln. Bei den meisten Tieren werden sie aber an einer zentral gelegenen Stelle zusammengezogen und geben dann auf kleinem Raume eine gedrängte Übersicht der ganzen Körpermuskulatur. Sie haben die Erregungen aus den zentralen Netzen zu empfangen und an ihre Gefolgsmuskeln weiterzugeben. Was sich später als Kraft und

Bewegung im Leben des Tieres offenbart, das ist vorher im Wechselspiel der Repräsentanten verteilt und geordnet worden.

Das Wechselspiel der Repräsentanten ist bei jedem Tier nach seiner Bauart verschieden. Bei einigen Seeigeln ist die gegenseitige Beeinflussung der Repräsentanten eine sehr weitgehende, wofür folgende Beobachtung als Beleg dienen mag. Bringt man bei Echinus acutus einen großen Stachel durch sanften Druck einseitig zur Erschlaffung, so zeigt sich auch bei den Nachbarstacheln am entsprechenden Ort die gleiche Erschlaffung. Die Nachbarstacheln schlagen nicht konzentrisch zusammen wie bei mechanischer Reizung, sondern verbeugen sich alle nach der gleichen Richtung, in die sich auch der gedrückte Stachel geneigt hat. Die Erschlaffungsübertragung läßt darauf schließen, daß alle gleichgerichteten Muskelstränge durch besondere Netze nahe miteinander verbunden sind. Dies ist für Echinus um so wichtiger, als er von allen Seeigeln der einzige ist, der mit seinen Stacheln leidlich in Takt zu marschieren vermag.

Die Statik der Erregung.

Alle bisherigen Beobachtungen weisen nachdrücklich darauf, daß es unmöglich ist, einen Zustand, sei es im Muskel, sei es in den Zentren, aufzufinden, in dem keine Erregung vorhanden ist. Trotzdem bleiben die beiden Zustände der Ruhe und Tätigkeit sowohl beim Muskel wie im Nervensystem deutlich voneinander getrennt. Es entspricht jedem von diesen Zuständen ein anderes Verhalten der Erregung, die man mit Jordan als statisches und dynamisches Verhalten bezeichnen kann. Die Statik der Erregung d. h. die Menge der Erregung sorgt für die Erhaltung und Wiederherstellung eines inneren Erregungsgleichgewichtes, das immer wieder durch den Eingriff der dynamischen Druckwellen gestört wird.

Das wichtigste Organ zur Erhaltung des Gleichgewichtes der Erregung ist der Radialnerv mit seinen Erregungsreservoiren. Dieses Zentralreservoir vermag durch sein Erregungsniveau das Erregungsniveau in allen Repräsentanten zu heben oder herabzudrücken. Nur durch die beherrschende Wirkung eines Zentralreservoirs wird es verständlich, daß alle Stacheln des gleichen Tieres stramm und aufrecht stehen, während bei einem andern Exemplar alle Stacheln die gleiche Neigung zeigen, herabzusinken.

Die Tatsache, daß es möglich ist, durch Vergiftung mit Kohlensäure die zentralen Reservoire so zu beeinflussen, daß die Erregung aus den peripheren Reservoiren, d. h. den Repräsentanten zentralwärts abfließt, ist ein unwiderlegbarer Beweis dafür, daß die Erregung etwas passiv Bewegtes ist. Das aktiv Handelnde sind, soweit die statischen

Ausgleichungen in Frage stehen, nur die Zentren. Deshalb dürfen wir die These aufstellen: Ein Zentrum ist ein Organ, das Erregungsverschiebungen bewirkt. Alle Zentren stehen durch nervöse Leitungsbahnen miteinander in direkter oder indirekter Verbindung. Alle vermögen sich Erregung gegenseitig zuzuschieben und Druck und Gegendruck zu beantworten. Dadurch erhalten sie alle Fühlung miteinander. Allein durch dieses Verhalten der Zentren ist es möglich, daß eine von den Rezeptionsorganen herkommende dynamische Erregungswelle ihren richtigen Weg vorgeschrieben findet und allein in jene Repräsentanten einbricht, die infolge der Erschlaffung ihrer Muskeln selbst auch keinen genügenden Gegendruck besitzen und ihr daher keinen Widerstand leisten können.

Es ist bei den Seeigeln nicht die anatomische Struktur des Zentralnervensystems, die die Erregungsverteilung und Ordnung besorgt, sondern ein allgemeiner innerer Erregungsdruck, der das Erzeugnis der zentralen und peripheren Reservoire ist. Es ist Sherrington gelungen, die statischen Erregungsverschiebungen auch am Säugetiermuskel nachzuweisen.

Die Dynamik der Erregungen.

Unter Statik der Erregungen verstehen wir alle Vorgänge im Zentralnervensystem, die sich auf die Wiederherstellung und Erhaltung des Erregungsgleichgewichtes beziehen. Die Verschiebungen der Erregungen, die sich dabei in den Nerven vollziehen, können nur aus dem Zustand der Muskel gefolgert, nicht selbst beobachtet werden.

Das innere durch Druck und Gegendruck erzeugte Gleichgewicht wird gestört, sobald die von außen her gereizten Rezeptionsorgane eine Neuerregung im Nervensystem erzeugen. Diese von den Rezeptionsorganen erzeugte Erregung, die den Reflex im engeren Sinne einleitet, zeigt elektrische Nebenerscheinungen, die vom Galvanometer wahrgenommen werden können. In den untersuchten Fällen hat sich sowohl im zentripedalen wie im zentrifugalen Nerven eine elektrische Schwankungswelle aufzeigen lassen, die freilich bei verschiedenen Tierarten außerordentlich in Form und Größe wechselt.

Bei den Seeigeln ist sie noch nicht untersucht worden. Wir haben aber keinen Grund, hier eine Ausnahme von der allgemeinen Regel zu erwarten und werden daher die auf Reiz eintretende Erregung auch hier als einen wellenförmigen Vorgang im Nerven ansehen. Nun sind aber Welle und Welle bei verschiedenem Substrat sehr verschiedene Dinge. Wie außerordentlich schwierig ist es, von den Flüssigkeitswellen in Röhren von wechselndem Durchmesser und wechselndem Widerstand der Wände, wie sie unsere Blutgefäße darstellen, ein einigermaßen zutreffendes Bild zu entwerfen. Obgleich wir sowohl das Substrat der Wellen, d. h. unser Blut, genau kennen und den Verlauf der Blutgefäße überallhin verfolgen können. Im Nervensystem kennen wir nur den Bau und den Verlauf der Nervenfasern, wenn auch sehr unvollkommen. Einen Schluß aus dieser Kenntnis auf die Funktion der nervösen Teile zu machen, ist aber ganz unmöglich, solange man sich über das Substrat der Wellen nicht einigen kann. Selbst wenn man in betreff des Substrates zugegeben hat, daß dle Wellenbewegung ohne Substanzverbrauch vor sich geht und daß sie während ihres Ablaufes in den Nervenfasern ein passiver Vorgang ist, der von außerhalb der Nerven, sei es von einem Rezeptor oder einem Zentrum, seinen Anstoß erhält — so gibt es immer noch zwei Möglichkeiten, die erwogen werden müssen.

Einmal kann man sich vorstellen, daß die Wellenbewegung, sobald sie einmal im Nerven aufgetreten ist, unbeeinflußt dahin weitereilt, wohin sie die anatomischen Verzweigungen der Nervenfasern tragen. Dies ist die Vorstellung aller jener Forscher, die sich ihre Ansichten aus den Experimenten mit künstlicher Nervenreizung am Froschnerven geholt haben, der, von seinem Zentrum getrennt, nur noch mit dem Muskel in Verbindung stand, oder gar beiderseitig durchschnitten nur den kläglichen Rest eines Organes bildete.

Es gibt aber noch eine zweite Möglichkeit: Man kann die Erregungswelle als einen Vorgang betrachten, der sowohl von seinem Ausgangspunkt, wie von seinem Zielpunkt gleichzeitig beeinflußt wird. Dies ist die Vorstellung, die sich mit der Bipolarhypothese von Jordan deckt und die man sich auch nach den grundlegenden Untersuchungen von Piper bilden muß, der die normalen Erregungen des unverletzten Nerven prüfte.

Piper untersuchte die Erregungswellen, die in den menschlichen Muskeln entlang laufen, sowohl nach künstlicher Reizung des Nervenstammes, wie nach natürlicher Erregung durch das Zentralorgan. Es zeigte sich dabei folgender wesentlicher Unterschied: Die Frequenz der Erregungswellen ist nach künstlicher Reizung allein abhängig von der Frequenz der angewandten Reize. Die Frequenz der Erregungswellen ist bei willkürlicher Innervation erstens abhängig von der Person des Zentrums, das die Erregung dem Muskel zusendet, und zweitens vom Muskel selbst. Denn es tritt in diesem Falle niemals eine neue Erregungswelle im Muskel auf, bevor die alte ganz abgelaufen ist. Es muß eine wirksame Reaktion vom Muskel auf seinen Repräsentanten stattfinden, für die der Duboissche Reizschlitten ganz unempfindlich ist. Daher sind alle Versuche mit künstlicher Reizung des Froschnerven in dieser Hinsicht wertlos und die aus ihnen geschöpften Ansichten hinfällig.

Ist das Zentrum mit dem Muskel noch im normalen Zusammenhang, so befinden sie sich in einer dauernden Wechselbeziehung der Erregung, die man als Druck und Gegendruck bezeichnen kann. Bricht in diese statischen Beziehungen die dynamische Erregungswelle ein, so kann sie dieselben wohl zeitweilig ändern, aber niemals aufheben, das ist für den Menschen ebenso sicher wie für den Seeigel. Ja, der Seeigel lehrte uns noch mehr, indem er uns zeigte, daß eine Erregungswelle nur in die Repräsentanten der erschlafften Muskel eintritt. Damit wurde der Beweis erbracht, daß die dauernden statischen Beziehungen der einbrechenden dynamischen Welle ihre Richtung erteilen.

Dieses merkwürdige Ineinandergreifen der statischen und dynamischen Funktionen am Seeigel darf uns aber nicht dazu verführen, die Funktionen für gleichartig zu erklären. Denn es gibt noch ein sehr wichtiges Merkmal, das die beiden Erregungsarten unterscheidet. Bei Ausübung der statischen Funktionen zeigt es sich, daß alle Repräsentanten dem Zentralreservoir im Radialnervensystem untergeordnet sind. Es beherrscht eine höchste Station alle übrigen. Für die dynamischen Funktionen wird diese Stelle ausgeschaltet. Die Erregungswellen passieren die Radialnerven, ohne von den dortigen Zentren irgendwie gelenkt oder geordnet zu werden. Für die dynamischen Erregungswellen gibt es nur die Repräsentanten, die durch viele intrazentrale Netze miteinander verbunden sind. Alle Repräsentanten sind einander beigeordnet ohne jede Spur der Unterordnung.

Die Rezeptoren.

Die Haut der Seeigel ist überall reizbar sowohl durch mechanische Berührung, wie durch chemisch wirksame Stoffe. Besonders wirksam sind alle Säuren, selbst in großer Verdünnung. Diese Reize sind zugleich die allgemeinen Nervenreize, die geeignet sind, jede Art von Nervensubstanz zu reizen ohne Vermittelung besonderer Endapparate. Die allgemeinen Nervenreize bilden einen gemeinsamen Maßstab, der in gewissen Grenzen auf alle Tiere anwendbar ist, wenn man ihre Beziehungen zur Umgebung miteinander vergleichen will. Erst die Abweichungen von diesem allgemeinen Maßstab charakterisieren die Besonderheit jeden Falles. Die Abweichung beruht einmal in der Unterdrückung gewisser allgemeiner Reize, hauptsächlich aber in der Befähigung, besondere, sonst unter der Schwelle liegende Wirkungen der Außenwelt in wirksame Nervenreize zu verwandeln.

Bei den Seeigeln wirkt auf die Körperhaut außer den allgemeinen Nervenreizen besonders ein Reiz, der von dem Feinde aller Seeigel ausgeht. Dies ist der Schleim des Seesternes Asterias glacialis.

Diese Substanz ist für die Haut der Seeigel von spezifischer Giftigkeit. Läßt man ein abgeschnittenes Füßchen dieses Seesternes in der Nähe der Seeigelhaut unter Wasser liegen, so beginnt diese alsbald blasig aufzutreiben, wobei der Zelleninhalt körnig zerfällt. Die zersetzende Wirkung des Seesternschleimes übt gleichzeitig einen heftigen Nervenreiz aus. Es ist die Seeigelhaut gegen den Schleim des Seesternes überempfindlich und doch darf man hierbei nicht von einem spezifischen Reiz reden. Denn ein spezifischer Reiz verlangt immer ein spezifisches Rezeptionsorgan, das speziell für ihn gebaut und eingerichtet ist. Wir sprechen in diesem Falle von einem Transformator, der einen an sich unwirksamen Vorgang der Außenwelt in einen wirksamen Nervenreiz verwandelt.

In der Seeigelhaut gibt es einen solchen Transformator für das Licht. Es ist eine Art Sehpurpur, der sich überall vorfindet und durch Alkohol ausgezogen werden kann. Die alkoholische Purpurlösung bleicht im Lichte schnell ab. Wir dürfen sie daher in Beziehung zur Reizbarkeit der Seeigel durch das Licht setzen. Der Reiz des einfallenden Sonnenlichtes wirkt genau wie ein allgemeiner mechanischer Reiz. Die belichteten Stacheln führen bei sehr reizbaren Arten Bewegungen aus. Die übrigen Seeigelarten begnügen sich mit einer langsamen Fluchtbewegung oder sie transportieren doch wenigstens die Gegenstände, die ihre Stacheln belasten, seien es Steine oder Algenblätter, nach der beleuchteten Stelle hin, und verschaffen sich auf diese Weise einen Lichtschirm. Der Lichtreiz wird also durch einen spezifischen Transformator den Nervennetzen übermittelt. Die von ihm ausgelöste Erregung betritt aber keine besonderen Bahnen, sondern läuft wie jede andere Erregungswelle ab.

Die erste Andeutung einer spezifischen Behandlung des Lichtreizes in den Nervennetzen findet sich bei denjenigen Arten, die nicht nur auf Licht, sondern auch auf Schatten reagieren. Die Mehrzahl der tropischen Seeigel und von den Mittelmeerarten Centrostephanus longispinus zeigen deutliche Stachelbewegungen auf Beschattung. Diese Tiere werden vom Sonnenlicht so lange in die Flucht getrieben, bis sie in die dunkelste Ecke geraten. Dort bleiben sie still sitzen und strecken ihre Stacheln gleichmäßig nach allen Seiten aus. Tritt nun irgendeine Verdunkelung am Horizont auf, mag sie durch eine vorbeiziehende Wolke oder durch einen herannahenden Fisch veranlaßt sein, so schlagen die Stacheln, die von der Verdunkelung getroffen werden, wie auf einen allgemeinen Hautreiz zusammen. Dies ist eine Abwehrbewegung, die häufiger eintritt als nötig, weil die Gegenstände der Außenwelt von den Seeigeln nicht unterschieden werden.

Den Verlauf des Beschattungsreflexes habe ich eingehend untersucht und folgendermaßen dargestellt: „Die Endigungen der rezeptorischen Fasern sind von lichtempfindlichen Purpur umgeben. Auf ihn wirken die Lichtstrahlen und bei seiner Zersetzung werden die Nervenendigungen gereizt. Nun läuft die Erregung, die sich von nun ab nicht mehr von anders erzeugten Erregungen unterscheidet, den Nerven entlang und tritt in die Hautnervennetze ein. Hier löst sie, wenn sie kräftig genug ist, in den nächstliegenden Reflexzentren der Stacheln einen Reflex aus, der die Stacheln dem Reizort zuführt. Weiter tritt die Erregung in die Ausläufer des Radialnerven ein und dringt ihnen entlanglaufend ins Innere des Körpers ein. Durch die Seitenäste gelangt sie schließlich in den Radialnerv selbst, der dann die Erregung allseitig weiterverbreitet und ihr so die Möglichkeit verschafft, wiederum an die Außenfläche zu kommen und in alle eingeklinkten Reflexzentren einzudringen, die nach dem Reflexorte zu schauen. Hier wird überall eine Muskelbewegung ausgelöst und der Fluchtreflex tritt ein.

Beim Passieren der Radialnerven erhöht die Erregung den Tonus in den bipolaren Zellen, und zwar mit steigender Intensität in steigender Anzahl. So lange die Erregung den Radialnerven durchläuft, so lange findet auch eine dauernde Ladung der Tonuszentren statt. Im Moment, wo außen das Licht abgeschnitten wird und mit der Purpurzersetzung auch die Erregung aufhört, geben die Tonuszentren ihre Ladung in Form von Erregung wieder den Nerven ab, denen sie beigeschaltet sind, und nun durchläuft die Erregung den gleichen Weg in umgekehrter Richtung nach ihrer Ursprungsstätte zurück, tritt ins Hautnervennetz ein und löst in den Reflexzentren der Stacheln wiederum eine Bewegung aus, die der zuerst ausgelösten gleichen muß, da sie an den gleichen Orten anpackt wie früher.“

Ob es wirklich die bipolaren Zellen sind, die als Reservoire für die Erregung oder den Tonus angesprochen werden müssen, ist zweifelhaft. Unzweifelhaft aber scheint mir, daß sich eine gewisse Anzahl von den allgemeinen Reservoiren abgespaltet haben müssen, um nun dem speziellen Zweck des Schattenreflexes zu dienen. Dadurch ist die erste Andeutung einer gesonderten Anlage der Photorezeption gegeben. In allen anderen Tieren werden Licht- und Schattenreflex von dem gleichen Organ ausgelöst. Auch hierin sind die Seeigel von grundlegender Bedeutung, weil sie uns erlauben, auch diese eng zusammengehörigen Reflexe dank ihrem anatomischen Bau experimentell gesondert zu behandeln. Zu bemerken ist noch, daß alle Seeigel, die eine hohe Lichtempfindlichkeit besitzen, besondere Pigmentzellen in der Haut tragen, die als Lichtschirm wirken. Sie bewirken es, daß Centrostephanus im Dunkeln weiß wird, im Sonnenlicht aber schwarz erscheint.

Alle Seeigel besitzen um den Mund herum besondere Organe, die wahrscheinlich die Nahrungssuche vermitteln. Sie sind aber noch nicht untersucht worden und können daher hier keinen Platz finden. Ebenso übergehe ich die Funktion der Saugfüße, die teils dem Tasten, teils der chemischen Rezeption, teils der Atmung und schließlich der Fortbewegung dienen, weil das Zusammenarbeiten dieser Funktionen noch nicht genügend analysiert ist. Auch das Arbeiten des komplizierten Kauapparates, der sogenannten Laterne des Aristoteles, muß ich übergehen.

Spezieller Teil.

Arbacia pustulosa.

Der einfachste Seeigel ist die schwarzbraune Arbacia pustulosa, die ihr Leben in der Brandungszone verbringt, die Algendecke der Felsen abweidend. Sie preßt sich in alle Vertiefungen hinein dank ihren außerordentlich kräftigen Saugfüßen und streckt ihren langen, starren Stachelwald allseitig nach außen. Ihre Stacheln sind alle gleichlang, sehr hart und sehr spitz. Die Sperrmuskeln überwiegen sehr stark gegenüber den Bewegungsmuskeln, ein Zeichen, daß wir es mit einem seßhaften Seeigel zu tun haben.

Starke Eingriffe durch Erschütterung und chemische Reize beantwortet das Tier mit einem lang andauernden Anspannen seiner gesamten Sperrmuskulatur. In diesem Stadium ist es unmöglich, die Stacheln zu beugen, eher brechen sie ab. In dieser Stellung erwartet Arbacia den Erbfeind aller Seeigel, den Seestern Asterias glacialis, sobald der Reizstoff, der von seinem Schleim ausgeht, ihre Haut getroffen hat. Der schöne Stachelwald schützt Arbacia besser vor ihrem Feinde, als all die komplizierten Werkzeuge der anderen Seeigelarten.

Einer mechanischen Hautreizung ist Arbacia nur selten ausgesetzt, weil bei jeder unsanfteren Berührung die Stacheln zusammenfahren und dem nahenden Eindringling eine spitze Stachelbürste entgegenstrecken, die jede Passage versperrt. Es ist schwierig, Arbacia zur Flucht zu bewegen, da sie auf chemische und mechanische Reize ihre Stachelmuskeln sperrt. Nur durch einseitiges Einleiten von kohlensaurem Seewasser gelingt es, sie zum Verlassen ihres Standortes zu bringen.

Bekanntlich verkürzen sich alle dem Reizort zugekehrten und erschlafften Stachelmuskeln, sobald eine Erregung zu ihnen dringt, und schieben dabei den Gegenstand, der sie zum Erschlaffen brachte, dem Reizorte zu. Ist dieser Gegenstand der Erdboden, so flieht der Seeigel vor dem Reiz.

Legt man eine Arbacia auf den Rücken, so beginnen jetzt die gedrückten Rückenstacheln Fluchtbewegungen zu machen, und zwar macht es den Eindruck, als ginge der Reiz, der sie zum Fliehen veranlaßt, von der Mundmembran aus. Kommt Arbacia bei diesen Bewegungen an eine Stelle, die bergauf führt, so ist sie gerettet. Denn nun finden die langen Mundfüße Gelegenheit, den Boden zu fassen und den Tierkörper umzudrehen. Die Rückenfüße ermangeln bei Arbacia der Haftscheiben und dienen bloß zum Tasten und Atmen. Auf einer ebenen Fläche ist die auf dem Rücken liegende Arbacia verloren. Sie stellt ihre resultatlos verlaufenden Gehbewegungen nach einiger Zeit ein und geht bald zugrunde.

Arbacia ist, wie die meisten Seeigel, von peinlichster Sauberkeit. Sie kann sich aber nicht selbst reinigen, sondern überläßt dies Geschäft dem Wellenschlag. Deshalb ist sie im Aquarium bald mit ihren eigenen Exkrementen bedeckt, die man durch kräftige Wasserbewegung entfernen muß, um das Tier gesund zu erhalten.

Centrostephanus longispinus.

Der nächste Seeigel, den wir betrachten, besitzt gleichfalls lange Stacheln, die eine Länge von 7 cm erreichen können, außer diesen Hauptstacheln aber noch zahlreiche mittlere und kürzere Stacheln von 1 bis 2 cm Länge. Alle diese Stacheln sind zarte Röhren, dicht besetzt mit feinen, nach außen zu strebenden Spitzen, so daß sie unter der Lupe überschlanken gotischen Münstertürmen gleichen. Jeder Fremdkörper, der sich der Körperhaut nähern will, wird von diesen Spitzen aufgehalten und mit Leichtigkeit abgestreift.

Nahe Verwandte des Centrostephanus, die in den Tropen wohnen, tragen ihre lanzettartig geschliffene Stachelspitze in einem häutigen Beutel, der mit Gift gefüllt ist — eine recht bösartige Waffe.

Seinem Stachelbau entsprechend, besitzt Centrostephanus eine ganz andere Muskulatur als Arbacia. Während Arbacia hauptsächlich Sperrmuskulatur aufwies, ist bei Centrostephanus fast die gesamte Muskulatur zu Bewegungsmuskeln geworden. Daraus allein läßt sich schließen, daß wir es hier mit dem Renner unter den Seeigeln zu tun haben, der nicht im festen Widerstande, sondern in der Flucht sein Heil suchen wird.

Die Muskeln von Centrostephanus geraten sehr schwer in Sperrkampf. Auch vermögen sie nur gerade noch ihren eigenen leichten Körper zu tragen, nicht aber einem starken Drucke zu widerstehen.

Sehr interessant ist bei Centrostephanus zu beobachten, wie durch eine nur geringe Abweichung im Bau der nervösen Verbindung ganz neue Effekte erzielt werden können. So besitzt Centrostephanus im Umkreise des Anus fünf bis acht kleine Stacheln mit kolbenförmigem Ende, die fast immer in kreisender Bewegung sind. Sie sind ganz besonders spärlich mit Sperrmuskeln versehen und vermögen sich nicht mehr aufrecht zu erhalten, wenn der Seeigel aus dem Wasser genommen wird, sondern sinken auf die Schale nieder. Ihre Muskeln werden daher besonders leicht von Erschlaffung befallen und sind jeder Erregung ausgesetzt. Um sie still zu stellen, muß man die Radialnerven entfernen und sie dadurch dem Beschattungsreflex entziehen. Berührt man die Haut im Umkreise eines solchen Stachels dreimal nacheinander, so neigt sich der Stachel dem ersten Reizorte zu und fährt dann, in geneigter Lage verbleibend, nach dem zweiten und dann nach dem dritten Reizorte hin. Darauf kehrt er aber nicht zur Ruhelage zurück, sondern fährt noch lange fort sich in der durch die Reizfolge gegebenen Richtung im Kreise zu drehen. Dieses Drehen ist in Wahrheit ein Verbeugen nach allen Richtungen hin, denn es wird hervorgerufen durch die immer wiederholte Verkürzung der einzelnen Muskelstränge, die nacheinander in Tätigkeit geraten. Es ist sicher, daß die Erregung dabei im Nervenring kreist, der bei diesen Stacheln besonders innige Verbindungen der einzelnen Zentren untereinander aufweisen muß. Nachdem von außen der Anlaß und die Richtung gegeben sind, kann der Stachel automatisch im Kreisen fortfahren, da jede Verkürzung der Muskeln auf der einen Seite die Antagonisten, auf der anderen zur Erschlaffung bringt, die dann die Erregung zu sich heranziehen. Somit ist jede Bewegung selbst die Ursache zur Fortsetzung der Bewegung. Man hat es dabei völlig in der Hand, die Drehungsrichtung der kreisenden Stacheln beliebig zu ändern, indem man sie mit einem spitzen Gegenstand anhält. Dann beginnen sie in der entgegengesetzten Richtung zu kreisen.

Die kreisenden Analstacheln dienen vermutlich der Reinlichkeit, die an dieser Stelle besonders gepflegt werden muß, weil die Oberseite der Schale, die der Verunreinigung durch die Exkremente am meisten ausgesetzt ist, zugleich in besonders hohem Maße der Lichtrezeption dient.

Von Centrostephanus können wir noch eine prinzipielle Neuerung lernen, die im allgemeinen Organisationsplan noch nicht aufgeführt wurde. Durch geeignete Schnittführung kann man die eine Hälfte eines Stachels mit der benachbarten Hautpartie völlig isolieren und als einen besonderen Reflexapparat behandeln. Reizen wir die Haut dieses Reflexapparates mechanisch, so verkürzen sich die Muskeln wie immer und der Stachel neigt sich dem Reizorte zu. Reizen wir aber die Haut mit einem Salzkristall, so erschlaffen die Muskeln und der Stachel neigt sich vom Reizorte fort.

Dieses Umschlagen des Reflexes kann nicht allein in einer gesteigerten Intensität der Erregung gesucht werden, denn eine auf einen gesteigerten mechanischen Reiz auftretende starke Erregung ruft immer nur Verkürzung und Sperrung hervor, aber niemals Erschlaffung. Es muß auch die Plötzlichkeit der neu auftretenden Erregung für diesen Umschlag verantwortlich gemacht werden. Wenn in der Zeiteinheit aus dem gleichen Rohr mehr Wasser herausfließt, so steht dieses Wasser unter erhöhtem Druck und vermag andere Wirkungen auszuüben, als dss mit schwachem Druck ausfließende Wasser. In übertragener Bedeutung können wir auch von einem höheren Erregungsdruck sprechen und sagen, die Erregung, die unter hohem Druck an die Repräsentanten von Centrostephanus gelangt, füllt diese nicht langsam mit Erregung an, sondern drückt sie plötzlich maximal auseinander. In die so erweiterten Reservoire fließt die Erregung aus den Muskeln ab und die Muskeln erschlaffen.

Die Bedeutung dieser Einrichtung liegt in der Erleichterung der Flucht. Centrostephanus flieht auf den langen Hauptstacheln vor dem Feinde. Solche Stacheln sind nur in beschränkter Anzahl vorhanden. Darum müssen sie alle mittun. Es würde den Erfolg der Flucht in Frage stellen, wenn ein Teil dieser Stacheln starr gesperrt nach hinten gerichtet bliebe.

Centrostephanus ist, wenn man so sagen darf, ein nervöses Tier, sehr leicht und sehr stark erregbar durch alle Änderungen seiner Umwelt und dabei trotz seiner Vielseitigkeit so einfach organisiert.

Die kurzstacheligen Seeigel.

(Sphaerechinus, Toxopneustes, Echinus.)

Die kurzstacheligen Seeigel bilden eine Gruppe für sich, die durch sehr charakteristische Eigenschaften verbunden ist. Trotz der Verschiedenheit in Bau und Lebensweise zeichnen sich alle kurzstacheligen Seeigel durch den Besitz von vier verschiedenen Zangenarten aus, mit denen ihr Körper an allen Stellen zwischen den Stacheln besäet ist. Die kurzstacheligen Seeigelarten zerfallen unter sich wieder in zwei Gruppen, in dicht bestachelte und spärlich bestachelte.

Die Funktion der Stachel ist bei diesen beiden Gruppen eine verschiedene und wir müssen erst auf diesen Unterschied eingehen, bevor wir auf die „Pedicellarien" genannten Zangen zu sprechen kommen. Der große Echinus acutus ist nur an der Unterseite dicht mit Stacheln bedeckt, die bei diesem schweren Tier das Gehen auf ebenen Flächen allein besorgen, während ein leichter Seeigel, wie Toxopneustes lividus, von seinen Saugfüßen getragen, leicht einherschweben kann. Die Stacheln von Echinus marschieren in ausgesprochenem Takt. Sie zeigen auch am deutlichsten das Phänomen der Erschlaffungsübertragung von Nachbar- auf Nachbarstachel. Auf der Oberseite ist Echinus nur spärlich bestachelt. Er lebt in größeren

Tiefen als die anderen Arten und muß dort weniger Schädigungen der Haut ausgesetzt sein.

Für die dicht bestachelten Arten bildet der Stachelwald außer einem Schutzmittel auch eine Falle für die Beute. Es ist öfter beobachtet worden, daß eine Mantis mit ihren Schlagscheren nach einem Sphaerechinus schlagend ihre Schere nicht mehr aus dem Stachelwald zurückzuziehen vermochte. Die Stacheln fahren, wie wir wissen, nach dem Reizorte zusammen, und dauert die Reizung an, so setzt die Sperrung ein. Es legen sich dann die Stacheln wie ein dichter Zaun über das feindliche Glied und verharren regungslos, bis die Saugfüße zugefaßt haben um den Transport der Beute nach dem Munde zu übernehmen. Da Sphaerechinus noch die Neigung zeigt, alles, was ihm in den Weg kommt, Steine und Algenblätter, sobald sie seine Stacheln belasten, auf den Rücken zu schieben, so maskiert er sich dadurch vollkommen und verwandelt sich, wie das Dohrn zuerst beobachtet hat, in eine gefährliche Krebsfalle. Die mitgeführten grünen Algenblätter liefern ihm zugleich ein willkommenes Sauerstoffreservoir.

Während Centrostephanus auf den Rücken gelegt durch zwei Schläge seiner beweglichen langen Stacheln den Erdboden wieder unter seine Mundfläche schiebt und so wieder in die richtige Lage kommt, brauchen die großen kurzstacheligen Seeigel längere Zeit, um von der Rückenlage in die Mundlage zu gelangen. Am meisten wirkt die Form ihres Körpers dabei mit. Sie gleichen mehr oder minder einer Kugel, die man einseitig glatt abgeschnitten hat. Die glatte Fläche ist die Mundfläche. Wenn das Tier auf der Mundfläche ruht, so ist die Last des Körpers auf viel zahlreichere Stacheln verteilt, als wenn der Körper auf die runde Rückenfläche zu liegen kommt. In dieser Lage beugen sich die wenigen, aber stark belasteten Stacheln allseitig ganz fort, so daß das Tier mit der Körperschale unmittelbar auf dem Boden ruht. Nun braucht es nur eines geringen Reizes, der von der Mundfläche ausgeht, um die gedehnten Stachelmuskeln, die zur Mundfläche hinsehen, in Kontraktion zu versetzen. Dadurch geben sie dem runden Körper einen leisen Stoß und dieser rollt ohne Schwierigkeiten in die Mundlage zurück. Wird einem auf der Seite liegenden Sphaerechinus ein stärkerer mechanischer Reiz vom Anus aus erteilt, so rollt der Seeigel in die umgekehrte Lage und kommt mit dem Anus anstatt mit dem Munde nach unten zu liegen.

Von der Reflexumkehr auf chemischen Reiz, die wir bei Centrostephanus kennen lernten, machen die kurzstacheligen Seeigel noch einen besonderen Gebrauch. Die kleinen Exkrementkügelchen, die aus dem am Zenith der Schale gelegenen Anus austreten, müßten, wenn sie hier liegen blieben, das Tier verunreinigen, wie wir das an Arbacia gesehen haben. Sie bleiben aber nicht liegen, weil die nächsten Stacheln auf den chemischen Reiz des Exkrementes durch Muskelerschlaffung zurückschlagen und die kleinen Kugeln herabrollen lassen. Es braucht aber nicht jeder Stachel auf dem Wege hinab einen neuen chemischen Reiz, um die Passage freizugeben. Der Druck der oberen Stacheln auf die unteren genügt, um diese herabzubeugen. Daß keinerlei nervöse Reflexe dabei eine Rolle spielen, davon überzeugt man sich leicht, indem man einen Sphaerechinus an seinem Äquator in eine obere und untere Schalenhälfte auseinandersprengt und dann die beiden Schalenhälften wieder aneinanderfügt. Auch in diesem Falle wird jede von einem chemischen Reiz am Anus erzeugte Beugebewegung der Stacheln, die Schalenlücke überspringend, sich bis an die Mundmembran hinab fortsetzen.

Die Pedicellarien.

Unter Pedicellarien versteht man kleine, auf beweglichen Stielen stehende dreizinkige Zangen, die je nach ihrer Bauart verschiedenen Zwecken dienen.

Die Putzzangen sind die kleinsten Pedicellarien, sie haben drei breite blattförmige Zangenglieder, mit denen sie auf der Haut herumkratzen und alle Unreinigkeiten entfernen. Oft sieht man zwei Zangenglieder ein Körnchen fassen, um es mit dem dritten zu zerklopfen.

Die übrigen drei Zangenarten müssen gemeinsam betrachtet werden, da sie sich gegenseitig ergänzen. Die langen, dünnen, leichtbeweglichen Klappzangen haben die Aufgabe, die zartere Beute, etwa vorbeischwimmende kleine Würmchen, zu packen. Die kurzen, kräftig zufassenden Beißzangen sind geeignet, die dünnen Beine kleiner Krebse zu fassen, die dem Stachelzaun durch ihre Biegsamkeit entgleiten, Die großen, Drüsen tragenden Giftzangen beißen sich in die Saugfüße des Seesternes fest, vor dessen chemischen Reiz die Stacheln sich fortneigen.

Die Unterscheidung zwischen Würmern, Krebsen und Seesternen geschieht nach dem Stärkegrade der von diesen Tieren ausgehenden Reize. Die drei fremden Tierarten in der Umgebung der Seeigel bedeuten für die Umwelt des Seeigels nichts weiter als schwache, mittlere und starke Reize.

Am ruhenden Tier liegen alle Pedicellarien auf der Schale zwischen den immer aufrecht stehenden Stacheln. Das Stielgelenk der Pedicellarien unterscheidet sich nicht vom Stachelgelenk. Aber seine Zentren nehmen nicht teil am allgemeinen Erregungsdruck, der vom Radialnervensystem ausgeht. Sie sind daher nicht dauernd geladen wie die Repräsentanten der Stachelmuskeln, sondern bedürfen vor dem Gebrauch einer jedesmaligen Ladung durch eine besondere Erregung. Erst dann verkürzen sich die Stielmuskeln, richten den Stiel auf und machen die Zange gebrauchsfertig. Die Stielmuskelzentren der drei Zangenarten werden entsprechend dem Gebrauch, dem die Zange dient, durch verschieden starke Erregungen geladen, durch schwache, mittlere und starke. Unter schwach und mittel sind dabei verschiedene Grade der mechanischen Reizung, unter stark ist chemische Reizung zu verstehen. Auf diese Weise gelingt es, für verschiedene fremde Objekte stets die passende Zange bereitzuhalten. Ferner muß dafür gesorgt werden, daß die nicht mehr passende Zange verschwindet. Das geschieht mit Hilfe des neu eintretenden stärkeren Erregungsdruckes, der die Zentren der nicht mehr zusagenden Zange dehnt und ihre Gefolgsmuskeln zur Erschlaffung bringt. So vertreibt ein starker mechanischer Reiz die vom schwachen Reiz hervorgerufenen Klappzangen, während er die Beißzangen hervorlockt. Ein chemischer Reiz vertreibt wiederum die Beißzangen und mit ihnen zusammen die Stacheln, zaubert aber dafür die Giftzangen hervor.

Dies kann man sich, wie wir bereits gesehen, nach Analogie der veränderten Wirkung eines unter höherem Druck hervorspritzenden Wasserstrahls klar machen. Nur bilden die Zentren der Stielmuskeln bei den Giftzangen ganz besonders gebaute Apparate. Die Erregung, die vom chemischen Reiz ausgeht, und die sonst alle Zentren lähmt, reicht gerade hin, um sie so weit zu laden, daß die Stielmuskeln die Zange aufrecht stellen. Ist das geschehen, so neigen sich die Stiele der Zangen, wie alle Stacheln dem Reizorte zu, sobald eine Stelle in ihrer Nähe gereizt wird.

Hier wird zum ersten Male die biologisch-technisch interessante Frage gelöst: Wie macht es die Natur, wenn das Nervensystem nicht Einzelreize, sondern Reizgruppen gesondert behandeln soll. Die Stielmuskeln der Giftzangen antworten auf eine Kombination von chemischen und mechanischen Reizen anders als auf einfache, chemische oder mechanische Reize. Denn sobald der chemische Reiz zu wirken aufgehört hat und die Stielmuskeln der Erschlaffung anheimzufallen beginnen, antworten ihre Zentren auf jeden neuen mechanischen Reiz nur mit einer stärkeren Erschlaffung ihrer Gefolgsmuskeln. In diesem Falle neigt sich die Giftzange vom Reizort fort, dem sie sich vorher genähert hatte.

Das gleiche Phänomen zeigt sich bei den Stacheln. Wenn man durch andauernde chemische Reizung ihre Muskeln in zunehmende Erschlaffung gebracht hat, so bewirkt jeder neue Reiz, der während der Periode der Erschlaffung einsetzt, eine weitere Zunahme der Erschlaffung und der Stachel neigt sich vom Orte der mechanischen Reizung fort, dem er sich sonst unweigerlich nähert.

Wir lernen hieraus die wichtige Tatsache kennen, daß ein Zentrum im Stadium der zunehmenden Lähmung sich neuen Erregungen gegenüber anders benimmt, als im Stadium der abnehmenden Lähmung oder der Ruhe. Das läßt sich so formulieren: Die neue Erregung wird von den Zentren bei zunehmender Lähmung mit Zunahme, bei abnehmender mit Abnahme der Lähmung beantwortet.

Ein Seesternfüßchen, das sich die Haut eines Seeigels nähert, reizt diese durch seinen Schleim erst chemisch dann mechanisch. Die vom mechanischen Reiz ausgehende Erregung trifft die Stachelzentren infolge der voraufgegangenen chemischen Reizung im Stadium der Lähmungszunahme, die Stielmuskelzentren der Giftzangen aber im Stadium der Lähmungsabnahme. Infolgedessen neigen sich die Stacheln vom Reizorte weg, die Giftzangen dem Reizorte zu. Damit ist der biologische Zweck erreicht, den Feind, der sich aus den Stacheln nichts macht, den Giftbatterien gegenüberzustellen.

Wir wenden uns jetzt den Leistungen der Zangenglieder zu. Jedes Zangenglied aller vier Zangenarten ist nach außen zu mit zwei Öffnern, nach innen mit zwei Schließern verbunden, die zu seinen Nachbarn gehen. Die drei Zinken sind immer gelenkig eng miteinander verbunden. Mit dem Kalkstiel stehen sie durch drei Flexoren in Verbindung. Ich übergehe weitere Einzelheiten und betrachte bloß die Reflexe der Öffnung und Schließung.

Bei den Klapp- und Beißzangen liegen die Verhältnisse einfach. Wird die Haut auf der Außenseite mechanisch gereizt, so antworten die Öffner, wird die Innenseite gereizt, so antworten die Schließer, die bei den Klappzangen aus quergestreifter Muskulatur bestehen. Chemische Reizung hebt alle Reflexe auf. Dieser Umstand wird wiederum von der Natur in genialer Weise ausgenutzt.

Da die Pedicellarien von keinem Zentralnervensystem aus dirigiert werden, sondern ganz selbständig auf jeden mechanischen Reiz, der die Innenseite ihrer Zangen trifft, zubeißen, so liegt die Gefahr nahe, daß sie in einen dauernden Krieg untereinander und mit den Stacheln geraten. In Wirklichkeit ist es aber nur eine seltene Ausnahme, daß zwei Klappzangen bei ihrem Hin- und Herpendeln aneinanderschlagen und sich gegenseitig verbeißen. Aber auch in diesem Falle lassen sie gleich wieder los. Es zeigt sich nun, daß selbst vom Tier abgelöste Beiß- und Klappzangen, die bei der geringsten Berührung jedes beliebigen Gegenstandes zubeißen, alle Organe, die mit der Haut ihrer eigenen Art überzogen sind, respektieren. Es genügt aber, einen Stachel, der bisher nicht angegriffen wurde, einen Augenblick in kochendes Wasser zu tun oder einer Pedicellarie die Haut abzuziehen, um sie dadurch in Fremdkörper zu verwandeln. Daraus habe ich geschlossen, daß es einen Stoff in der Haut gibt, dessen chemische

Wirkung für gewöhnlich unter der Schwelle liegt, aber sofort hervortritt, wenn sich zwei Hautstellen berühren. Ich habe diesen Stoff Autodermin genannt und die Erscheinung der Reflexunterdrückung durch chemische Selbstreizung nenne ich Autodermophilie.

Wir nähern uns jetzt dem kompliziertesten Organ der Seeigel, dem Kopf der Giftzangen. Aufgabe dieses kleinen Meisterwerkes ist es, sich so fest in den Feind zu verbeißen, daß es wie ein vergifteter Pfeil im Fleische stecken bleibt. Die Feinde sind neben Asterias glacialis noch einige säurebildende Nacktschnecken. Jede Giftzange ist nur für einen einzigen Biß berechnet, deshalb muß besondere Sorgfalt darauf verwendet werden, daß sie ihr Ziel nicht verfehlt. Der Kopf der Giftzange beherbergt drei koordinierte Reflexapparate, die so genau ineinandergefügt sind, daß der wirksame Biß unter normalen Umständen völlig gesichert erscheint.

Wir unterscheiden erstens die dünnen Öffner, die auf leichten chemischen Reiz sich mit den Stielmuskeln zusammen verkürzen. Infolgedessen zeigt die aufrechtstehende Giftzange immer weit geöffnete Zinken. In diesem Stadium wirkt jeder mechanische Reiz auf der Außenseite oder Innenseite, appliziert immer nur Reflex auslösend auf die Öffner. Wir unterscheiden zweitens die Muskeln der Giftdrüse, die sich immer nur auf starken chemischen Reiz zusammenziehen und den Drüseninhalt in dünnem Strahle nahe der Zinkenspitze hinauspressen. Drittens unterscheiden wir die sehr starken Schließer. Diese zeigen bei verschiedenen Arten eine verschiedene Erregungsweise. Bei Sphaerechinus werden die Schließer durch den immer stärker werdenden chemischen Reiz des herannahenden Feindes zur Verkürzung gebracht. Die Zangen sind aber durch die Tätigkeit der vorher erregten Öffner so weit zurückgebogen, daß die Schließer hinter ihr Gelenk zu liegen kommen. Ihre Verkürzung öffnet daher die Zange nur noch stärker. Durch diese Bewegung wird das Gelenk selbst ganz nach vorne gebracht. Jeder mechanische Druck, der vom Feinde auf das übergeschnappte Gelenk ausgeübt wird, bringt es zum Zuschnappen. Worauf erst die Kontraktion der Schließer zur vollen Wirkung gelangt und die spitzen Zähne der Zinken tief ins feindliche Fleisch treibt. Der Kanal der Giftdrüsen war, solange die Zinken zurückgeschlagen blieben, abgeknickt. Daher konnte die Drüse, obwohl ihre Muskeln in Kontraktion waren, ihren Inhalt nicht entleeren. Erst jetzt, nachdem die Zinken zugeschnappt sind, wird der Kanal gerade gezogen und das Gift tritt aus. Auf diese Weise ist dafür gesorgt, daß nur nach starker chemischer Reizung und wirklich erfolgter Berührung die Zange zubeißt und Gift speit.

Bei Toxopneustes lividus ist der Vorgang noch merkwürdiger. Hier finden wir gleichfalls nach voraufgegangenem leichten chemischen

Reiz die Giftzangen geöffnet aufrecht stehen. Am weitesten nach vorne gerichtet befindet sich ein kleiner häutiger Hügel, der sich sonst in der Tiefe der geschlossenen Zange verbirgt. Dieser Hügel ist mit langen, lebhaft wimpernden Haaren bedeckt. Steigert sich die Wirkung der chemischen Reize beim Herannahen des Feindes, so verwandelt sich dieser wimpernde Hügel vor unseren Augen in ein Tastorgan. Die Wimpern stehen plötzlich still, starr nach vorne gerichtet, und der mechanische Reiz, der bisher von hier aus wie von jeder anderen Stelle nur die Öffner erregte, löst jetzt die Kontraktion der Schließer aus, die zusammenfahrend die Zinken in den Feind treiben. Bei dieser Annäherung wird der chemische Reiz so stark, daß auch die Drüsenmuskeln sich verkürzen und das Gift in die Wunde spritzen.

Wir sehen uns drei verschiedenen Methoden gegenüber, welche die Seeigel anwenden, um eine Kombination von chemischen und mechanischen Reizen durch einen spezifischen Reflex zu beantworten. In allen drei Fällen wird der chemische Reiz, der den Seeigel früher trifft als der mechanische, dazu benutzt, um den Reflexapparat einzustellen. Bei Toxopneustes wird durch den chemischen Reiz ein Tastorgan ad hoc geschaffen. Diese Methode kann wohl angewandt werden, wenn der Reflex nur ein einziges Mal auftreten soll, was für die Giftzangen der Fall ist. Sphaerechinus bedient sich eines feinen mechanischen Apparates, der durch den chemischen Reiz gespannt wird und beim ersten Druck losschießt wie eine Armbrust. Auch diese Methode wird schwerlich eine allgemeine Verbreitung finden können. Nur die Methode, die bei den Stielmuskeln aller Giftzangen angewandt wird, beansprucht höhere Bedeutung. Hier wird durch den chemischen Reiz ein Zentrum geladen, das erst dadurch die Fähigkeit erlangt, den mechanischen Reiz mit einer Verkürzung der Gefolgsmuskeln zu beantworten.

Die Umwelt.

Die Behandlung der Reizkombinationen durch die Seeigel ist deshalb so wichtig, weil damit die Frage nach der Beschaffenheit der Umwelt gelöst wird. Die Gegenstände, die wir in der Umgebung der Seeigel bemerken, besitzen gar keine anderen Mittel, um als selbständige Individualitäten einzuwirken, denn durch Erzeugung von Reizkombinationen, die für sie allein charakterisch sind. Oder anders ausgedrückt, ein Seeigel kann keine Kenntnis von den Gegenständen seiner Umgebung erlangen, wenn er nicht imstande ist, charakteristische Reizkombinationen von den einzelnen Gegenstandsarten in Erregungen zu verwandeln. Die von den Reizkombinationen erzeugten Erregungen müssen ferner imstande sein, gesonderte Wirkungen im Seeigel auszuüben, damit man von einer wirklichen Gegenstandswirkung reden darf. Sonst bleibt es bei unvereinten Reizen, und die Umwelt der Tiere enthält dann wohl Eigenschaften, aber keine Gegenstände.

Die Umgebung der Seeigel, wie sie sich unserem Auge darstellt, ist leicht aufgezählt: Wasser, Felsboden, kleine Steine, Algen, Licht, für einzelne Arten auch Schatten, ferner Beutetiere, wie Krebse und Würmer, und endlich als Feinde Seesterne und Nacktschnecken. Diese Gegenstände existieren für das Nervensystem der Seeigel samt und sonders nicht. Für die Seeigel gibt es nur schwache und starke Reize, die schwache und starke Erregungen auslösen, hin und wieder eine Kombination von schwachen und starken Reizen, die aber nicht weiter unterschieden wird. Der einzige Reiz, der sich einer gesonderten Behandlung erfreut, ist der Schatten. Alle übrigen Reize erzeugen immer nur Erregungen, die unterschiedslos im allgemeinen Nervennetz ihren Weg suchen müssen.

Selbst wenn wir uns das Vergnügen machen wollen, und ganz bewußt unsere Seele dem Zentralnervensystem der Seeigel zugrunde legen (was die vergleichenden Psychologen unbewußt tun), so können wir doch von einem solchen Nervensystem nie etwas anderes erfahren als einzelne Empfindungen. Nur im Stiel der Giftzangen würde unsere Seele zwei verkoppelte Empfindungen erhalten. Was aber für unsere Seele am verwunderlichsten wäre, das wäre die Unmöglichkeit, dem Körper einen einheitlichen Impuls zu erteilen.

Wohl gibt es die zentral gelegenen Reservoire, die den allgemeinen Erregungsdruck regulieren, aber die einzelnen Reflexe laufen durchaus selbständig ab. Nicht bloß jedes Organ, sondern auch jeder Muskelstrang mit seinem Zentrum handelt völlig eigenmächtig. Daß dabei doch noch etwas Vernünftiges herauskommt, ist nur das Verdienst des Planes, nach dem die selbständigen Einzelteile so zusammenpassen, daß immer und überall der Nutzen des Gesamttieres gewahrt bleibt. Man kann deshalb die Seeigel eine Reflexrepublik nennen und den Unterschied gegenüber den höheren Tieren dadurch anschaulich machen, daß man sagt: Wenn der Hund läuft, so bewegt das Tier die Beine — wenn der Seeigel läuft, so bewegen die Beine das Tier.

Es herrscht im Seeigel, um das Wesentliche nochmals hervorzuheben, nicht der einheitliche Impuls, sondern der einheitliche Plan, der die ganze Umgebung des Seeigels mit in seine Organisation hineinzieht. Er wählt von den nützlichen und feindlichen Gegenständen der Umgebung diejenigen Wirkungen aus, die als Reize für den Seeigel geeignet sind. Diesen Reizen entsprechen abgestufte Rezeptionsorgane und Zentren, die auf verschiedene Reize verschieden antworten und dabei die Muskeln erregen, welche die vom Plan vorgesehenen Bewegungen ausführen müssen.

So ist auch der Seeigel nicht einer feindlichen Außenwelt preisgegeben, in der er einen brutalen Kampf ums Dasein führt, sondern er lebt in einer Umwelt, die wohl Schädlichkeiten neben Nützlichkeiten birgt, die aber bis aufs letzte so zu seinen Fähigkeiten paßt, als wenn es nur eine Welt gäbe und einen Seeigel.

Die Herzigel.

(Echinocardium caudatum.)

Dem Meeresboden fehlt der Humus, jenes feuchte, plastische Material, das von unzähligen Rissen durchzogen, tausend wohlgelüftete Kammern bildet, in denen sich große und kleine Tiere durch Erweiterung der nachgiebigen Wände wohnlich niederlassen können.

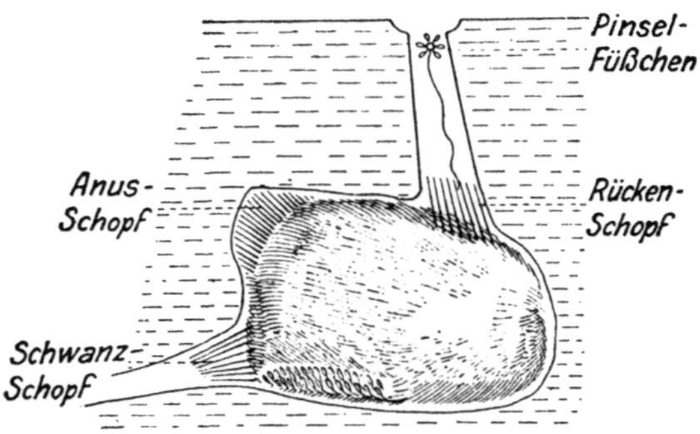

Abb. 7 [1]).

An Stelle des Humus tritt am Meeresboden der Sand, der auch, wie der Humus, fein verteiltes organisches Material beherbergt, das bescheidenen Ansprüchen vollauf zur Nahrung genügt. Dafür fehlen dem Sande die plastischen Eigenschaften und die Durchlüftung. Der Sand fällt immer wieder in sich zusammen und schließt beim Zurücksinken die eingeschlossenen Höhlen hermetisch gegen das Seewasser ab. Dadurch wird den Tieren, die solche Sandhöhlen bewohnen, der notwendige Sauerstoff abgeschnitten und sie sind alle dem Erstickungstode preisgegeben, wenn sie nicht besondere Hilfsmittel besitzen, die ihnen die Wasserzufuhr sichern. Es gibt verschiedene solcher Hilfsmittel, die wir bei Sipunculus, den Anneliden und den Herzigeln kennen lernen. Das einfachste besteht darin, Löcher mit großer Kraft in den Sand zu stoßen. Dadurch wird der Sand ringsum zusammengepreßt und gewinnt einen gewissen Halt. Sipunculus, der dieses Mittel anwendet, überzieht außerdem die Innenseite der von

---

[1]) Nach: Kafka, Einführung in die Tierpsychologie. Bd. I.

ihm in den Sand gestoßenen Höhle mit Schleim. Der Schleim wird sehr allgemein angewandt, und speziell zum Verkleben der nassen Sandkörner ausgebildet. Auch die Anneliden, die tief im Sande leben, bekleiden ihre vertikalen Höhlen mit einem besonderen Klebstoff. Den ausgiebigsten Gebrauch von dem Klebstoff für den Sand machen aber die Herzigel.

Die Herzigel gehören dem Typus der Seeigel an, haben aber alle Organe der freilebenden Formen für das Dasein unter dem Sande umgestaltet. Die runde Mundfläche hat sich verlagert und verschmälert. Der Mund ist nach der einen Seite hin gerückt und wird jetzt bei horizontalen Bewegungen der Tiere nach vorne getragen. Die breite, runde, muskulöse Mundmembran, die in der Ebene der Mundfläche lag und die Laterne des Aristoteles trug, ist jetzt vertikal gestellt und verbindet die breite knöcherne Unterlippe, die wie eine Pflugschar nach unten gekrümmt ist, mit der verstrichenen knöchernen Oberlippe. Die Mundöffnung ist einseitig angebracht und führt unmittelbar in den Darm. Die ganze Laterne des Aristoteles ist verschwunden und der in den Mund gepflügte Sand kann unmittelbar in den Verdauungskanal gelangen. Doch wird er durch die Mundtentakel erst sortiert.

Vom Munde aus zieht an der Außenseite der Schale eine tiefe und breite Rinne nach oben. Sie mündet an der Oberseite in eine flache vierarmige Atemlakune, die wie mit einem Stempel in die Schale eingedrückt erscheint. Die Rinne ist von einem dichten Stachelzaun nach außen zu abgesperrt. Die Stacheln stehen links und rechts am Rande der Rinne und beugen sich einander entgegen. Der Boden der Rinne ist frei von Stacheln. So entsteht ein Kanal, der das Wasser der Lakune in direkte Verbindung mit dem Munde bringt. In der Lakune befinden sich die zu Kiemen umgebildeten Saugfüßchen. Die Verbindung der Lakune mit dem Seewasser herzustellen und aufrecht zu erhalten, dazu gehört das Zusammenwirken mehrerer Organe, das wir jetzt zu betrachten haben.

Bringt man einen frisch aus dem Sande geholten Herzigel in eine Glasschale mit Seewasser, so bietet sich unseren Blicken ein allerliebstes Schauspiel dar. Das kleine Tierchen gleicht in Größe und Farbe einem weißen Mäuschen. Die langen weißen Borsten liegen dicht den beiden Seiten an und sind auf das peinlichste von vorne nach hinten gekämmt. An der Mundseite sind sie auf fünf Felder verteilt, die den Mund strahlig umgeben. Hier sind die Borsten viel kräftiger gebaut als auf den Seiten, und besonders die kurzen Borsten, die hinter der Unterlippe ihren Platz haben, gleichen kleinen platten Füßchen. Betrachten wir die einzelnen Borsten genauer, so bemerken wir, daß sie alle an ihrer Spitze eine kleine, löffelförmige Verbreiterung tragen. Die Innenflächen dieser viele Hunderte zählenden Löffel sind an den Seiten des Tieres alle nach oben gerichtet. An der Mundseite schauen sie alle vom Munde fort.

Ist das Tierchen in der Glasschale eine Zeitlang dem Tageslicht ausgesetzt worden, so beginnt der ganze Wald dieser feinen Borsten sich zu regen. Erst zeigen sich einige flache Wellen, die das weiße, wohlgekämmte Haar der Seitenflächen zu kräuseln beginnen. Dann setzt der ganze Borstenwald mit einer exakten rhythmischen Wellenbewegung ein, die unser Auge ebenso durch seine Gesetzmäßigkeit wie seine Zierlichkeit erfreut.

„Der Borstenwald bietet den Anblick eines vom Wind bewegten Kornfeldes dar. Jederseits vom Munde in den Seitenfeldern beginnend bis hinauf am Rückenschopf endigend, folgt sich Welle auf Welle. Steil aufragend oder ausgehöhlt ist die Vorderseite jeder Welle, während die Rückseite in sanftem Bogen zum nächsten Tal übergeht. Jede Vorderseite zeigt dicht aneinander gepreßt die Höhlungen der Stachellöffel . . . Setzt man einen frischen Seeigel unter Seewasser auf feinen Sand, so sieht man binnen kurzem rechts und links von ihm einen kleinen Sandwall entstehen, der durch die Stacheln der Unterseite aufgeworfen wird. Die immer höher werdenden Seitenwälle werden von den Stacheln an beiden Seiten des Tieres derart weiter verarbeitet, daß der Sand an der Innenseite des Walles in die Höhe geschaft wird, bis er auf den Gipfel des Walles niederfällt. Der Sandwall wird dadurch immer höher und breiter, zugleich verschwindet das Tier langsam im Sande.“

Wie kommen die einzelnen Wellen zustande, welche Bewegungen vollführen die einzelnen Borsten dabei? Die Borsten der Herzigel sind nichts anderes, als etwas umgestaltete Stachel der Seeigel. Auch sie sind im Grunde nur kleine Stöckchen, die auf einem Kugelgelenk kreisen. Die Stacheln der Seeigel sind aber beim freien Kreisen ganz und gar nicht imstande, eine Welle zu erzeugen. Jede Welle besteht aus einem Wellenberge und einem Wellentale. Will man daher über eine Anzahl dicht gedrängter Stacheln eine Welle hinziehen lassen, so ist es notwendig, daß sich die Stacheln abwechselnd neigen und wieder erheben, wie das die Halme eines windbewegten Kornfeldes tun. Nun kreisen die Stacheln der regelmäßigen Seeigel, indem sich ihre Muskeln ringsum nacheinander gleichstark verkürzen. Dadurch bleibt die Spitze stets gleichweit von der Unterlage entfernt und es kommt daher kein Neigen und Wiederaufrichten zustande. Die Stacheln der Herzigel sitzen gleichfalls auf einer Kugel, aber die Kugel selbst sitzt auf einer schräg gestellten Basis. Daher entfernt und nähert sich beim Kreisen die Spitze des Stäbchens in regelmäßigem Wechsel der Oberfläche des Tieres. Schräg gestellte Stäbchen sind wohl imstande, wenn sie im gleichen Tempo kreisen, eine Welle über sich dahinlaufen zu lassen. Bei den Stacheln der Herzigel kommt noch dazu, daß sie alle einseitig gebogen sind. Auch das regelmäßige Kreisen eines gebogenen Stäbchens ruft ein regelmäßiges Neigen und Heben seiner Spitze hervor. Es gleicht die Welle, die über den Borstenwald des Herzigels einherzieht, nur scheinbar der Welle, die ein windbewegtes Kornfeld schlägt. Die Spitzen der Stäbchen bewegen sich nicht einfach auf und ab, sondern ziehen regelmäßige Kreise, die aber schräg zur Unterlage stehen.

Da die Wellen, die über den Herzigel dahinziehen, die Aufgabe haben, mit ihren Wellenbergen den Sand von der Mundseite wegzuschaffen und an den Seiten emporzuheben, so sind die Muskeln, solange sie den Sand heben, sehr stark in Anspruch genommen. Nur solange die Innenseite des Löffels aufwärts bewegt wird, ist sie mit Sand belastet und muß daher schwere Arbeit leisten. Deshalb sind die Muskeln, welche die Innenseite des Löffels zu sich heranziehen, doppelt so stark und lang, als die Muskeln der anderen Seite.

Die Spitze einer jeden Borste an den Seiten des Herzigels beschreibt einen Kreis, dessen Fläche nicht parallel der Oberfläche des Tieres steht, sondern der vorne weiter vom Körper entfernt ist als hinten. Während die Spitze die vordere Hälfte des Kreisbogens durcheilt, ist sie weiter vom Körper entfernt und nimmt daher Teil an der Bildung des Wellenberges. Im hinteren Teile des Kreises nähert sich die Spitze dem Körper und bildet mit seinem Nachbarstachel zusammen das Wellental. Die Richtung, in der die Spitze den Kreisbogen durchläuft, ist durch die Stellung des Löffels von vornherein bestimmt. Da der Löffel den Sand hinaufschaufeln muß und deshalb nach oben gerichtet ist, so muß er, um wirksam zu sein, die vordere Hälfte des Kreisbogens, in der er den Wellenberg bildet, von unten nach oben durchfahren. Beim Durchkreisen der hinteren Hälfte des Kreisbogens, der zum Wellental gehört, zieht der Löffel von oben nach unten mit seiner konvexen Rückenseite voran.

Die Wellen beginnen an der Unterseite des Tieres und ziehen nach oben. Das bedeutet, daß ein jedes Stäbchen etwas später zu kreisen beginnt als die unter ihm gelegenen Nachbarn, und während des ganzen Vorgangs immer um einen kleinen Teil des Kreisbogens, der gerade der Breite eines Löffels entspricht, hinter ihnen zurückbleibt. Um den gleichen Teil des Kreisbogens ist er seinen oberen Nachbarn voraus. Seine hinteren und vorderen Nachbarn dagegen sind gerade so weit wie er und bleiben daher mit ihm in einer Flucht.

Betrachtet man die vorschreitende obere Seite eines Wellenberges, so sieht man, daß sie bis in die Tiefe des Tales hinab aus dicht aneinander gepreßten Löffeln besteht. Es beteiligen sich immer mehrere untereinander liegende Stachelreihen an diesem Aufbau. Der äußerste Saum der Welle wird von einer Löffelreihe gebildet, deren Stacheln gerade der Mitte der ganzen Welle angehören. Ihr Löffel hat eben den Punkt des Kreisbogens erreicht, der am weitesten vom Körper absteht. An sie anschließend folgt Löffelreihe auf Löffelreihe, welche erst auf dem Wege zu diesem höchsten Punkt sich befinden. Beim Fortschreiten der Welle schiebt sich immer eine Reihe an die Stelle der anderen, und die letzte Reihe, die eben den Wellensaum bildete, verschwindet hinter der vorletzten, wenn diese ihre Stelle einnimmt.

Auf der Rückseite des Wellenberges gleiten die Löffelreihen, die man hier von der konvexen Seite sieht, wieder hinab, bis sie im Tal angelangt sind. So besteht jede Vorderseite einer Welle aus lauter konkaven Innenseiten der Löffel, während jede Rückseite aus den konvexen Außenseiten der Löffel gebildet wird.

An der tiefsten Stelle des Wellentales verläßt der Stachel die vorübergezogene Welle und schließt sich durch sein Wiederemporsteigen der neuen Welle an. Solange er sich noch im Bereich des neuen Wellentales befindet, bewegt der Stachel sich mit der Hinterseite seines Löffels voran und schiebt sich auf diese Weise hinter den emporgetragenen Sand. Der Sand kommt im Wellental nur darum vorwärts, weil sich immer wieder eine höhergelegene Löffelreihe hinter ihn schiebt. Erst an dem Punkte, wo Wellental in Wellenberg übergeht, beginnt der Stachel den Sand zu heben, indem er mit der Innenseite des Löffels voranschreitet. Die ausgehöhlte Form der Vorderseite der Wellen versteht sich nun leicht. Die Stelle, wo die Welle am weitesten ausgehöhlt ist, ist zugleich der Ort, wo die Stacheln aus einer Abwärtsbewegung in eine Aufwärtsbewegung umschlagen, wobei ihre Löffelinnenseite immer nach oben schaut. Bis zu diesem Punkt arbeitet der Stachel so gut wie unbelastet, denn beim Einschieben hinter den Sand findet er keinen großen Widerstand. Erst in dem Moment, da die Löffelinnenseite wieder hinaufgetragen wird, muß er eine wirkliche Belastung überwinden. Dann erst beginnt das Schaufeln des Sandes. Aber die hebende Arbeit der Stacheln endigt nicht, wenn sie den höchsten Punkt am Wellensaum erreicht haben. Auch wenn sie an der Rückenseite der Wellen herabgleiten, sind sie noch schiebend und hebend tätig, indem sie auf ihre Vordermänner drücken. Das währt so lange, bis sie an die Stelle gelangt sind, wo der Wellenberg in das Wellental übergeht. Dann beginnt der Stachel unbelastet zurückzugleiten, bis er wieder in die Tiefe des Wellentales gelangt.

So wechselt Arbeit und freie Bewegung regelmäßig miteinander ab; bald antworten die Bewegungsmuskeln allein, bald springen auch die Sperrmuskeln ein. Die Sperrmuskeln springen jedesmal ein, sobald die Belastung beginnt. Dies ist an einem frei arbeitenden Tiere leicht nachzuweisen. Sobald man einen spitzen Gegenstand gegen einen kreisenden Stachel hält, kann man genau fühlen, wie der Stacheldruck mit der Steigerung des Gegendruckes steigt und mit dessen Sinken wieder nachläßt. Das weist auf das besprochene Hin- und Herfließen der Erregung zwischen Bewegungs- und Sperrmuskeln hin.

Wie die Muskulatur, zeigt sich auch im Nervensystem der Herzigel die größte Verwandtschaft zu den übrigen Seeigeln. Das Radialnervensystem kann vollkommen entfernt werden, ohne die Bewegungen der Stacheln im mindesten zu beeinflussen. Diese werden von den äußeren Nervennetzen vollständig beherrscht. Jeder stillstehende Stachel neigt sich, wenn er gereizt wird, zum Reizorte hin, mag der Reiz ein chemischer oder mechanischer sein. Die Herzigel zeigen ebensowenig wie Arbacia einen Erregungsabfall auf starke Reize. Sprengt man einen arbeitenden Herzigel in einzelne Stücke auseinander und fügt diese wieder genau zusammen, so läuft die Welle mit der größten Sicherheit über die Lücke hinweg. Dagegen ist eine Welle nicht imstande, von einem bewegten Stück auf ein ruhendes hinüberzuspringen. Es kann durch den Druck der Stacheln wohl eine gegenseitige Bewegungsregulierung erfolgen, es genügt aber der leise Druck eines Stachels auf den anderen nicht, um diesen in Bewegung zu bringen. Im Gegenteil ist jeder ruhende Stachel eher bereit, auf jeden Druck mit Sperrung als mit Erschlaffung zu antworten.

Von den regelmäßigen Seeigeln wissen wir, daß der Nervenring eines jeden mit denen seiner Nachbarn durch ein besonderes Netz in Verbindung steht, und zwar stehen die Stellen der Nervenringe zweier Stacheln, die sich gegenüberliegen, nicht miteinander in direkter Verbindung, sondern immer nur diejenigen Stellen, die nach der gleichen Richtung hinsehen. Ebenso stehen bei den Herzigeln alle oberen Seiten der Nervenringe mit allen oberen Seiten ihrer Nachbarringe in Verbindung. In gleicher Weise sind alle unteren, linken und rechten Seiten einzeln miteinander verknüpft. Nur muß man aus dem Fortschreiten der Wellen schließen, daß zwar alle linken und rechten Seiten der Nervenringe an der gleichen Stelle in ihr verbindendes Netz münden, während die unteren Seiten der Nervenringe ihre Einmündungsstellen in das verbindende Netz um ein Geringes verschoben haben, weil die nächsthöheren Stachelreihen immer um eine Löffelbreite später zu kreisen beginnen. Sicher ist diese Annahme nicht ungerechtfertigt, denn wo alle Muskeln und Knochen so zierlich und exakt gebildet sind, wird das Nervensystem die gleiche minutiöse

Arbeit aufweisen. Auch strömt der Fluß der Erregungen in den feingegliederten Nervenbahnen, die von den Ringkanälen ausstrahlen, mit bewunderungswürdiger Sicherheit. Es entsteht niemals eine Entgleisung oder Stockung des Betriebes dieser hundert Teilmaschinen, die zusammenarbeiten, als würden sie von einem zentralen Impuls geleitet.

Die Stachelbewegung bringt den Herzigel senkrecht unter den Sand. Erst wenn das Tier völlig im Sande verschwunden ist, beginnt der Kanalbau. Anfangs halten die langen Stacheln des Rückenschopfes, die aus dem Grunde der Atemlakune emporsteigen, die Kommunikation des Tieres mit dem Seewasser offen. Bald aber verschwinden auch sie unter dem Sande. Aber der Sand schließt sich nicht über ihnen, sondern es bleibt ein enger Kamin im Sande bestehen, der dem Seewasser den Zutritt zur Höhle des Tieres ermöglicht. Nach meinen Beobachtungen kommt dieser Kamin folgendermaßen zustande.

Wie wir wissen, führen die Stachelwellen beiderseits den Sand dem Rückenschopf zu, der sich in der Mitte des Rückens befindet. Nun schließen sich die Schopfstacheln nicht unmittelbar an die Seitenstacheln an, sondern sind von ihnen durch die sogenannten „Saumlinien" getrennt; die Saumlinien füllen einen großen Teil des Lakunenbodens aus. Sie umschließen allseitig die Schopfstacheln bis auf die Stelle, wo die Atemrinne die Lakune verläßt.

Die Saumlinien bilden im Leben ein dichtes Samtband feinster Kölbchen, die einen ganz eigenartigen Bau besitzen. Ein zarter Achsenstab aus Kalk von deutlicher Längsstreifung ist von einem durchsichtigen Gewebe umgeben, das an der Spitze zu einem leichten Kolben anschwillt. In diesem Gewebe befinden sich freibewegliche Farbstoffzellen, purpurne und hellgrüne. Das Licht wirkt auf beide Zellarten kontrahierend ein. Zugleich entfärben sich die purpurnen Zellen und werden die hellgrünen schwarz.

„Welchen Einfluß diese sonderbaren Farbstoffzellen auf das Gesamttier haben, ist unbekannt. Wohl beeilt sich ein Herzigel schneller unter den Sand zu kommen, wenn er von der Sonne beschienen wird, als wenn er sich in einem verdunkelten Bassin befindet. Aber da wirkt das Licht wahrscheinlich als allgemeiner Hautreiz.

Dagegen sind die Beziehungen der Kölbchen auf den Saumlinien zum Kanalbau viel offenkundiger. Bei vielen frisch gefangenen Herzigeln findet man das ganze Tier vollkommen frei von Sand. Nur die Saumlinien sind dicht gepflastert mit Sandkörnchen. die alle mit einem klebrigen Stoff bezogen sind und eine einheitliche Masse bilden. Gleitet diese klebrige Masse, durch die Wellenbewegung der Seitenstacheln getrieben, an der Außenseite der Schopfstacheln empor, so ist es leicht verständlich, wie die Schopfstacheln durch energisches Auseinanderpressen der klebrigen Masse dem Kanal im Sande eine Innenbekleidung geben können, die dem Seitendruck des Sandes widersteht. So wird ein Atemkamin gebaut, der selbst Tiere, die 10 bis 15 cm unter der Oberfläche stecken, mit dem Seewasser verbindet."

Der Atemkamin, der aus zusammengeklebten Sandkörnern besteht, bedarf stetiger Säuberung und dauernder Reparaturen. Zu diesem Zweck sind bei dem Herzigel merkwürdigerweise die gleichen Apparate im Gebrauch, wie bei uns Menschen. Wenn wir die Kamine unserer Häuser reinigen lassen wollen, so bedient sich der Schornsteinfeger einer Anzahl von Bleikugeln, die durch Stricke zu einem Büschel vereinigt sind, und fährt damit in dem Kamin auf und ab. Das gleiche tut der Herzigel mit einem feinen Organ, das lauter kleine Kugeln zu einem Büschel vereinigt. Aber das Organ der Herzigel vermag zugleich auch den Kamin auszubessern, indem es ihn mit frischem Klebstoff bestreicht. Diese Organe heißen die Pinselfüßchen. So bleibt die Atemlakune und mit Hilfe der Atemrinne der Mund in dauernder Verbindung mit dem Seewasser. Für eine Zirkulation sorgen die Stachelbewegungen.

Der Herzigel lebt, während er verdaut, in einer engen Höhle, die gerade den Stacheln genügenden Spielraum läßt. Die Innenwand de Höhle ist mit einer dünnen Tapete ausgekleidet, die aus erhärtetem Schleim und Sandkörnern besteht. Um zu fressen, braucht er bloß mittels seiner kräftigen Füße, die hinter dem Mund liegen, ein paar Schritte zu machen, wobei die pflugschrarartige Unterlippe den Sand vor ihm aufwühlt. Dabei quillt ihm die mit Sand vermischte Nahrung direkt in den Mund und kann von den Tentakeln sortiert werden. Während dieser Freßwanderungen baut sich der Herzigel noch einen zweiten wagerechten Kanal, der ebenfalls von Pinselfüßchen gereinigt und ausgebessert wird. Dank dieser Horizontalkanäle können die Tiere, die in großen Herden nahe beieinander leben, in direkte Kommunikation treten. Die beiden Kamine halten den alleinigen Zugang zur Außenwelt offen. Im übrigen sind die Herzigel gezwungen, als lebendig begrabene Einsiedler ihr ganzes Dasein in der sandigen Zelle zu verbringen.

Jede Umwelt ist nur vom Standpunkt des Tieres aus zu würdigen. Das Licht und der leichte Gang der Wellen wird den Herzigeln sofort verderblich, sobald sie den schützenden Sand verlassen. Tausende von bleichenden Schalen am Strand berichten von jenen Herzigeln, die zur Zeit der Ebbe, als ihre Atemkanäle sich verstopften, aus dem Sande emporkrochen und widerstandslos der kommenden Flut zum Opfer fielen. Die Bewegung im lockeren Sande, der zugleich die Nahrung birgt in Stille und Dunkelheit, das gewährt den Herzigeln Leben und Gesundheit.

Aus dieser bescheidenen Umwelt läßt sich die Form und die Funktion der Herzigel in gewissem Maße ableiten. „Gehen wir davon aus, daß für ein Tier, das so unergiebige Nahrung aufnimmt, wie es der Seesand ist mit seinen spärlichen organischen Resten, die Kugel die vorteilhafteste Form sein muß, weil in der Kugel die geringste Oberfläche den größten Inhalt birgt. Setzen wir dieser Kugel die Pflugschar ein, um den Sand zu fassen, platten wir die Kugel ein wenig ab, damit sie stehen kann, sorgen wir für den Raum, der das Atemwasser birgt, und drücken wir endlich die Rinne ein, die den Mund mit dem Atemwasser verbindet, so ergibt sich die äußere Form der Herzigel von selbst.“ An die äußere Form schließen sich alle weiteren Einzelheiten der Stachelbewegung und des Kanalbaues ohne weiteres an. Wie verlockend ist es da, von einer Anpassung des Tieres an seine Umgebung zu sprechen, und dabei der Außenwelt die aktive, dem Organismus aber die passive Rolle zuzuweisen. Und doch kann man im Ernst nur von einer Herrschaft des Organismus über die Eigenschaften seiner Umgebung sprechen, und nicht von einer Anpassung unter die physikalischen und chemischen Bedingungen. Denn während Echinocardium die Lockerheit des Sandes dazu benutzt, um ihn von hundert kleinen Schaufeln bearbeiten zu lassen, stampft Sipunculus den lockeren Sand zusammen, um ihm mehr Halt zu verleihen. Während Sipunculus die Innenseite seines Kanals nachträglich mit Schleim bestreicht, bearbeitet Echinocardium vorher das Material, das später zur Bekleidung der Innenfläche des Kamins dienen soll.

Das formende Prinzip, das den Organismus mit der Umwelt zusammenführt, sitzt im Tier und nicht, wie man lächerlicherweise behauptet, in der Außenwelt. Von der Außenwelt übernimmt das formende Prinzip nur ganz bestimmte Bruchteile, aus denen es mit dem Organismus zusammen eine höhere Einheit bildet.

Die Schlangensterne.

Kein Tier ist durch seinen Namen besser beschrieben als der Schlangenstern. Ein Stern, der schlangenartig ist, gibt uns unmittelbar die Vorstellung dieses Tieres, das aus einem runden Mittelkörper besteht, von dem fünf Arme ausstrahlen, die schlangenartige Bewegungen ausführen. Die schlangenartigen Windungen unterscheiden sich deutlich von den wurmförmigen durch den Umstand, daß sie durch Verschiebungen fester Teile gegeneinander hervorgebracht werden und nicht durch Biegungen eines gleichmäßig weichen Körpers.

Die Arme der Schlangensterne bestehen der Hauptsache nach

aus den knöchernen Wirbeln, die in der Mitte gelenkig miteinander verbünden sind. Um diese Gelenke sitzen vier starke Muskeln, die immer den einen Wirbel auf seinem Nachbarn kreisen lassen. Die Wirbel kann man als sehr stark verkürzte und verbreiterte Seeigelstachel auffassen, die auf der einen Seite eine Kugel und auf der anderen eine Pfanne tragen, um sowohl einerseits auf dem einen Nachbar selbst zu kreisen, als auch andererseits den andern Nachbarn kreisen zu lassen. Die ganze Wirbelreihe gleicht einer Geldrolle, deren Münzen nach dem Ende hin immer kleiner werden. Und wie die einzelnen Geldstücke auf der einen Seite den Kopf, auf der anderen Seite die Schrift tragen, so tragen die Wirbel auf der einen Seite die Kugel und auf der anderen die Pfanne. Beide umgeben von den vier Ansatzflächen der Muskel.

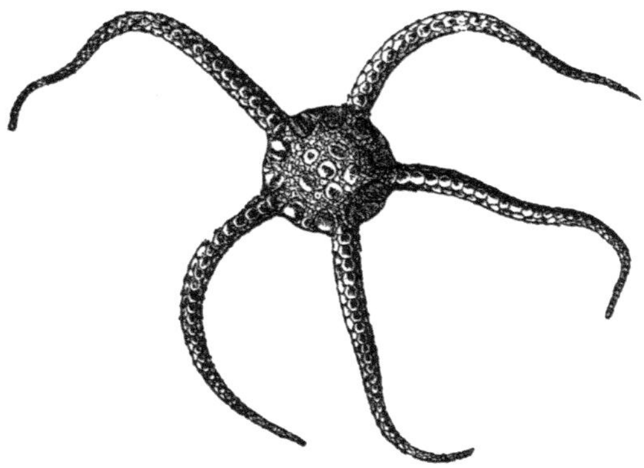

Abb. 8. Ophioglypha [1]).

Um den Mund herum sitzt ein knöcherner Ring, der die Arme trägt. Er ist von einem derben runden Beutel nach oben abgeschlossen. In diesem Beutel steckt der Magen. Die Wirbel sind ringsum mit kleinen Schutzplättchen bedeckt, die bei der Biegung der Gelenke sich ineinander und auseinander schieben, ohne jemals die Muskeln ganz preiszugeben. Besondere, spitze Plättchen schützen die Füßchen oder Tentakel, die an den beiden Seiten der Unterfläche paarweise zutage treten. Jeder Wirbel trägt auf der Unterseite eine Furche, in der der Radialnerv zu liegen kommt, der die Arme von der Wurzel bis zur Spitze durchzieht. Wie bei den Seeigeln schließt sich das Radialnervensystem um den Mund zu einem Ringe.

Sowohl anatomisch wie physiologisch gewinnt man ein übersichtliches, wenn auch stark vergröbertes Bild des Nervensystems, wenn man sich einen jeden Radialnerven aus zwei Röhren bestehend denkt,

---

[1]) Nach: Ziegler, Zoologisches Wörterbuch.

von denen eine nach links, eine nach rechts zum nächsten Arme umbiegt. Auf diese Weise betrachtet, setzt sich das Zentralnervensystem aus fünf einfachen Schleifen zusammen, die mit ihrer Mitte den Mund umgreifen, in jedem Arme aber paarweise nebeneinander liegen. Alle Röhren seien in ihrem ganzen Verlauf durch kleine Öffnungen miteinander verbunden. Dieses Bild soll der Ausdruck für die Tatsache sein, daß das Zentralnervensystem aus einem Netz besteht, in dem sich einige Hauptleitungsbahnen befinden, die immer die sich zugekehrten Seiten zweier Nachbararme miteinander verbinden.

Dürfen wir die Radialnerven der Schlangensterne in Parallele zu den Radialnerven der Seeigel setzen, und was entspricht dem Hautnervensystem der Seeigel? Darauf ist zu antworten, daß die Schlangensterne kein Hautnervennetz besitzen. Ein Wirbel steht mit dem anderen nur durch den Radialnerven in leitender Verbindung. Dafür haben aber die Radialnerven der Schlangensterne, weil sie die Repräsentanten der Wirbelmuskeln beherbergen, direkte Beziehungen zu den Muskeln gewonnen, die sie beim Seeigel nicht besaßen.

Bei den regelmäßigen Seeigeln bilden die Saugfüße ein abgeschlossenes Organsystem für sich, das noch nicht genügend erforscht ist. So viel läßt sich aber doch aussagen, daß die Reizung einiger Saugfüßchen die getroffenen Füßchen zum Zurückziehen bringt, die Nachbarfüßchen aber vortreibt. Bei dem Schlangensterne Ophiotrix fragilis zeigt sich ein ganz abgesondertes Zusammenarbeiten der Saugfüßchen oder Tentakel, welche ebenfalls mit Flüssigkeit gefüllte Muskelschläuche sind. „Die Armmuskulatur beteiligt sich gar nicht am Erfassen der Beute, sondern die bei ihr besonders ausgebildeten Tentakel (siehe Hamann) schieben sich gegenseitig die kleinen Nahrungsbrocken zu, die im Zickzack von der Armspitze zum Mittelkörper wandern.“

Bei Ophioglypha ist der Ablauf des Freßreflexes ein anderer. Die Erregung greift vom gereizten Tentakel auf die nächsten Muskeln der gleichen Seite über und veranlaßt erst diese, dann die nächsten, zentraler gelegenen, zur Kontraktion und so fort bis hinab zum Munde. Dadurch wird der Arm einseitig gerollt; ähnlich wie bei den Tentakeln des Sipunculus zeigt sich dabei eine deutliche Trennung des Reflexes nach den Reizarten. Der stärkste mechanische Reiz bringt nur den getroffenen Tentakel zur Verkürzung, erzeugt aber niemals eine Erregung der Wirbelmuskeln. Diese wird nur von dem chemischen Nahrungsreiz ausgelöst. Das einseitige Einrollen des Armes, das sehr schnell abläuft, bringt jeden Bissen, der die Tentakel gereizt hat und vom Arm umfaßt wurde, unfehlbar zum Munde. Der Magen oder der Nervenring um den Mund haben hierauf keinerlei Einfluß, denn das Einrollen geht immer noch vor sich, auch wenn der Radialnerv irgendwo durchschnitten war. Bis zur Durchtrennungsstelle läuft die Einrollung stets mit der gleichen Sicherheit ab. Da nun die Schlangensterne sich der Nahrung gegenüber ganz anders benehmen, wenn sie hungrig oder satt sind, so wäre es interessant zu untersuchen, auf welche Organe die Sättigung eigentlich einwirkt.

Das Einrollen läuft ganz selbständig ab, ohne die sehr charakteristischen Eigenschaften der übrigen Reflexe zu zeigen. Man hat daher allen Grund anzunehmen, daß dieser Reflex eine ganz gesonderte nervöse Basis besitzt, und daß die Bahnen, die von den Tentakeln zu den Wirbelmuskeln gehen, ihre eigenen Verbindungen mit den Muskeln besitzen, unabhängig von den beschriebenen Hauptbahnen der zentralen Netze. Eine mehrfache Innervation eines Muskels von verschiedenen Seiten aus ist bei den Wirbellosen nichts Ungewöhnliches. Der Retraktor des Sipunculus weist allein drei auf.

Die Schlangensterne zeigen allen Arten der mechanischen Reizung gegenüber verschiedenartige deutlich ausgesprochene Reaktionen. Sehr starke allgemeine Reize, wie das Hinwerfen des ganzen Sternes auf eine Marmorplatte, besonders wenn es mehrfach wiederholt wird, ruft in allen Muskeln eine langdauernde Sperrung hervor. Der Schlangenstern bleibt dann mit gerade gestreckten Armen liegen, die sich wie steife Stöckchen anfühlen. In dieser Verfassung kann man an ihnen jede Operation ausführen, ohne befürchten zu müssen, daß die Autotomie den operierten Arm beseitigt.

Ein schwacher Reiz, der sich über eine größere Hautpartie erstreckt, wie er von einem übergestülpten Gummirohr ausgeht, ruft dauernde Abwehrbewegungen hervor. Die beiden Nachbararme biegen sich wiederholt sehr stark zum gereizten Arme hin und strecken sich, dort angelangt, gerade, dabei streifen sie das Gummirohr endlich ab.

Ein Wollfaden, langsam aber kräftig um einen Arm geschnürt, ruft anfangs die gleiche Abwehrbewegung hervor. Da der Hautreiz aber dabei wenig ausgedehnt ist, so hören die Abwehrbewegungen bald auf und der Stern bleibt ruhig liegen. Dann zeigt sich aber eine andere, höchst merkwürdige überdauernde Wirkung des Reizes. Lokale Reizungen, die einem solchen Tiere verabfolgt werden, rufen wohl noch Fluchtbewegungen hervor, aber diese sind so ungelenk und so gehemmt, daß man den Eindruck erhält, das ganze Tier sei in Brei geraten.

Geschieht das Zubinden zu schnell, so daß ein plötzlicher heftiger Reiz einsetzt, so autotomiert der Arm und löst sich zentralwärts vom Reizort seiner Basis ab. Je stärker der lokal angesetzte Reiz ist, um so leichter stellt sich die Autotomie ein. Man kann die Reizintensität steigern, indem man ein bis zwei Minuten an die Unterseite des Armes von Ophioderma longicauda (die sich der langen Arme wegen besonders zu diesen Experimenten eignet) einen Salzkristall anpreßt, dann lösen sich die zentral von der Reizstelle gelegenen Armwirbel mit Leichtigkeit voneinander ab. Die Autotomie der Schlangensterne besteht also in einer Erschlaffung der Muskeln, welche zentralwärts vom Reizort liegen. Zugleich ist eine Steigerung der Kontraktion und Sperrung peripher vom Reizort allezeit nachweisbar. Es tritt also auf den lokalen Reiz einerseits eine Vermehrung, andererseits eine Verminderung der Muskeltätigkeit ein. Auf der einen Seite steigt die Sperrschwelle, auf der anderen sinkt sie. Ich nenne eine derartige Reaktion eine „Reflexspaltung“. Die Reflexspaltung ist nichts Ungewöhnliches bei den Wirbellosen. Wir sind ihr bereits bei den Ringmuskeln der Aktiniententakel begegnet. Wir werden sie beim Schleifenreflex des Blutegels wiederfinden. Über die Ursache der Reflexspaltung kann uns vielleicht das Fließpräparat des Sipunculus Aufschluß geben. Bei ihm werden wir Gelegenheit finden, zu beobachten, daß an der Reizstelle Kontraktion eintritt, wenn die Erregung nicht weitereilen kann. Ist ihr aber die Möglichkeit gegeben, den Reizort schnell zu verlassen, um einem entfernten Ziele zuzustreben, so ruft sie in den dem Reizort zunächst liegenden Muskeln Erschlaffung hervor. Es gibt zwei Ursachen, die für diese sonderbare Erscheinung verantwortlich gemacht werden können. Einmal ruft ein heftiger Reiz im Zentralnervensystem eine Instantanwirkung hervor, die wir mit einer plötzlichen Steigerung des Druckes vergleichen können. Zugleich ist die Erregung selbst fortgeeilt und die nächstliegenden Muskelzentren (Repräsentanten) sind dem Druck allein preisgegeben, ohne die entsprechende Erregungsmenge zu erhalten. Sie antworten daher mit einer Lähmung statt mit einer aktiven Tätigkeit. Infolgedessen erschlaffen auch ihre Gefolgsmuskeln. Die zweite Ursache für die Erschlaffung der am Reizorte gelegenen Muskeln kann darin gesucht werden, daß die Erregung beim Vorbeifließen an den Repräsentanten aus ihnen ihre Erregung ansaugt, anstatt in sie hineinzudringen. Beim Sipunculus spielt wahrscheinlich die erste Ursache die Hauptrolle. Bei den Schlangensternen dagegen, die eine echte Reflexspaltung besitzen, genügt die zweite Ursache vollkommen, um alle Erscheinungen verständlich zu machen.

Die Reflexspaltung, die bei starker Reizung zur Autotomie führt, ist auch bei ganz schwacher lokaler Reizung eines einzelnen Armes noch sichtbar. Sie tritt aber in diesem Falle nur auf einer Armseite auf. Die Muskeln der gereizten Seite, die peripher vom Reizorte liegen, verkürzen sich und die Armspitze macht eine Bewegung zum Reizort hin. Es kommt aber zu keiner Berührung mit dem reizenden Gegenstande, weil zentralen Muskeln an der gereizten Seite erschlaffen und dadurch ihren Antagonisten auf der anderen Seite Gelegenheit geben, sich zu verkürzen, worauf die Wurzel des Armes vom Reizorte fortschlägt.

Weder die stärkste Reizung, die zur Autotomie führt, noch die schwächste, deren Wirkung den gereizten Arm nicht überschreitet, sind geeignet, die normalen Gehbewegungen des Schlangensternes einzuleiten. Dazu ist eine mittelstarke Reizung erforderlich.

Die mittelstarke Reizung, die den gereizten Arm beiderseitig erfaßt, wie das bei jedem Zugreifen seitens eines Feindes geschieht, erweckt einen Rhythmus im Zentralnervensystem, der ganz besonders interessant ist. Die im gereizten Arm erzeugte Erregung läuft nicht bloß als einfache dynamische Welle ab, die eine einmalige Armbewegung hervorruft, sondern es entsteht eine Reihe von Erregungsschwankungen, die wir der statischen Erregung zuweisen müssen. Es läuft also auf einen mittelstarken Reiz eine Erregungswelle im zentralen Netz der Schlangensterne ab, durch die zugleich die dauernd vorhandene statische Erregung in ein rhythmisches Hin- und Herschwingen versetzt wird. Vergegenwärtigen wir uns, was vom Bau des Zentralnervensystems am Anfang gesagt wurde, so sehen wir bei der doppelseitigen mittelstarken Reizung eines Armes eine Erregungswelle entstehen, die in den beiden Röhren nach links und rechts zu den nächsten Armen weiterläuft. Darauf erfolgt eine Kontraktion in den von der Erregungswelle direkt getroffenen Muskeln. Die Nachbararme schlagen infolgedessen zum Reizorte hin und bleiben bei dauernder Reizung durch ein übergestülptes Gummirohr auch in seiner Nähe. Ist die Reizung aber eine vorübergehende, so schlagen die Nachbararme gleich wieder vom Reizorte fort. Warum tun sie das? Es liegt doch scheinbar gar keine Ursache dafür vor. Ist jedoch eine Ursache vorhanden, so muß sie auch maßgebend sein für den ganzen ferneren Verlauf der Gehbewegungen.

Wir wissen von den Seeigeln, daß die belasteten und erschlafften Stachelmuskeln die Erregung an sich zu ziehen vermögen, während alle Muskeln, die eine normale Sperrschwelle besitzen, die Erregung nicht einlassen. Es galt zu prüfen, ob auch bei den Schlangensternen die gleiche Ursache, d. h. die Erschlaffung der Muskeln wirksam war. Zu diesem Zwecke wurde ein Schlangenstern durch starke Reizung zum Abwerfen von vier Armen bewogen. Gegenüber dem Ansatz des fünften Armes wurde der Nervenring durchschnitten, um sicher zu sein, daß jede Erregung ihm nur einseitig zufloß. Es war bekannt, daß die Dauerreizung der Haut die Nachbararme immer dem Reizort zuführt, weil die anatomische Lage der leitenden Hauptbahnen dieses bedingt. Wie soll in der Tat die Erregung, die wie in einem Rohr einfach weiterfließt, um zu bestimmten Muskeln zu gelangen, fähig sein, andere Muskeln als diese zu erregen? Aber die Bahnen im Zentralnervensystem sind keine peripheren Nerven, welche die Erregung bestimmten Muskeln unweigerlich zuführen müssen. Für die

Erregung, die in einen peripheren Nerv eingetreten ist, gibt es freilich keinen Ausweg. Anders liegt der Fall, wenn die leitenden Bahnen Teile eines allgemeinen Nervennetzes sind und daher der Erregung ein Ausweg in andere Bahnen freisteht. Und in der Tat gelingt es, wenn man am besprochenen Präparat den Nervenring anstatt der Hautnerven direkt elektrisch reizt, die Erregung nicht in die ihnen anatomisch naheliegenden Muskeln, sondern in deren gedehnte Antagonisten zu senden. Wenn man vor der Reizung den antwortenden Arm nach einer Seite zu schlaff herabhängen läßt, so wird die Dehnung der Muskeln bestimmend für den Erregungsablauf. Zwar schlägt der Arm stärker aus, wenn Reizort und gedehnte Muskeln auf der gleichen Seite liegen, aber es gelingt doch auch mit Sicherheit, die Erregung in die gedehnten Antagonisten zu treiben. Wenn man nach einigen Versuchen die richtige Stromstärke gefunden hat, bei der die gedehnten Muskeln antworten, so erhält man ganz zweifellose Resultate. Freilich muß man sich dabei stets vergegenwärtigen, daß man einen physiologischen Faktor gegen einen anatomischen ausspielt. Das ist beim normalen Ablauf der Erregung nicht der Fall. Da antwortet erst die anatomisch begünstigte Seite und der Arm bewegt sich zum Reizort hin. Durch diese Bewegung werden die Antagonisten erst gedehnt, nachdem die Reizung bereits aufgehört hat, und nun hindert die Erregung nichts mehr, nach der physiologisch begünstigten Seite hinüberzufließen. Ist einmal der Schlangenstern im Gang, so kommt nur noch der physiologische Faktor der Muskeldehnung in Frage, weil die Antagonisten bei ihrer wechselseitigen Dehnung die Erregung immer hin und her treiben.

Der bewegende Faktor ist dabei, wie überall, ein Zentrum. In diesem Falle sind es die Repräsentanten, die von ihren gedehnten Gefolgsmuskeln ein Sinken ihres Erregungsniveaus erfahren und dabei die Erregung aus dem Netz an sich saugen. Sind sie mit Erregung gefüllt, so geben sie diese ihren Muskeln wieder ab, die sich daraufhin verkürzen. Die Repräsentanten sind während ihres höchsten Füllungsgrades gegen die Erregungen im zentralen Netz r e l a t i v refraktär. Es entsteht dabei nur ein relativer Rhythmus im Gegensatz zu dem der Medusen, der ein absoluter ist. Eine jede Unebenheit des Bodens, die die Dehnung der Arme verändert, eine jede neue Erregung vermag den relativen Rhythmus zu ändern und ihn den wechselnden Bodenverhältnissen anzupassen. Dagegen ist im freien Wasser der absolute Rhythmus der Medusen besser am Platze. In einem wichtigen Punkte unterscheidet sich der Rhythmus der Schlangensterne ebenfalls von dem der Medusen. Der Rhythmus der Medusen mußte immer wieder von neuem durch einen neuen Reiz erzeugt werden und blieb daher ein rein dynamischer Rhythmus, der aus einer Reihe regelmäßig wiederkehrender dynamischer Erregungswellen sich aufbaute. Bei den Schlangensternen spielt die dynamische Welle bloß die einleitende Rolle, dann wird durch die Dehnung der Muskel die statische Erregung in Mitleidenschaft gezogen. Während die statische Erregung bemüht ist, den durch die dynamische Welle gestörten Gleichgewichtszustand wiederherzustellen, gerät sie selbst in Schwingungen, die nur langsam abklingen.

Die Dauer dieser Hin- und Herbewegung ist einmal abhängig von der Stärke des Reizes und zweitens von dem Widerstand, den die Armbewegungen in der Außenwelt finden, niemals aber von einem höheren Zentrum, wie wir das bei den Libellen finden werden.

Wir sind jetzt in der Lage, den Erregungsablauf in einem schreitenden Schlangenstern zu verfolgen. Die normale Ophioglypha ruht niemals mit dem Mittelkörper am Boden, sondern auf ihren fünf Armen, die alle leicht nach unten gekrümmt sind. Das ist die Lage, in der alle Muskeln gleichmäßig mittelstark gesperrt erscheinen. Eine gleichmäßige statische Energie beherrscht alle Muskeln. Der Körper ruht dabei auf den Armen wie auf fünf C-Federn und lastet auf den dorsalen Muskeln. Ist keine statische Energie vorhanden, so geben die Muskeln nach und der Mittelkörper sinkt zu Boden.

Faßt man einen Arm eines normalen Schlangensternes plötzlich an und hält ihn einen Augenblick am Boden fest, so schlagen alle Arme rückenwärts, d. h. alle belasteten Muskeln kontrahieren sich gleichzeitig. Da auch der gefaßte Arm sich rückwärts krümmt, so hebt er das ganze Tier empor und dieses schlägt, sobald man den gefaßten Arm losgelassen hat, einen Purzelbaum.

Auch bei einem mit dem Rücken nach unten ins Wasser geworfenen Schlangenstern werden die dorsalen Muskeln der Arme durch das schnellere Hinabsinken des Mittelkörpers gedehnt und kontrahieren sich gemeinsam. Dadurch verwandelt sich die Ophioglypha in eine Art Hohlkugel, deren Schwerpunkt durch den Mittelkörper gegeben ist. Dieser trifft denn auch immer zuerst am Boden ein und das Tier befindet sich in normaler Lage.

Was den normalen Gang betrifft, so haben wir bisher die beiden wichtigsten Faktoren kennen gelernt, die ihn beherrschen: die anatomische Verbindung der Nerven und die physiologische Dehnung der Muskeln. Diese Faktoren machen es wohl verständlich, daß die Arme auf einen mittelstarken Reiz hin und her pendeln. Aber ein einfaches Hin- und Herpendeln erzeugt noch keine Fortbewegung. Dazu gehört, daß die Arme sich vom Boden erheben und die Hinbewegung im freien Wasser, die Herbewegung aber am Boden ausführen. In der Tat besitzen die Arme vier Muskeln, die einen jeden Wirbel auf seinem Nachbar kreisen lassen. Läge ein einfaches Kugelgelenk vor, so wäre nicht einzusehen, warum das Kreisen der Arme immer in der richtigen Richtung erfolgen sollte, wie es stets der Fall ist. Denn eine Ophioglypha, die man auf den Rücken geworfen hat, und die, bevor sie sich umdreht, eine Reihe von Gehbewegungen in dieser anormalen Lage ausführt, bewegt sich immer auf den Reiz zu, anstatt vor ihm zu fliehen. Das beweist, daß irgendein Zwang vorliegen muß, der die Richtung der Armbewegungen festlegt. Betrachtet man die Wirbelgelenke genauer, so findet man kein regelmäßiges Kugelgelenk, sondern ein Zweizapfengelenk. Während die Muskeln bestrebt sind, den größeren Zapfen in seiner Pfanne kreisen zu lassen, verhindert der dorsal gelegene kleine Zapfen die volle Ausbildung der Kreisbewegung. Möge die Kreisbewegung links herum oder rechts herum ablaufen, immer wird sie vom oberen Zapfen, der als Anschlag dient, nach unten hin abgelenkt. Das hat zur Folge, daß jeder schreitende Arm, sobald er gestreckt und gehoben ist, mit der Bewegung von oben nach unten einsetzt. Am deutlichsten zeigt sich dies bei den Bewegungen eines Schlangensternes, dem man aller Arme bis auf einen beraubt hat. Dieser Arm schlägt, wenn er eine Fluchtbewegung ausführt, einmal nach links und einmal nach rechts aus. Er senkt sich jedesmal, wenn er gestreckt ist, zu Boden und schlägt dann seitlich aus. Alle Armwirbel vollführen dabei eine liegende Acht. Auf diese Weise gelingt es auch einem einzigen Arm, den Körper vorwärts zu schleppen.

Solange noch zwei Arme vorhanden sind, arbeiten sie immer derart zusammen, daß, solange der eine nach rechts schlägt, sich der andere nach links bewegt. Es verkürzen sich auch dabei alle vier Muskeln der Wirbel nacheinander. Nur verkürzen sie sich auf der einen Seite stärker als auf der anderen. Die Seite der stärkeren Verkürzung ist immer die dem Reizorte zu gelegene, welche die erste dynamische Welle erhielt und deren Muskeln daraufhin die zum Reizorte hinführende Anfangsbewegung ausführten. Infolge davon wird die Herbewegung des Armes, die zum Reizort geht, am Boden entlang geführt und trägt das Tier vom Reize fort.

Warum schlagen aber zwei arbeitende Arme ohne Ausnahme immer nach der einen Seite hin aus und niemals nach beiden Seiten, wie das der allein arbeitende Arm tut? Die Ursache dafür ist im Erregungsablauf selbst zu suchen, der eine labile Bewegungskoordination bewirkt. Die l a b i l e K o o r d i n a t i o n zweier Arme ist eines der interessantesten Probleme dieser Tiere. Beim Gehen zeigen die Schlangensterne zwei typische Bewegungsarten. Da die Arme immer paarweise miteinander arbeiten, bleibt der fünfte Arm als unpaar übrig. Dieser wird beim Gehen entweder nach vorn oder nach hinten getragen. Während des Gehens schlägt häufig der eine Gangtypus in den anderen über. Die Ursachen dieses Umschlagens sind immer nur äußerer und niemals innerer Art. Marschiert z. B. ein Schlangenstern „unpaar hinten", wobei zwei Nachbararme das vordere Paar bilden, so bedarf es bloß eines kleinen Hindernisses, das den einen Vorderarm in seiner Bewegung hemmt, während er gerade gestreckt ist, um ihn sofort in einen vorderen unpaaren zu verwandeln. Hinter ihm wechseln die Partner und der bisherige hintere, unpaare schließt sich dem Gang an. Kinematographische Aufnahmen der Schlangensterne belehren uns darüber, daß die beiden gehenden Paare in leidlichem Takt arbeiten. Wenn auch die Amplitude des vorderen Gangpaares stets größer ist, als die des zweiten Paares, so gehen dennoch alle vier Arme gleichzeitig vor und zurück.

Der vordere unpaare kann jederzeit zum energischen Gehen angeregt werden, wenn er beim Vorbeistreichen an einem äußeren Hindernis gedehnt wird. Je nachdem er nach rechts oder nach links gedehnt wird, verwandelt er sich in einen linken oder rechten vorderen Gangarm. Zugleich fällt hinten der fünfte überflüssig werdende Arm als hinterer unpaarer aus der Gehbewegung heraus und wird nur passiv mitgetragen.

Ich glaube, daß die hier geschilderte Erscheinung der labilen Koordination sich aus den besprochenen Vorgängen im Zentralnervensystem ohne weiteres ableiten läßt. Betrachten wir zuerst die Erregungsvorgänge beim Typus „unpaar hinten". Er entsteht immer, wenn der Reiz einem Arm appliziert wurde. Dann bleibt der gereizte Arm unbeweglich, während die Erregung sowohl nach links wie nach rechts im Nervenring weitereilt, überall in die zunächst liegenden Armseiten eindringend. Diese schlagen stark reizwärts aus, und damit ist der Bewegungstypus für alle Arme gegeben. Nun kreisen in jedem Wirbel die vier Muskeln in der angegebenen Weise und die Erregung kreist dementsprechend in ihren Repräsentanten. Ganz wie bei den Stacheln der Seeigel sind alle Muskeln, die nach der gleichen Richtung hinschauen, durch eigene Bahnen miteinander verbunden. Ferner stehen, wie wir wissen, alle Muskeln der gleichen Armseite mit der zunächst liegenden Seite des anderen Armes in besonders guter Verbindung. Dadurch wird nicht allein ein gleichmäßiges Kreisen der Erregung in allen Wirbeln des gleichen Armes hervorgerufen, sondern auch eine Abhängigkeit der einander gegenüberliegenden Seiten der Nachbararme voneinander gewährleistet.

Das vorderste Armpaar, das viel größere Ausschläge macht, als das hintere, und die Hauptarbeit leistet, ist stets so gekoppelt, daß die beiden nach vorne sehenden Armseiten immer die gleiche Erregung besitzen. Während nun an dem vorderen Gangpaar die gegenüberliegenden Seiten das gleiche Vorzeichen tragen (wenn man von

Plus- und Minus-Erregung sprechen will), so zeigen die Arme der gleichen Seite, die hintereinander und nicht gegeneinander arbeiten, auf den gegenüberliegenden Seiten das umgekehrte Vorzeichen.

Die Durchschneidung des Nervenringes an einer beliebigen Stelle macht das hierdurch nervös getrennte Armpaar ganz unfähig als vorderes Gangpaar zu wirken. Die beiden Arme setzen wohl noch richtig ein, wenn der Reiz sie von hinten gleichmäßig trifft, sie sind aber ganz außerstande, das gleiche Tempo dauernd beizubehalten. Das beweist, daß die Erregungen sich gegenseitig beeinflussen müssen. Faßt man den Punkt des Nervenringes, der gerade mitten zwischen den beiden Gangarmen liegt, ins Auge, einen Punkt, der keine Repräsentanten, sondern bloß Bahnen enthält, so zeigt dieser Punkt eine wechselnde Flut und Ebbe der Erregungen, die, von beiden Seiten kommend, hier zusammentreffen. Ich nenne ihn den Pulsationspunkt.

Die gleichzeitig einsetzende Erregungsflut an der Verbindungsstelle der beiden Vorderarme hemmt das Weiterfließen der Erregung sowohl nach links, wie nach rechts, und erleichtert es den gedehnten Muskeln, an der hinteren Seite der Arme die Erregung an sich zu ziehen. Das scheint mir die Ursache zu sein, warum niemals ein Vorderarm, der noch einen Partner besitzt, die beiderseitigen Ausschläge ausführt, wie es der einzelne Arm tut. Der Pulsationspunkt ist nicht ein für allemal festgelegt, sondern wandert beim Umschlagen des Gangtypus. Tritt nämlich der Gang „unpaar vorne" ein, so verbreitert sich der Pulsationspunkt über die gesamten Verbindungsbahnen des vorderen Unpaaren. Es ist auf den ersten Blick auffallend, daß ein Arm, der von beiden Seiten Erregungen erhält, ruhig bleiben kann. Man wird dabei an den Mundstiel von Carmarina erinnert, der sich auch nicht rührt, wenn man ihm von allen Seiten gleichzeitig Erregung zufließen läßt.

Das Tempo des Gangrhythmus hängt lediglich von dem vorderen Gangpaare ab. Die hinteren Arme folgen den vorderen und sind nicht voneinander abhängig, da man den Nervenring zwischen ihnen durchtrennen kann, ohne sie in ihrer Tätigkeit zu stören.

Der Typus „unpaar voran" wird hervorgerufen, wenn ein Reiz den Mittelkörper gerade zwischen zwei Armwurzeln trifft. Er ist deshalb der seltenere.

Es ist also der Reizort bestimmend für die Anfangsstellung der Arme beim Gehen, weil von ihm aus die dynamische Erregungswelle in die Hauptleitungsbahnen eindringt und weiterläuft. Der Rhythmus des Gehens entsteht aber nur, wenn es der Muskeldehnung ermöglicht wird, ohne Hemmnis die statische Erregung in Schwingung zu versetzen. Eine dauernde, wenn auch schwache Quelle für dynamische

Wellen, wie sie von einem Wollenfaden ausgehen, hemmt die freie Ausbildung des Rhythmus. Der rhythmische Erregungsablauf bestimmt die Amplitude der Bewegung. Sie gestattet einem einzelnen Arm eine Doppelellipse zu beschreiben, während jeder paarige Arm nur eine einfache Ellipse beschreibt. Der Bau des Gelenkes bestimmt die Richtung der Fortbewegung, indem er festlegt, daß die reibende Bewegung des Armes am Boden immer erfolgen muß, nachdem der Arm gestreckt und gehoben ist. Die Stärke des Reizes bestimmt, ob es zur Autotomie, zur Abwehrbewegung, zur einfachen Armbewegung oder zum Gangrhythmus kommen soll. Die äußeren Hindernisse bestimmen, ob der vorhandene Gangtypus beibehalten oder geändert werden soll, und setzen zugleich mit der Reizstärke die Dauer des Ganges fest. Ganz abseits steht der Einrollreflex, der von den Tentakeln ausgeht.

Selten ist der Ablauf der Erregungen von so durchsichtiger Klarheit, weil er von lauter wohlübersehbaren Faktoren abhängt, die zum Teil in der Außenwelt selbst liegen. Ein frei im Wasser in normaler Lage aufgehängter Schlangenstern verliert, wenn seine Arme der Schwere nach abgesunken sind, die Fähigkeit, den normalen Gangrhythmus zu finden, weil die anormalen Dehnungsverhältnisse alles durcheinander bringen.

So ist der Schlangenstern mit Rezeptoren und Effektoren in höchst empfindlicher Weise in seine Umgebung eingehängt. Er ist nicht eine selbständige Antwortmaschine (wie Rhizostoma oder Sipunculus), die ihre fertigen Antworten bereit hat und nur auf die ihren Rezeptoren entsprechenden Fragen der Umwelt wartet, um die Antwort unbeeinflußt vom Erfolg mit eindeutiger Sicherheit abzugeben. Der Schlangenstern ist vielmehr ein geschmeidiger Apparat, dessen Bewegungen einer dauernden direkten und indirekten Regulierung durch die Gegenstände der Umgebung unterliegt. Die Umwelt, die auf die Rezeptoren wirkt, zeichnet sich aus durch ihre zahlreichen Abstufungen in der Reizstärke, im übrigen ist sie aber sehr einfach. Fällt plötzlich ein Schatten auf ein ruhendes Tier, das seine Armspitzen im Wasser flottieren läßt, so schlagen sie alle gleichzeitig herab und die blaßsandfarbene Haut wird plötzlich um eine Nuance dunkler. Ferner wirken die Riechstoffe der Nahrung stark auf die Tentakel ein, die ihre Erregungen in einem abgesonderten Teil des Zentralnervensystems erzeugen. Sonst kommen fast nur mechanische Reize in Betracht, deren Erregungen sich als ein reichbewegtes Innenleben in den Hauptbahnen und Netzen des Zentralnervensystems abspielen. Dynamische Wellen werden von den Schwingungen der statischen Erregung abgelöst. Die Repräsentanten und ihre Muskeln stehen in stetigem Erregungsaustausch. Die Erregungen kommen und gehen nicht bloß beherrscht von den Befehlen der Rezeptoren, sondern gleichfalls sanft gelenkt vom Zustande der Muskeln, die sich der Außenwelt anpassen müssen. So findet bei den Schlangensternen die Umgebung zwei offene Tore und vermag den Tieren nicht bloß das ferne Ziel zu weisen, sondern auch jeden Schritt zu lenken.

Sipunculus.

Da alle Lebewesen funktionelle Einheiten sind, ist die Kenntnis der Funktion der wahre Schlüssel für das Verständnis der Organisation. Die Gesamtheit der Funktionen eines Organismus nennen wir sein Leben. Mit der Erkenntnis, daß ein Tier lebt, ist aber noch nichts gewonnen, denn ein jedes lebt auf seine Weise. Es ist also die Kenntnis der Teilfunktionen, die das Leben zusammensetzen, das wirk-

Abb. 9 [1]).

lich Wissenswerte. Diese sind bei jedem Tier andere und fügen sich auf andere Art zusammen.

Je weniger Teilfunktionen vorhanden sind, desto einfacher ist der Bauplan des Tieres. Je leichter die einzelnen Teilfunktionen sich voneinander anatomisch sondern lassen, desto übersichtlicher ist der Bauplan des Tieres. Einfach und übersichtlich ist z. B. der Bauplan der Medusen und Anemonen. Aber gerade diese Einfachheit ist schuld daran, daß wir über den Aufbau des Nervensystems aus ihnen nicht viel Neues lernen können. Im Gegensatz zu den Medusen beansprucht Sipunculus unser volles Interesse deshalb, weil seine Teilfunktionen sehr reich ausgebildet sind, ohne ihre Übersichtlichkeit zu verlieren.

Sipunculus ist ein Wurm von der Größe und Form einer mittleren Zigarre, der am Grunde des Meeres lebt. Seine Hauptaufgabe besteht darin, Löcher in den Sand zu stoßen, in denen er weiterkriechen kann. Es weist die gleichen Leistungen auf wie eine Tunnelbohrmaschine. Dieser Hauptaufgabe seines Lebens sind alle muskulösen und nervösen Einrichtungen untergeordnet. Sie beherrscht ihn dermaßen, daß er selbst aufgeschnitten und auf die Präparierschale

---

[1]) Nach: Korschelt, Handwörterbuch der Naturwissenschaft. Bd. 9.

gespießt mit den Stoßbewegungen unbekümmert noch stundenlang fortfährt. Wie das isolierte und blutleere Froschherz stundenlang automatisch weiterarbeitet, so arbeitet auch der Sipunculus weiter in voller Unabhängigkeit von allen äußeren Einflüssen durch das selbständige Getriebe seiner inneren Apparate.

Die Anatomie von Sipunculus ist einfach. Er ist ein einfacher Muskelsack, dessen Vorderende sich schlauchförmig verlängert. Dieser Schlauch läßt sich wie ein Handschuhfinger ein- und ausstülpen. Die Amerikaner nennen ihn deshalb Introvert, auf Deutsch sagt man weniger passend Rüssel. Das Ausstülpen des Rüssels geschieht durch die Zusammenziehung der gesamten Muskulatur des Sackes, die den Binnendruck des flüssigen Inhaltes bis auf 6 cm Quecksilber treibt. Der Rüssel fliegt hinaus und bildet prall gefüllt ein widerstandsfähiges Instrument, wohlgeeignet, um Löcher in den Sand zu stoßen. Steckt der Rüssel tief im Sande drin, so beginnt er sich zu verkürzen und zieht, da er an der Spitze mit kleinen Häkchen im Sande festsitzt, den ganzen Körper mit nach vorn. Hierauf erschlafft die gesamte Muskulatur, der Binnendruck fällt auf Null und der Rüssel wird durch vier, Retraktoren genannte Muskeln nach innen zurückgezogen.

Es zerfällt, wie man hieraus ersieht, der Sipunculus in zwei getrennte, hintereinander liegende Apparate, in den vorderen Stoßapparat und den hinteren Druckapparat, der bloß einen einfachen, kontraktilen Muskelsack darstellt. Um vor allen Dingen die Eigenschaften der Muskeln kennen zu lernen, empfiehlt es sich, den Stoßapparat, d. h. Rüssel und Retraktoren, abzuschneiden und den hinteren Muskelsack an ein Steigrohr zu binden, nachdem man das Zentralnervensystem (Bauchstrang), das als derber roter Faden der Kriechseite des Tieres entlang läuft, herausgerissen hat. Dann füllt man das Steigrohr bis zur Hälfte mit Seewasser und taucht Sack und Steigrohr in ein Aquarium. Nun zeigt sich eine merkwürdige Eigenschaft der lebenden Muskulatur, welche alle Vergleiche mit Gummiblasen und ähnlichen anorganischen Materialien ad absurdum führt. Versucht man nämlich, den Meniskus im Steigrohr mit der Wasseroberfläche in eine Ebene zu bringen, so wird man bald gewahr, daß dieses nicht gelingt. Immer zeigt sich der gleiche Überdruck im Steigrohr. Mag man das Rohr hoch hinaufziehen, wobei der Muskelsack durch den Binnendruck des Wassers sich stark dehnt, oder mag man das Rohr tief eintauchen, wobei der Muskelsack sich stark verengt und verkürzt, immer zeigt sich der gleiche Überdruck im Steigrohr.

Was bedeutet dieser Überdruck? Er zeugt davon, daß die Muskeln bei jeder physiologischen Länge imstande sind, den gleichen Wasserdruck auszubalancieren. Das beweist uns, daß die Muskeln unabhängig von ihrer Verkürzung die Fähigkeit der Sperrung besitzen.

Die beiden Funktionen zeigen hier völlige physiologische Unabhängigkeit voneinander ohne nachweisbare anatomische Trennung der Bewegungs- und Sperrapparate wie bei den Seeigeln.

Auch der normale Muskel des Seeigelstachels wies eine dauernde Sperrschwelle auf, die ihn befähigte, einem entsprechenden Drucke die Wage zu halten. Wurde dieser Druck überschritten, so trat Erschlaffung ein und man konnte mit dem geringsten Übergewicht den Muskel bis auf seine anatomische Länge dehnen. Ganz das gleiche lehrt uns der Versuch am Sipunculus. Ist ein gewisser Überdruck im Steigrohr vorhanden und versucht man diesen Überdruck zu erhöhen, indem man das Steigrohr emporhebt, so gibt die Muskulatur widerstandslos nach, sie ist sofort in voller Erschlaffung. Der kleinste Überschuß an Druck dehnt sie bis auf ihre anatomische Länge. Andererseits zeigt sich, ebenso wie beim Seeigel, daß die Verkürzungsapparate sofort in Tätigkeit geraten, sobald man ihre normale Belastung aufhebt. Versucht man durch Herabdrücken des Steigrohres den inneren Druck herabzusetzen, so beginnen sogleich die Muskeln sich zusammanzuziehen. Wir dürfen das als einen Beweis dafür ansehen, daß die Erregung, die bisher die Sperrapparate versorgte, bei deren Entlastung zu den Verkürzungsapparaten hinübertritt und diese in Tätigkeit versetzt. Kaum wird mit der Entlastung innegehalten, so hört die Verkürzung wieder auf und die Erregung geht wieder in die Sperrapparate.

Es findet also ein freier Austausch der Erregung zwischen Sperr- und Bewegungsapparaten statt, ohne daß die nervösen Zentren dabei beteiligt sind. Das sieht man beim Sipunculus so besonders deutlich, weil man sein Zentralnervensystem ohne weiteres entfernen kann.

Trotzdem bleibt wie beim Seeigel auch hier das Nervensystem die einzige Quelle der Erregung. Der nervöse Ursprung der Sperrschwelle zeigt sich bei Sipunculus mit ganz einzig dastehender Deutlichkeit. Man hat es nämlich völlig in der Hand, die Sperrschwelle beliebig hoch ausfallen zu lassen, wenn man den Muskelmantel kurz vor Entfernung des roten Zentralnervenfadens durch eine allgemeine Hautreizung reflektorisch zu hoher Kontraktion und Sperrung gebracht hat. Je größer die Reflexwirkung war, um so höher wird die Sperrschwelle ausfallen. Bei den Retraktoren des Vorderendes ist diese Erscheinung noch deutlicher. Hier glaubt man geradezu zu sehen, wie die Erregung, die den Muskel verkürzt und sperrt, durch den Schnitt, der das Zentralnervensystem entfernt, wie in einer Falle gefangen wird. Ich nenne deshalb dieses Phänomen den Erregungsfang. Der Erregungsfang lehrt uns, daß die in den Muskel gelangte Erregung nicht wieder erlöschen kann, wenn kein Zentrum vorhanden ist, das sie in sich aufzunehmen vermag.

Dieses Abfangen der Erregung mittels einer Nervendurchtrennung erscheint uns deshalb so paradox, weil es sich beim Sipunculus um eine reflektorisch zum Muskel gelangte Erregung handelt, die als dynamische Erregung nur von kurzer Dauer sein sollte. Bei statischer Erregung ist dieser Vorgang nichts Unerhörtes. Durchtrennt man beim Seeigel die Seitennerven des Radialsystems, so bleiben die außen gelegenen Repräsentanten im gleichen Erregungsniveau stehen, welches das beherrschende Zentralniveau im Moment der Durchschneidung besaß. War der Radialnerv mit Nikotin vergiftet, so verbleiben alle Stachelmuskeln in dauerndem Sperrkrampf. Das vergiftete Radialsystem mag sich längst wieder entgiftet haben, der Zustand der Repräsentanten und ihrer Muskeln ändert sich nicht mehr. Die übermäßige Erregung bleibt in ihnen gefangen.

Im Gegensatz zu diesen dauernden Verschiebungen der statischen Erregung stehen die vorübergehenden Erregungswellen der dynamischen Erregung, wie wir sie aus allen Reflexen kennen. Aber überall dort, wo sich an den einfachen Reflex eine langdauernde Bewegung anschließt, wie beim Gehen der Schlangensterne, hat man bereits mit einer Verschiebung der statischen Energie zu rechnen.

Wir unterscheiden reflektorische, rhythmische und automatische Bewegungen, die auf eine dreifache Art des Erregungsablaufes hinweisen. Beim Reflex entsteht die Erregung im Rezeptor und erlischt im Muskel. Dies ist ein rein dynamischer Vorgang. Beim Rhythmus entsteht die Erregung gleichfalls im Rezeptor, aber sie erlischt nicht gleich beim ersten Male im Muskel, sondern fließt, nachdem sie den Agonisten verkürzt hat, zum gedehnten Antagonisten und wieder zurück, immer vom gedehnten Muskel angezogen. Dies geschieht längere oder kürzere Zeit, je nach der Stärke des ersten Anstoßes. Es kann sich dabei nicht bloß um eine flüchtige Erregungswelle handeln, sondern auch die statische Erregung muß mit in Schwingungen geraten. Die automatische Bewegung unterscheidet sich vom Rhythmus durch zweierlei. Einmal ist sie unabhängig von der Muskeldehnung und zweitens steht ihre Dauer in gar keinem Verhältnis zur Stärke des auslösenden Reizes und der von ihm erzeugten Erregungswelle. Dieses zweite Merkmal kann als Beweis dafür gelten, daß bei der automatischen Bewegung die statische Erregung die Hauptrolle spielt.

Nun ist der Sipunculus ein ausgesprochen automatisch arbeitendes Tier, deshalb nehmen bei ihm die einfachen Reflexe einen ganz anderen Charakter an. Will man die Reflexe des hinteren Muskelsackes studieren, so braucht man ihn bloß an der Rückseite der Länge nach aufzuschneiden und aufzuhängen. Dann erhält man ein lebendes Vließ, das sehr merkwürdige Eigenschaften zeigt. Man mag die Haut dieses Vließes mechanisch reizen an welcher Stelle man wolle, immer fließt die Erregung nach einer ganz bestimmten Stelle hin und setzt dort die Muskeln in Tätigkeit. Diese Stelle des Muskelmantels heißt der Griff. Sie unterscheidet sich, soweit die Anatomie der Muskeln in Betracht kommt, in nichts von den übrigen Muskelpartien. Auch physiologisch läßt sich kein Unterschied erkennen. Gedehnt oder erschlafft sind die Muskeln des Griffes sicher nicht. Es muß also die Ursache, welche die Erregung hierherführt, im Nervensystem gesucht werden. Die Histologie läßt uns wie immer im Stich. So sind wir denn darauf angewiesen, bei irgendeiner Analogie Hilfe zu suchen, wenn wir uns diesen Vorgang veranschaulichen wollen. Am naheliegendsten ist es natürlich an Wasser zu denken, das immer ins Tal hinabfließen muß, einerlei, wo es herkommt. So habe ich denn diesen Erregungsvorgang die Erscheinung des Erregungstales genannt.

Es fragt sich nun, ist das Hinfließen der Erregung nach dem Tale noch ein Reflex zu nennen? Vom Reflex wissen wir, daß jede Erregung erlischt, wenn der Bogen, den sie zu durchlaufen hat, irgendwo durchschnitten wird. Nicht so beim Erregungstal. Wird der Nervenfaden zwischen Reizort und Griff durchschnitten, so fließt die Erregung einfach in die der Schnittstelle zunächstliegenden Muskeln und bringt diese in Tätigkeit. Genau wie das zu Tal fließende Wasser durch ein Hindernis abgefangen werden kann und sich an der neuen tiefsten Stelle sammelt.

War der Reiz etwas stärker, so ist es mit der einfachen Erregung der Griffmuskeln nicht getan, sondern es tritt eine rückläufige Strömung der Erregung ein, die nacheinander vom Griff beginnend alle Muskeln bis zur Reizstelle und darüber hinaus zur Kontraktion bringt. Ist das Vordertier nicht abgetrennt worden, so sehen wir, wie jetzt die Erregung auf die Stoßapparate übergreift, um dann, nach Ablauf der Stoßbewegung, zum Griff zurückzueilen und das Spiel von neuem beginnen. Es tritt dann eine lang anhaltende Bewegungsfolge auf, die durch keine äußeren Eingriffe zu hemmen ist.

Die vom Reiz ausgehende erste Erregungswelle war nur der Anstoß, der die ganze Maschine in Gang brachte. Der Gang dieser Nervenmaschine besteht offenbar in einem Hin- und Herschwingen der statischen Erregung, ähnlich wie wir das beim Schlangenstern gesehen haben. Beim Sipunculus ist aber die Trennung der anstoßgebenden dynamischen von der dauernd arbeitenden statischen Erregung möglich. Das zeigt folgende Beobachtung. Die vom Reiz ausgelöste Erregungswelle bringt, bevor sie zum Erregungstal weiterfließt, das dem Reizort zunächstliegende Muskelband zur Erschlaffung. Diese Erschlaffung tritt nicht ein, wenn die Erregung nach der Durchschneidung des Nervenfadens gehindert ist, weiter fortzufließen. Dann kontrahieren sich die Muskeln, die sonst erschlafft waren. Auch hier werden wir darauf hingewiesen, daß die Erregung in zwei Komponenten zerfällt, welche die entgegengesetzte Wirkung ausüben können. Am weitesten kommt man, wenn man, die Analogie mit dem Wasser weiterführend, von Erregungsdruck und Erregungsmenge spricht. Erlangt durch besondere Umstände, wie hier durch den Abfluß der Erregungsmenge in das Tal der Druck ein Übergewicht über die Menge, so werden von ihm die nächstliegenden Reservoire gedehnt und dadurch ihre Gefolgsmuskeln zur Erschlaffung gebracht. Wird der Abfluß der Erregung gehindert, so gleicht sich der Widerstreit der beiden Faktoren zugunsten der Menge aus, und sowohl die Repräsentanten wie ihre Muskeln setzen mit der normalen Tätigkeit ein.

Die lokale Erschlaffung tritt aber nur im Anschluß an eine neu auftretende Erregung ein, sie ist daher rein dynamischer Natur und kommt im weitern Ablauf der statischen Vorgänge nicht wieder vor. So läßt sich denn hier die dynamische Erregung durch ihren hohen Druck ganz gut von den statischen Erregungsverschiebungen unterscheiden. Ferner läßt sich aus dem ganzen Verhalten der Erregung entnehmen, daß die reflektorisch erzeugte Erregung, die sich im Tale sammelt, zum größten Teil aus statischer Erregung besteht, die nur durch den Anstoß der dynamischen Welle in Bewegung geraten ist, um dann selbständig weiter zu arbeiten. Ist dieses richtig, so ist der Erregungsfang kein so abenteuerlicher Vorgang mehr, denn die statische Erregung kann immer durch Nerventrennung abgefangen werden.

Es fragt sich nun, welche Aufgabe hat das Erregungstal zu erfüllen, das scheinbar ohne Grund im Beginn des letzten Drittels des Muskelsackes gelegen ist. Wir wissen, daß die Zusammenziehung des Muskelsackes den hohen Binnendruck erzeugt, der den Rüssel hinausfliegen läßt und ihm die nötige Widerstandskraft verleiht. Da ist es natürlich sehr wichtig, daß sich alle Muskeln möglichst gleichzeitig verkürzen. Zu diesem Zweck müssen sie möglichst gleichzeitig ihre Erregung erhalten. Es wäre unvorteilhaft gewesen, das Erregungstal an das Ende des Tieres zu verlegen, weil dann die zurückstauende Erregung zu spät zu den vorderen Muskeln gelangte. Deshalb ist das Erregungstal so gelagert, daß die Rückstauung nach beiden Seiten gleichmäßig fortschreiten kann, wodurch ein gleichzeitiges Zusammenarbeiten aller Muskeln erreicht wird.

Ist die vom Erregungstal zurückgestaute Erregung bis an den Rüssel gelangt, so hört sie auf wie bisher die beiden Muskelschichten, aus denen der Körper besteht, gleichzeitig zur Tätigkeit zu bringen, sondern tritt von nun ab nur noch in die Ringmuskeln ein. Am ganzen übrigen Körper sind Ring- und Längsmuskeln sauber voneinander geschieden und bilden ein zierliches Gitterwerk von sich rechtwinklig kreuzenden Bändern. Nur am Rüssel ist diese deutliche anatomische Trennung nicht mehr vorhanden. Hier gerade ist statt dessen die physiologische Trennung durchgeführt. Die Erregung ergreift langsam, von der Wurzel zur Spitze des Rüssels fortschreitend, einen Ringmuskelring nach dem anderen. Schneidet man den Rüssel in so viel Ringe auseinander als zuführende Nervenpaare vorhanden sind, so sieht man deutlich einen Ring nach dem anderen in strenger Reihenfolge schmal und lang werden.

In der Rüsselgegend hat sich der rote Nervenfaden des Bauchstrangs von der Muskulatur losgelöst und schwebt frei in der Leibeshöhle durch seine langen Seitennerven mit der Rüsselmuskulatur verbunden. Erst an der Spitze des Rüssels tritt er wieder dicht an die Körperwand heran. Man kann ohne Schwierigkeit einzelne Seitennerven durchschneiden, das ändert an dem Ablauf der Muskelkontraktion nichts. Es fällt bloß der nicht innervierte Ring aus der Reihe aus. Nach einer kleinen Pause, die sonst auf seine Innervation verwandt worden wäre, antwortet dann der nächstfolgende Ring.

Während dieser langsam fortschreitenden Kontraktion der Ringmuskeln erschlaffen gleichzeitig die Längsmuskeln des Rüssels und die vier Retraktoren. Die Erschlaffung der Längsmuskeln ist nicht erstaunlich; da sie nicht erregt sind, können sie von den kontrahierten Ringmuskeln widerstandslos gedehnt werden. Anders steht es um die Retraktoren. Am aufgeschnittenen Tier kann man sich überzeugen, daß die Erschlaffung der Retraktoren völlig unabhängig von jedem mechanischen Zug eintritt. Man kann den Rüssel in Ringe schneiden, ja man kann den ganzen Rüssel abschneiden — immer wird zu der Zeit, da die Kontraktion der Ringmuskeln im normalen Ablauf der automatischen Bewegungen eintreten sollte, die Erschlaffung der Retraktoren eintreten.

Das beweist, daß die Erschlaffung der Retraktoren durch irgendeine Vorrichtung im Nervensystem mit der Kontraktion der Ringmuskeln verbunden ist. Bisher kannten wir bloß den Antagonismus der Muskeln, der es vermochte, den einen Muskel zu dehnen, während der andere sich verkürzte. Jetzt springen an Stelle der Muskeln ihre Repräsentanten ein. Außer dem mechanischen Zug vermag nur der Repräsentant seine Gefolgsmuskeln zur Erschlaffung zu bringen. Deshalb müssen die Repräsentanten an dieser auf nervösem Wege hervorgerufenen Erschlaffung der Retraktoren verantwortlich sein.

Da wir wiederum ohne jeden histologischen Anhalt sind, müssen wir wiederum die Analogie zu Hilfe nehmen, die diesmal besonders nahe liegt. Wir stellen uns am einfachsten den Antagonismus der Repräsentanten ebenso vor, wie den Antagonismus der Muskeln und nehmen an, daß die Repräsentanten der Retraktoren von den Repräsentanten der Ringmuskeln mechanisch gedehnt werden. Die Repräsentanten sind, wie wir wissen, Erregungsreservoire. Während das eine Reservoir sich zusammenzieht, um die Erregung in seine Gefolgsmuskeln zu treiben, dehnt es zugleich das antagonistische Reservoir. Die Dehnung eines Reservoirs, mag diese durch den Erregungsdruck oder durch den Zug seines Antagonisten veranlaßt sein, zieht immer die Erschlaffung der Gefolgsmuskeln nach sich. Dies ist wohl ein grobes und rohes Bild, aber es ist doch eins.

Ist die Erregung am vorderen Ende des Bauchstranges angelangt, so kehrt sie wieder um und bringt in schnellem Tempo die Längsmuskeln des Rüssels und die Retraktoren gleichzeitig zur Verkürzung. Da die Retraktoren weiter hinab reichen als die Wurzeln des Rüssels, so unterstützen sie nicht bloß die Verkürzung des Rüssels, sondern rollen ihn schließlich nach innen ein. Während des Einrollens hat die Erregung die Längsmuskeln bereits wieder verlassen und ist auf dem Wege nach dem Erregungstal begriffen. Dort angelangt, beginnt sie das Spiel von neuem. Damit ist der Erregungskreislauf nach erfolgreicher Ausführung der Stoßarbeit zu seinem Ursprungsort zurückgekehrt.

Es gibt aber, unabhängig von der Stoßarbeit, noch einen Reflex, der mancherlei Interessantes bietet. Nicht immer arbeitet das Tier als Stoßmaschine. In den Pausen liegt es in seinem selbstgeschaffenen Tunnel ruhig da mit ausgestrecktem Rüssel, an dessen Spitze kleine Büschel muskulöser Tentakel sitzen, die den Mund umgeben. Die Tentakel sind in nervöser Verbindung mit einem doppelten Ganglienknoten in der Leibeshöhle, der dem Anfangsstück des Darmes dorsal aufsitzt. Man nennt diesen Ganglienknoten das Hirn. Dem Hirn gegenüber, auf der Ventralseite des Darmes, befindet sich das Vorderende des Bauchstranges. Vom Hirn führt links und rechts um den Darm herum je eine Kommissur zum Bauchstrang. In der Mitte jeder Kommissur treten die Nerven für je ein Paar Retraktoren gemeinsam aus. Wird eine der Kommissuren zwischen Bauchstrang und Retraktorennerv durchschnitten, so zeigt sich eine deutliche Erschlaffung in den beiden zugehörigen Retraktoren. Wogegen die Durchschneidung der Kommissur auf der Hirnseite keine solchen Folgen hat. Hieraus muß man schließen, daß die Repräsentanten der Retraktoren nur im Bauchstrang sitzen und durch ihre Tätigkeit die Sperrschwelle dauernd beeinflussen. Wenn die Sperrschwelle in den Retraktoren ad maximum gestiegen ist, zeigt die Kommissurendurchschneidung keinen Einfluß und die Erregung bleibt gefangen.

Die Verbindung der Retraktoren mit dem Hirn ist nur sekundärer Natur und dient nur dem Tentakelreflex. Werden die Tentakel mechanisch gereizt, so kontrahieren sich die Retraktoren. Zugleich kontrahieren sich die Längsmuskeln im Rüssel, während die Ringmuskeln ganz unberührt bleiben. Der Tentakelreflex hat nur die Aufgabe, bei mechanischer Reizung durch einen etwaigen Feind den Rüssel blitzschnell zurückzuziehen.

Dieser Reflex kann aber durch Reizung des Bauchstranges gehemmt werden. Und zwar braucht die Erregung, die von der Bauchstrangreizung ausgeht, gar nicht bis zum Retraktor zu gelangen, wenn sie nur auf das Hirn selbst einwirken kann. Trennt man auf einer Seite die Kommissur zwischen Retraktorennerv und Bauchstrang, so werden die Retraktoren dieser Seite durch die Reizung des Bauchstranges nicht mehr berührt. Trotzdem wird der Tentakelreflex durch die Bauchstrangreizung auch für sie unterdrückt. Dies ist ein besonders merkwürdiger Fall, denn die Erregung, die sich bloß auf der einen Seite befindet, wirkt auf die andere Seite hemmend ein, ohne selbst hinüber zu fließen. Wir sind auch hier wieder gezwungen, auf eine mechanische Vorrichtung zu schließen, die von einer Hirnhälfte auf die andere hinüberwirkt. Wird links die Reflextür zugemacht, so schließt sich zwangsmäßig auch die Tür auf der anderen Seite. Jedenfalls haben solche Fälle das Gute, uns davor zu warnen, Hemmung und Hemmung für identisch zu halten. Hemmung mit Erschlaffung der Muskeln ist offenbar etwas ganz anderes wie die Hemmung ohne Erschlaffung.

Vom Sipunculus läßt sich mit einiger Übertreibung behaupten, er bestehe aus zwei Tieren, einem Bewegungstier und einem Freßtier, die niemals gleichzeitig in Funktion treten können. Entweder man bewegt sich, dann wird nicht gefressen, und umgekehrt. Das Bewegungstier haben wir genauer kennen gelernt. Über das Freßtier sind nur wenige Worte zu sagen. Es besteht im wesentlichen aus dem langen, mit Sand gefüllten Spiraldarm und hat mit dem Bewegungstier nur die Tentakel gemeinsam, die den Mund umsäumen. Die muskulösen Tentakel dienen dem ruhig daliegenden Tiere dazu, die Sandkörner mit dem anhaftenden Detritus in den Mund zu befördern. Bei dieser Aufgabe können sie eines Chemorezeptors nicht entbehren. In der Tat lassen sich die Tentakel durch chemische Reize in ausgiebige Bewegung versetzen. Damit der Freßakt die Bewegung nicht störe, ist folgende geistreiche Einrichtung getroffen. Die chemischen Reize werden nicht nach dem Hirn und den Retraktoren übertragen, sondern nur die mechanischen. Es müssen die Rezeptorennerven, die zum Hirn führen, impermeable Hüllen besitzen. Wir wissen darüber natürlich nichts.

Während das Freßtier im Sande seiner Arbeit obliegt, sinkt im Bewegungstier die statische Erregung immer mehr und mehr, bis die Muskeln völlig erschlafft sind. Der Körper verliert seinen kreisrunden Durchschnitt und legt sich als flaches Oval auf den Boden. Die Haut wird dabei ganz dünn und ist dann zur Atmung besonders befähigt. Die roten Blutkörperchen fallen alle der Schwere nach zu Boden und kommen dabei mit dem Außenwasser in nahe Berührung. Aber die kleinen bewimperten Urnen, die gleich Infusorien die Leibeshöhle durchschwimmen, lassen ihnen keine Ruhe und hetzen sie immer wieder auf. Dadurch kommt ein ganz einzigartiger Blutkreislauf zustande.

Ein solches Tier ist völlig schlapp und bewegungsunfähig. Es muß erst durch allgemeine Hautreize geladen werden. Darauf zieht es seinen Rüssel ein und nimmt durch die gleichmäßige Verkürzung aller Muskeln des Sackes die typische Zigarrenform an. Nach längerer oder kürzerer Zeit beginnen dann die Bohrbewegungen.

Das Innenleben von Sipunculus zeichnet sich vor allen Wirbellosen aus durch seine große Unabhängigkeit, nicht allein von der Umgebung, das tun auch die Medusen, sondern auch von seinen eigenen Bewegungen. Dadurch gewinnen seine Handlungen eine Geschlossenheit und Hartnäckigkeit, die einzig dasteht — ein bohrender Sipunculus bohrt weiter, einerlei, ob etwas dadurch erreicht wird oder nicht.

Packt man ihn während des Bohrens mit einer Pinzette fest am Rüssel, so schlägt plötzlich die Bewegungsform um. Alle Ringmuskeln verkürzen sich sowohl am Rüssel wie am ganzen Körper und die Längsmuskeln beginnen sich abwechselnd links und rechts zu verkürzen, wodurch der Wurm in eine halb schlagende, halb schlängelnde Bewegung gerät, die es ihm ermöglicht, frei im Wasser zu schwimmen. Dabei schwingt die statische Erregung zwischen den Repräsentanten der Längsmuskeln hin und her, während die Ringmuskelrepräsentanten dauernd geladen bleiben.

Die Faktoren der Umwelt, die auf das Tier einwirken, wie das Sonnenlicht, das als allgemeiner Hautreiz wirkt, und die Berührung der Oberseite durch den Boden, wenn der Wurm auf den Rücken zu liegen kommt (die ihn veranlaßt, sich nach der gereizten Seite zu krümmen und dadurch in die normale Lage zurückzuschlagen) — spielen eine bloß nebensächliche Rolle im Leben des Tieres. Das Innenleben konzentriert sich auf ein selbsttätiges Hin- und Herschwingen der statischen Erregung, die beim Schwimmen der Quere nach, beim Bohren der Länge nach erfolgt. Eine solche Loslösung von der Außenwelt ist nur dann angebracht, wenn die Umgebung, in der das Tier lebt, eine äußerst einförmige ist und keinerlei Wechsel zeigt, dem ein so einförmiges und unbeeinflußtes Tier ganz wehrlos gegenüberstünde. Der Meeressand bildet eine solche gleichförmige Umgebung. Da das Schwimmen nur ganz ausnahmsweise geschieht, wird auf das Wasser mit all den Gefahren, die es beherbergt, keine weitere

Rücksicht genommen. Im Meeressand gibt es keine Maulwürfe, die dem Regenwurm des Meeres gefährlich werden könnten. Seine Feinde, die Krabben und Krebse, können sich wegen der Erstickungsgefahr nicht so tief in den Sand hineinwagen, und die anderen Sandbewohner sind wie die Ringelwürmer und die Herzigel ganz harmlose Nachbarn.

So erhält das Bewegungstier im Sipunculus während des größten Teiles seines Daseins keinerlei Reize und besitzt dann sozusagen keine Merkwelt. Daher gleicht der Sipunculus mehr als alle anderen Tiere einer Dampfmaschine, die ja auch nur vom Heizmaterial abhängig ist, sich im übrigen aber um die Eindrücke, die sie erhält oder austeilt, nicht im mindesten kümmert.

Man kann daher gespannt darauf sein, welche Art von Seele die vergleichenden Psychologen dem Sipunculus zuschreiben werden.

Der Regenwurm.

Die Gestalt des Regenwurms ist jedermann bekannt. Sie liefert uns die Anschauung, die wir der Vorstellung „wurmförmig“ ganz allgemein zugrunde legen. Eine sehr langgestreckte Walze, die an beiden Enden zugespitzt ist, so zergliedert man für gewöhnlich die Form des Wurmes. Die vordere Spitze trägt den Mund, der von einer feinen muskulösen Greiflippe überragt wird. Die hintere Spitze, an der der Darm endigt, ist meist ein wenig gekrümmt. Die Walze besteht aus hundert bis zweihundert Ringen einer inneren Segmentierung entsprechend, die sowohl am Darm wie am Nervensystem ausgebildet ist. Von den Muskeln sind nur die Ringmuskeln segmental angeordnet, während vier Längsmuskelbänder ungegliedert durch den ganzen Wurm von vorne nach hinten ziehen.

Die Muskulatur bildet den Mantel, der die übrigen Organe umschließt und dem Tiere seine im Leben wechselnden Formen verleiht. Die Ringmuskeln sind in der Vorderhälfte viel stärker ausgebildet als weiter nach hinten zu, weil sie zur Langstreckung des Vorderendes beim Tasten dienen müssen. Die Muskulatur ist von der Haut umkleidet, welche reichlichen Schleim produziert, damit das Tier stets schlüpfrig bleibe. Spärliche Borsten stehen in vier Längsreihen über den Zwischenräumen der Längsmuskeln. Die Borsten sollen verstellbar sein und je nach der Gangrichtung nach vorne oder nach hinten gerichtet werden.

Das Nervensystem ist in der Mittellinie der Bauchseite gelegen und bildet eine lange Kette von Doppelganglien, die den Segmenten entsprechen. Am Vorderende bildet sich wie gewöhnlich ein nervöser

Ring aus, der den Schlund umfaßt und sowohl über wie unter dem Schlunde ein paar größere Ganglien trägt.

Bemerkenswert ist der muskulöse Schlundkopf, der bis an das Vorderende vorgeschoben und zurückgezogen werden kann. Er bildet eine Art innerlichen beweglichen Stempel. Die übrigen Organe, besonders den sehr komplizierten Darm, übergehen wir, weil sie nicht unmittelbar in das Bewegungsleben des Tieres eingreifen.

Über die normalen Gehbewegungen des Regenwurmes sind wir durch Friedländer und Biedermann eingehend unterrichtet worden. Immer beginnt die Vorderspitze mit einer Ringmuskelkontraktion, die das Vorderende stark verlängert. In Ausnahmefällen kann die Ringmuskelkontraktion sich bis an das Hinterende hin fortsetzen, ehe eine Längsmuskelkontraktion eintritt. Schneidet man einem Wurm den Kopf ab und zieht durch das neue Vorderende einen Faden, mit dem man ihn leise dehnt, so wird diese Dehnung immer reflektorisch eine Ringmuskelkontraktion auslösen, die dann gleichfalls von vorne nach hinten weiterläuft. Durch die Ringmuskelkontraktion wird der Leib verlängert und die Längsmuskeln gedehnt, die alsdann gleichfalls mitzuarbeiten beginnen. Meist setzen sie bereits ein, bevor die Ringmuskelkontraktion weit nach hinten geeilt ist. Dann folgt auf die Verdünnungswelle der Ringmuskeln eine Verdickungswelle der Längsmuskeln. Auf der Verdickungswelle lastet der Wurm. Wenn er in seiner eigenen Höhle steckt, fassen die kleinen Borsten von der Verdickungswelle allseitig an die Wand gepreßt fest an und tragen dazu bei, die Reibung zu erhöhen. Beim normalen Kriechen folgen sich mehrere Verdünnungs- und Verdickungswellen regelmäßig miteinander abwechselnd. Die Verdünnungswelle wird durch eine reflektorisch im Bauchstrang erzeugte Erregung hervorgerufen. Diese Erregung fließt, wenn sie vorne begonnen, den ganzen Bauchstrang entlang nach hinten ab. Der Ablauf der Erregung wird dadurch unterstützt, daß der Zug, den die vorwärts schreitenden Partien des Wurmes auf die hinteren ausüben, immer von neuem reflektorische Ringmuskelkontraktionen erzeugt.

Dies kann dadurch bewiesen werden, daß man einen Wurm in zwei Hälften zerlegt und sie dann mit einem Bindfaden aneinander bindet. Dann erzeugt die vordere marschierende Hälfte mittels des Zuges des Bindfadens einen genügenden Reiz in der zweiten Hälfte, um hier reflektorisch eine Verdünnungswelle hervorzurufen, die gleichfalls von vorne nach hinten abläuft. Andererseits konnte auch bewiesen werden, daß der Bauchstrang allein genügt, um die Erregungswelle von vorne nach hinten zu leiten. Auch hier sehen wir, wie so oft zwei Faktoren im gleichen Sinne wirken, um das planmäßige Resultat möglichst sicher zu stellen.

Es ist die Frage, ob die zweite und die folgenden Verdünnungswellen, die beim Gehen vorne entstehen, immer eines neuen Reizes bedürfen oder ob die in den Ringmuskeln durch die Verdickungswelle erzeugte Dehnung nicht allein ausreicht, um nach dem allgemeinen Erregungsgesetz ihre Tätigkeit auszulösen.

Nur der Reiz des sanften Zuges ist imstande, Ringmuskelkontraktion zu erzeugen. Jeder stärkere mechanische Reiz, wie Stich oder Schnitt, ruft Längsmuskelkontraktion an der getroffenen Stelle hervor und außerdem eine Ringmuskelkontraktion an dem Vorderende des Wurms, die eine neue Gangperiode einleitet. Es muß sich daher am vorderen Ende des Bauchstranges ein Erregungstal befinden, wie wir es bei Sipunculus kennen lernten. Denn jede mechanische Reizung des Tieres in seinem ganzen Verlaufe erzeugt immer eine Verdünnungswelle am Vorderende.

Wie werden sich, nachdem was wir jetzt wissen, die beiden Hälften eines durchschnittenen Regenwurms benehmen? An der Schnittstelle herrscht beiderseits heftige lokale Längsmuskelkontraktion, in der vorderen Hälfte außerdem noch eine Ringmuskelkontraktion, welche die normalen Gehbewegungen einleitet und die lokale Kontraktion der Längsmuskeln überwindet. An der hinteren Hälfte fehlt diese Korrektur und die erregten Längsmuskelbündel werden abwechselnd sich und die Ringmuskeln dehnen. Die gedehnten Muskeln werden darauf mit Kontraktion und Kontradehnung antworten. Auf diese Weise entsteht aber keine geordnete Bewegung, sondern das charakteristische Winden des Wurms.

Auch der Wurm krümmt sich, wenn er getreten wird, sagt ein bekanntes Sprichwort. Man hat immer im Winden des Wurmes wenn nicht ein Zeichen des Zornes, so doch des Schmerzes sehen wollen, bis Normann auf das verschiedene Verhalten der beiden Hälften eines geteilten Regenwurms aufmerksam machte und darauf hinwies, daß, wenn eine Hälfte von Rechts wegen Schmerz empfinden sollte, es die vordere sein müßte, die das Hirn beherbergt. Nun läuft aber gerade diese Hälfte davon, ols ob nichts passiert wäre. Jennings versucht diesen Einwand zu widerlegen, indem er das Winden der hinteren Hälfte als eine beschleunigte Fortbewegung ansieht, die aber nur in der engen Höhle des Wurmes zu ersprießlicher Wirksamkeit gelangen könne. Mir scheint die Bewegung der hinteren Wurmhälfte eine gänzlich unkoordinierte und zwecklose zu sein. Sie wird aber sofort koordiniert und planmäßig, wenn man sie nach dem Vorgange Friedländers an die vordere Hälfte anbindet. Die Frage nach der Empfindung des Wurmes läßt man lieber unerörtert, denn man sieht, zu welchen Paradoxen man sofort gelangt.

Der Regenwurm lebt in einer selbstverfertigten, kanalartigen

Höhle, deren Wände ringsum mit Exkrementkügelchen, die durch Schleim miteinander verklebt sind, verschmiert werden. Diese unebenen, aber doch nicht rauhen Flächen gestatten ihm, mit Leichtigkeit auf- und abzugleiten, denn sie geben ihm den nötigen Halt ohne seine Haut zu verletzen. In seiner Röhre muß der Wurm vorwärts wie rückwärts schlüpfen. Es ist in der Tat möglich, den Regenwurm durch einen starken Reiz am Vorderende zu antiperistaltischen Bewegungen zu veranlassen. Dann beginnt eine Reihe von Verdünnungswellen am Hinterende und läuft, während der Wurm nach hinten kriecht, zur vorderen Spitze hin. Es muß also auch am Hinterende ein zweites, wenn auch unbedeutendes Erregungstal vorhanden sein, das nur selten in Aktion tritt.

Am Grunde der Röhre befindet sich eine kleine Erweiterung, die dem Regenwurm Gelegenheit bietet, sich umzudrehen, wenn er behufs der Defäkation mit dem Hinterende aus der Röhre hinausragen muß. Die peristaltische Bewegungsart ist keineswegs auf den Regenwurm beschränkt. Alle drehrunden Würmer, die in engen Kanälen wohnen, bewegen sich stets auf diese Weise. Überall passen Wohnort und Bewegungsart genau zusammen.

Aber die Bewegungsmittel der Verdünnungs- und Verdickungswellen sind nicht die einzigen, deren der Regenwurm fähig ist. Es ist zwar nur einmal eine andere Bewegungsart beobachtet worden, aber von einem so zuverlässigen Forscher, daß darüber kein Zweifel walten kann. Ich setze die merkwürdige Beobachtung, die H. Eisig mitteilt, mit seinen Worten hierher.

„Als ich früh an einem Herbstmorgen im erwähnten Garten an einem abgeräumten Gemüsebeet vorbeiging, wurde plötzlich meine Aufmerksamkeit durch ein Geräusch auf dieses Beet gelenkt, und da sah ich eine ca. 20 bis 30 cm lange Lumbricide mit einer Geschwindigkeit sich fortbewegen, die mit der sonst diesen Tieren eigentümlichen ziemlich trägen Kriechbewegung seltsam kontrastierte. Diese Fortbewegung war eine undulatorische, aber es handelte sich nicht um die Polycheten typische laterale, sondern vertikale Undulation. Wenn ich mich recht erinnere, waren ca. drei Bögen zu zählen, also sehr lange und steile Bögen, welche an die hohen Schleifen der spannerraupenähnlichen Bewegung erinnerten. Dicht hinter dem Wurme kam aber aus demselben Erdloch ein Maulwurf hervor, und trotz seines mehrere Meter betragenden Vorsprunges wurde ersterer vom letzteren eingeholt, gepackt und verspeist, und zwar vor meinen Augen. Erst nachdem er seine Beute verschluckt hatte, zog sich der Maulwurf wieder in seine Galerie zurück. Kurz bevor dies aber geschah, war eine zweite Lumbricide von ungefähr derselben Größe und wohl von derselben Art in ebenso rascher vertikaler Undulation erschienen und hinter ihr her auch ein zweiter, aber im Gegensatz zum ersten ausgewachsenen, sehr jugendlicher (etwa halb so großer) Maulwurf. Und in diesem Falle gelang es der Lumbricide dank ihrer raschen Bewegung zu entkommen; denn der Verfolger, welcher offenbar ihre Spur verloren hatte, geriet weit von ihr ab in ein benachbartes mit Salat bepflanztes Beet. Er ließ mich ganz nah herankommen und nahm die von mir inzwischen eingefangene Lumbricide aus der Hand und verschlang sie."

In diesem interessanten Fall hatten die Regenwürmer ihre gesamten Ringmuskeln in dauernde Kontraktion versetzt und ließen die Längsmuskeln der Ober- und Unterseite paarweis gegeneinander spielen. Ganz dasselbe haben wir beim Sipunculus gesehen, der auch auf diese Weise vom Kriechen zum Schwimmen übergeht. Wir werden beim Blutegel ein ähnliches Umspringen der einen Bewegungsart in die andere kennen lernen. Nur ist beim Blutegel dies bereits zu einer dauernden Einrichtung geworden. Aus der Zergliederung der Gehbewegungen des Regenwurmes sieht man, wie wenig die anatomische Segmentierung des Zentralnervensystems mit den physiologischen Leistungen zu tun hat. Nur die Lagerung der Repräsentanten entspricht insofern der Segmentierung, daß alle Muskelfasern eines Segmentes ihre Repräsentanten im gleichen Segment des Bauchstranges sitzen haben. Aber das allgemeine Netz, das von vorne nach hinten den ganzen Bauchstrang durchzieht, zeigt ganz andere Einteilungen. Es ist besonders für eine leichte Verbindung zwischen den Repräsentanten der Ringmuskeln gesorgt, denn sonst könnte die Erregung nicht mit so großer Leichtigkeit von vorne nach hinten laufend immer nur die Ringmuskeln in Tätigkeit versetzen. Erst nachdem die Längsmuskeln durch die Kontraktion der Ringmuskeln gedehnt und erschlafft sind, tritt die Erregung auch zu ihnen. Außer dieser Verbindung mit dem allgemeinen Netz müssen die Repräsentanten der Längsmuskeln noch eigene direkte Bahnen besitzen. Denn es treten nicht selten Zuckungen auf, die nur von den Längsmuskeln ausgeführt werden und die zu einem blitzartigen Zurückschnellen des Vordertieres führen. Ferner müssen die Repräsentanten der Längsmuskeln mit den zunächstliegenden Rezeptoren in besondere Verbindung gebracht sein, da jede stärkere Hautreizung immer nur mit einer lokalen Längsmuskelkontraktion beantwortet wird. Bei der Flucht vor dem Maulwurf ist eine so große Erregung im ganzen Nervensystem vorhanden, daß die Ringmuskeln dauernd in Tätigkeit bleiben und die noch übrige Erregung rhythmisch zwischen den Längsmuskeln nach dem Erregungsgesetz hin- und herschwankt.

Die Repräsentanten aller Muskeln sitzen im Bauchstrang, denn sobald der Bauchstrang entfernt wird, hört jede Bewegung der Muskeln in den zugehörigen Segmenten auf. Die Bewegung des Hautmuskelschlauches auf Dehnung, die Straub beobachtete, ist wohl mit den Bewegungen des Hautmuskelschlauches des Sipunculus bei wechselnder Dehnung identisch.

Es bietet demnach das Zentralnervensystem des Regenwurmes wohl einige ihm eigentümliche Verbindungen der zentralen Netze unter sich und mit den Rezeptoren, aber keine prinzipiellen neuen Einrichtungen. Alle bisher Betrachteten Bewegungen lassen sich auf die bekannten Gesetze beim Fließen der Erregung in einfachen Netzen mit einem oder zwei Erregungstälern zurückführen.

Beim Einbohren in den Erdboden kommen noch weitere Einrichtungen zum Vorschein. Das sind vor allem die Bewegungen des Schlundkopfes, der gleich einem inneren Stempel hin- und herfliegt und dabei die Erde ringsum wegdrängt. Diese Art des Einbohrens ist aber nur möglich, wenn die Erde einigermaßen locker ist. Bei zugestampftem Boden bleibt dem Wurm nichts anderes übrig, als sich in die Erde hineinzufressen, was freilich über 24 Stunden in Anspruch nehmen kann. Eine besondere Bewegungsart wird beim Tasten angewandt, das nur mit dem Vorderkörper geschieht. Die vorderste Spitze dient als Rezeptor für den Berührungsreiz. Dieser Tangorezeptor wird durch Ring- und Längsmuskelbewegung an den Gegenständen entlang geführt und vermag die Formen der Gegenstände in beschränktem Maße zu unterscheiden. Bevor wir auf dieses interessante Kapitel eingehen, haben wir noch kurz die anderen Reizwirkungen zu betrachten.

Ein tastender langgestreckter Vorderkörper, der nach links gebogen ist, wird, wie Jennings berichtet, auf jeden Berührungsreiz, einerlei wo dieser ansetzt, nach rechts schlagen und umgekehrt. Es verhält sich also der gestreckte Wurm neuen Erregungen gegenüber genau so wie der Arm eines Schlangensternes, d. h. es fließt die Erregung den am meisten gedehnten Längsmuskeln zu. Es ist möglich, daß auch der Lichtreiz ähnlich wirkt, denn alle Versuche über Photorezeption haben bisher keine befriedigende Antwort auf die Frage gegeben, ob der Regenwurm durch das Licht bloß gereizt oder auch gerichtet wird. Sichergestellt ist nur, daß die meisten Würmer, wenn sie bei Nacht aus ihrer Höhle hervorschauen, auf Beleuchtung sich zurückziehen, manche blitzschnell, manche langsam. Sind sie aber zur Zeit mit Fressen oder Bauen der Röhre beschäftigt, so bleiben sie für den Lichtreiz völlig refraktär. Es scheint ferner, daß die Lichtstärke des Mondlichtes sie aus den Höhlen hervorlockt, während das intensive Sonnenlicht sie zurücktreibt.

Interessant ist auch festzustellen, daß, wenn ein Regenwurm, der geradeaus fortschreitet, an der Spitze von einem Reiz getroffen wird, zurückfährt, still steht, sich seitlich wendet und dann in einer neuen Richtung vorwärtskriecht, also alle Phasen des Motoreflexes von Paramaecium wiederholt.

Das Witterungsvermögen des Regenwurmes ist nicht unbedeutend, denn er findet vergrabene Kohl- oder Zwiebelblätter mit Sicherheit, wenn der Erdboden locker ist. Der ganze Körper ist sehr empfindlich für Salze. So findet man, daß ein Regenwurm, den man mit nur einem kleinen Klümpchen Erde auf trockenen Seesand gesetzt hat, den Erdklumpen nicht mehr verläßt. Sehr ausgebildet sind spezielle Gusto-Rezeptoren, das sind sehr spezialisierte chemische Rezeptoren, die bei der Nahrungsaufnahme in Funktion treten. Beim Regenwurm spielen sie noch eine besondere Rolle, indem sie es ihm erleichtern, die Form der Blätter zu unterscheiden.

Und nun wenden wir uns der bedeutungsvollen Frage zu, welche Gegenstände der Umgebung vermag der Regenwurm in seine Umwelt aufzunehmen? Charles Darwin hat in seinem schönen Buche über die Bildung der Ackerkrume auch auf die merkwürdige Fähigkeit der Regenwürmer, Formen zu unterscheiden, aufmerksam gemacht, und Elise Hanel hat die von Darwin angestellten Versuche auf das glücklichste weitergeführt.

Die Regenwürmer liegen tagsüber mit dem Vorderende nahe der Öffnung ihrer Höhle. Die Mündung der Höhle verstopfen sie zu ihrem Schutz mit allem umliegenden losen Material, am liebsten mit Blättern, aber auch mit Federn oder Steinchen. Die Blätter werden an ihrem Rande mit der Lippe gefaßt und in die Höhle gezogen, bis die Mündung vollgestopft ist. Die Steinchen werden ergriffen, indem erst die Lippe sich fest andrückt, wobei der Schlundkopf vorgeschoben ist. Dann wird der Schlundkopf zurückgezogen. Dadurch entsteht ein luftleerer Raum vor dem Munde, und nun vermag der Regenwurm mit seinem in einen Saugnapf verwandelten Vorderende die kleinen Steinchen beliebig zu versetzen. Um die Form der Steinchen kümmert sich der Regenwurm nicht. Sie werden in unregelmäßigen Häufchen vor die Höhle gelagert.

Mit den Blättern verhält es sich schon anders, denn diese werden bis in die Höhle hineingezogen. Nun ist es ohne weiteres verständlich, daß ein herzförmiges Lindenblatt, wenn es am Stiel gepackt wird, nicht in die enge Höhle hineingeht. Wird es dagegen an der Spitze gefaßt, so rollt es sich ohne Schwierigkeit zusammen, während es die Mündung der Höhle passiert. Tatsächlich ergreifen die Regenwürmer alle Lindenblätter ausnahmslos an ihrem Vorderrand nahe der Spitze. Elise Hanel konnte zeigen, daß bei diesem Vorgehen die Regenwürmer von einem chemischen Reize geleitet werden. Denn wenn man mit der Schere ein Lindenblatt derart herzförmig zuschneidet, daß die Herzspitze nach dem Stengel zu sieht, so wird nicht die neue Herzspitze erfaßt, sondern die neue Herzbasis, d. h. eine der Form nach ganz ungeeignete Stelle. Beim Lindenblatt spielt also die Form keine Rolle.

Nimmt man dagegen zwei aneinanderhängende Kiefernadeln, die vom Regenwurm immer an der Basis gepackt werden, und bindet sie mit einem Faden zusammen, so werden sie immer noch an der Basis ergriffen, obgleich jetzt für das Einführen beide Enden gleich gut geeignet sind. Schneidet man aber eine Nadel von der Basis ab, die man an der anderen Nadel läßt, so wird nicht mehr die Basis gepackt, sondern die zusammengebundenen Spitzen. Hierbei tritt die Wirkung der Form deutlich zutage, die sogar den chemischen Reiz, der von der Basis ausgeht, überwindet.

Noch überzeugender sind die Versuche mit Papierschnitzeln, denen man die Form eines gleichschenkligen Dreieckes mit kurzer Basis und langen Schenkeln gegeben hat. Stets wird von den Regenwürmern die zwischen den beiden langen Schenkeln gelegene Spitze als Angriffspunkt gewählt, und zwar ohne Herumprobieren, sondern mit großer Sicherheit nach einem bloßen Abtasten des Dreieckes. Hanel schreibt zur Deutung dieser Vorgänge: „Bleibt uns nichts anderes übrig, als den Vorgang in eine Kette einfacher Reize aufzulösen. Stellen wir uns vor, daß die drei Spitzen eines Dreieckes, gleichgültig ob sie alle untereinander verbunden sind wie bei den Papierstückchen oder teilweise wie bei den Kiefernadeln, bei der Bewegung eines Regenwurmes in gewissen Abständen oder Zeiträumen seinen Körper berühren und so, einander sukzessive folgend, kombiniert auf ihn wirken. Nimmt man jede Strecke, die der Wurm von einer Ecke sesp. Spitze zur anderen zurücklegt, als einfachen Reiz an, so kann man sich vorstellen, daß es die verschiedene Kombination in der Aufeinanderfolge dieser einfachen Reize ist, die den verschiedenen Effekt hervorruft. Wenn wir den Reiz, welcher ausgeübt wird, wenn der Wurm an der Langseite eines Dreieckes kriecht: a, und diejenigen, die durch Kriechen an der kurzen Seite bewirkt wird: b nennen, so können wir uns vorstellen, daß die Reize in der Aufeinanderfolge: b + Spitze + a + Spitze den Reflex des Hineinziehens auslösen, was dann natürlich zur Folge hat, daß nur das spitzeste Ende erfaßt wird. Hingegen würden die Reize in der Aufeinanderfolge: a + Spitze + b + Spitze in den meisten Fällen gar keinen oder nur einen Hemmungsreiz ausüben, der Effekt wird also der negative des Nichteinziehens sein."

So außerordentlich dankenswert es auch ist, daß die Verfasserin sich von jeder psychologischen Deutung ferngehalten hat, die von Darwin noch ohne jedes Bedenken angewandt wurde, so kann doch die von ihr ausgeführte Analyse des Vorganges nicht als beendet angesehen werden, solange bloß die Zustände der Umgebung in Rechnung gezogen werden ohne Rücksicht auf die rezeptorischen Organe des untersuchten Tieres. Ein Vorgang in der Außenwelt wird erst durch seine physiologische Wirkung auf den Rezeptor zum Reiz, sonst bleibt er ein bloßer physikalischer Faktor. So kann eine zurückgelegte Strecke nicht als Reiz angesprochen werden. Nur die Muskelbewegung, die der Wurm ausübt, um diese Strecke abzutasten, kann man unter Umständen als Reiz deuten. Es ist freilich für die niederen Tiere überhaupt nicht bewiesen, ob ihre eigenen Bewegungen zu Reizen werden können. Bei den Medusen ist sogar ein besonderer Rezeptor, der von der Bewegung erregt wird, eingefügt, offenbar weil die Bewegung der Muskeln nicht direkt als Reiz auf das zentrale Netz zu wirken vermag. Aber für den Regenwurm möge fürs erste angenommen werden, daß seine eigenen Bewegungen ihm als Reiz dienen.

Auch die Spitze ist an sich kein Reiz, sondern nur ihre Wirkung auf den Tastapparat. Die Spitze wirkt nach der Darstellung von Elise Hanel — die allerdings von Jordan bezweifelt wird — nicht auf die Muskeln, sondern auf den Tangorezeptor. Demnach würde die Hanelsche Reizkette ins Physiologische übersetzt folgendermaßen lauten: Schwacher Muskelreiz + Tangoreiz + starker Muskelreiz + Tangoreiz gebe eine wirksame Reizkombination. Wie sollen wir uns diesen Vorgang im Zentrum weiter vorstellen?

Apparate, die die Fähigkeit haben, verschiedene aufeinanderfolgende Reize aufzunehmen, können wir uns nur anschaulich machen, indem wir für jeden Reiz eine gesonderte räumlich getrennte Aufnahmeeinrichtung annehmen. Es müßte also im Zentralnervensystem des Wurmes ein Komplex von vier Zentren vorhanden sein, entsprechend den vier wirksamen Reizen. Diese vier Zentren müssen außerdem in bestimmter Reihenfolge im Raum nebeneinanderliegen, damit nur die richtige Reihenfolge der Reize den Zentrenkomplex in Erregung versetzen kann. Mit anderen Worten: die Hanelsche Reizkette verlangt die Annahme eines entsprechenden räumlichen Schemas im Zentralnervensystem.

Die Frage nach dem Vorhandensein räumlicher Schemata im Zentralnervensystem ist, wie wir später sehen werden, von grundlegender Wichtigkeit für den Aufbau des Gehirnes aller höheren Tiere. Erst wenn äußere Formverhältnisse durch innere räumliche Verhältnisse wiedergespiegelt werden, kann man im strengen Sinne vom Vorhandensein von Gegenständen in der Umwelt eines Tieres reden. Nun gibt es ein Raumverhältnis, das bei allen bilateralen Tieren mit Sicherheit unterschieden wird, das ist: „Links“ und „Rechts“. Überall findet sich eine Teilung der höheren Ganglien in eine linke und rechte Hälfte, und bei allen einfacheren Tieren nimmt das linke Ganglion alle rezeptorischen Fasern der linken Hälfte auf, und dasselbe tut die rechte Hälfte.

Wenn ein Regenwurm einem Papierschnitzel entlang tastet, das mit einer Spitze zu ihm sieht, so wird er die eine Kante mit der linken Seite der Lippe berühren, die andere mit der rechten. Dadurch sind die beiden Kanten sicher unterschieden. Es braucht jetzt nur die Dauer der Reizung des Tastorganes durch eine Intensitätssteigerung sich dem Zentralnervensystem kundzutun, um so die Unterscheidung der langen Kante von der kurzen Kante durchzuführen. Daß diese auf das Mindestmaß reduzierte Erklärungsweise genügt, will ich durchaus nicht behaupten. Die Entscheidung können nur neue Versuche bringen. Aber auch in diesem allereinfachsten Falle sehen wir, daß mindestens zwei räumlich getrennte Zentren, eines auf der linken und das andere auf der rechten Hemisphäre, nötig sind zur Unterscheidung der Form. Daher werden wir dem Zentralnervensystem des Regenwurmes die Existens rudimentärer Schemata nicht abstreiten dürfen.

Wir haben noch einen Blick auf die Lebensgewohnheiten der Regenwürmer zu werfen, welche Darwin so anschaulich schildert. Zur Nachtzeit kommen die stillen Tiere aus ihren Höhlen heraus, meist bleiben sie mit dem gekrümmten Schwanzende in der Mündung der Höhle eingehakt. Wagen sie sich weiter hinaus, so finden sie ihr Haus nicht mehr wieder, sondern müssen sich ein neues bauen. Sie nähren sich mit Vorliebe von Kohlblättern. Im übrigen sind sie aber durchaus omnivor. Sie verspeisen gerne Speck und verschmähen eigentlich keine Nahrung. Eine Haupttätigkeit, die ihre große Wirkung auf die Bildung der Ackerkrume erklärt, besteht im Verschlucken der Erde, die sie dann als geringelte Exkrementhäufchen vor der Mündung ihrer Höhle deponieren. Auch Kannibalismus kommt gelegentlich vor, denn die Regenwürmer verschmähen es nicht, sich an toten Kollegen zu vergreifen. Zum Schutze ihrer zahlreichen Feinde, zu denen besonders die Amseln gehören, verstopfen sie ihre Höhlen. Auch schützt sie der Blätterwall vor dem Eindringen der Hundertfüße, die ihnen sehr gefährlich sein sollen. Ebenso haben sie eine Fliege zu fürchten, die ihre Eier unter die Haut der Regenwürmer legt, damit ihre junge Larve immer frisches Fleisch zur Verfügung habe. Schließlich ist der Maulwurf wohl ihr größter Feind und Vertilger, der wie sie unter der Erde heimisch ist. Trotz dieser großen Zahl von Feinden, denen die Regenwürmer wehrlos preisgegeben sind, ist ihre Zahl doch ganz ungeheuer groß und ihre geographische Verbreitung fast unbeschränkt, soweit der Boden nicht salzig ist. Das beweist, wie gut sie trotz allem in ihre Umgebung eingepaßt sind.

Einmal ist es ihr geschmeidiger Bau, der es ihnen gestattet, alle Schlupfwinkel auszunutzen, der sie zu so hervorragend geeigneten Erdbewohnern macht. Dann kommt die Fähigkeit dazu, sich eine wohnliche Höhle in die Erde fressen zu können. Das beweist auch ihren unstillbaren Appetit. Die Leistungen des Regenwurmdarmes sind geradezu erstaunlich, wenn man die Masse unverdaulicher Substanz in Betracht zieht, die ihn dauernd passiert. In der Fähigkeit, aus dem spärlichsten Erdboden genügende Nahrungsmittel zu gewinnen, stehen die Regenwürmer konkurrenzlos da. Die Auswahl wirksamer Faktoren aus der Umgebung, die als Reize wirkend die dynamischen Erregungswellen erzeugen, bietet dem Verständnis keine besonderen Schwierigkeiten.

In der Innenwelt des Nervensystems ziehen während des Gehens die statischen Erregungen von vorne nach hinten, die Repräsentanten der Ringmuskeln füllend; unterstützt durch die von der leichten Dehnung reflektorisch erzeugten dynamischen Wellen. Hinten angelangt, kehrt die statische Erregung durch das Netz zum Erregungstal am Vorderende zurück, was auch alle dynamischen Wellen tun, die durch irgendeinen starken Reiz hervorgerufen werden. Die Längsmuskeln werden von den dynamischen Wellen nur lokal erregt, während die statische Erregung immer in ihre Repräsentanten eintritt, sobald die Längsmuskeln durch eine Ringmuskelkontraktion gedehnt worden sind. Auf diese Weise werden die Zwischenräume zwischen zwei Verdünnungswellen stets durch eine Verdickungswelle ausgefüllt. Diesem sichtbaren Teil des Erregungskreislaufes, der von vorne nach hinten zieht, entspricht ein unsichtbarer, der von hinten nach vorne geht. So erhalten wir das Bild eines zu seinem Ursprung zurückkehrenden Stromes. Das ist ein normaler, durch Muskelkontraktionen unterstützter Rhythmus, der keine automatischen Eigenschaften voraussetzt. Denn er kann durch jeden äußeren Einfluß verändert und reguliert werden. Auch fehlen ihm die Anzeichen einer echten refraktären Periode, die auf die Anwesenheit eines Unterbrechers schließen ließe.

Dieser Art von Rhythmus, der aller Beeinflussung von außen offen bleibt, gestattet es, einen ausgebreiteten Gebrauch von Rezeptoren zu machen, die durch neue Erregungen nützliche Abweichungen in der Gangrichtung hervorrufen. Daher besitzt der Regenwurm eine viel reichere Umwelt als Sipunculus. Er sucht die bescheidene Helle des Mondes und flieht das Licht des Tages. Er sucht die bekömmliche Nahrung und flieht vor den Erschütterungen, die der wühlende Maulwurf hervorruft. Das alles geschieht durch lokale dynamische Erregungen, welche von den Rezeptoren aus einfachen Reizen erzeugt werden. Seinen übrigen Feinden gegenüber besitzt der Regenwurm nur das Hilfsmittel des Höhlenbaues. Wir haben gesehen, wie gerade hierbei die ersten höheren Anlagen seines Innenlebens sich kundtun, die dieses kleine Kunstwerk bis an die Pforten des höheren Tierreiches bringen und in seiner Umwelt zum erstenmal etwas Neues neben den Reizen entstehen lassen, nämlich die Form.

Die Blutegel.

Der Ehrgeiz eines jeden Biologen wird stets darauf gerichtet sein, sein Untersuchungsobjekt, sei es ein Organ oder ein ganzes Tier, in seine Grundfaktoren zu zerlegen, um aus ihnen durch eine planvolle Ordnung das Ganze wenigstens in Gedanken wieder aufzubauen. Der Begriff eines Grundfaktors bedarf einer kurzen Erläuterung. Für gewöhnlich versteht man unter den aufbauenden Faktoren eines Tieres seine Organe. Nun ist der Umfang dessen, was wir als Organ bezeichnen, ebenso unsicher wie der Begriff des Grundfaktors, denn wir nennen sowohl unsere Arme als auch die in ihnen enthaltenen Muskeln

Abb. 10[1]).

unsere Organe. Dahingegen wird die einzelne Muskelzelle nicht mehr als Organ angesprochen. Sicher sind aber alle Zellen Grundfaktoren des Tieres. Eine jede Zelle ist, wie wir wissen, das Produkt des Protoplasmas und besteht außer dem strukturlosen Protoplasma aus einem strukturierten Teile, der nicht bloß Nahrung aufnimmt, wächst und abstirbt, d. h. ein Eigenleben führt, sondern auch eine spezifische Funktion ausübt, die dem Ganzen zugute kommt. Dank ihrer spezifischen Struktur wird die Zelle zu einem Grundfaktor des Tierkörpers, denn die spezifische Struktur verhilft der Zelle zu einer selbständigen Leistung zum Nutzen des Ganzen. Und von einem Grundfaktor müssen wir verlangen, daß seine Leistungen ihn zu einem selbständigen Gliede im Aufbau des Ganzen machen. Nun arbeiten einzelne Zellen niemals allein, sondern bilden mit ihren Artgenossen eine Vereinigung, in der sie gemeinsam ihre Leistungen ausüben. Solche funktionelle Vereinigungen der Zellen nennt man Organe. Auf diese aus einfachen Geweben bestehenden Organe genügt es zurückzugreifen, wenn man sich ein anschauliches Bild vom Zusammenwirken der Grundfaktoren machen will.

[1]) Nach: Ziegler, Zoologisches Wörterbuch.

Die Blutegel eignen sich, soweit ihre Geh- und Schwimmbewegungen in Betracht kommen, vortrefflich zur Zerlegung in die einfachen Grundfaktoren. An erster Stelle stehen natürlich die Bewegungsorgane, d. h. die einzelnen Muskelstränge. Nun sind die Muskelstränge, wenn man sie für sich allein betrachtet, noch keine Grundfaktoren des Körpers. Sie besitzen wohl eine bestimmte Leistung, aber diese muß erst in Beziehung zum Ganzen gebracht werden, ehe sie ihre Funktion ausüben kann. Erst der Ort im Körper, an dem die Leistung zur Wirkung gelangt, macht sie zu einem Baustein des Ganzen. Daraus ergibt sich ohne weiteres die doppelte Betrachtungsweise, die wir bei jedem Elemente des Tierkörpers anzuwenden haben. Einmal betrachten wir die Leistung der einzelnen Teile als etwas völlig Selbständiges (Physiologie), ein andermal untersuchen wir, wie die selbständige Leistung durch den Ort, an dem sie sich entfaltet, höheren Aufgaben dient (Biologie). Leistung und Ort zusammen ergeben erst die integrierende, d. h. die auf das Ganze gerichtete Funktion der Grundfaktoren. Handelt es sich im wesentlichen um lauter gleichartige Elemente, so bleibt nur der Ort nach, der als entscheidend und unterscheidend in Frage kommt. Dies ist dann ein besonders glücklicher Fall, denn er setzt uns in die Lage, durch ein paar einfache Experimente, die sich auf die örtlichen Beziehungen erstrecken, ein Bild der funktionellen Anordnung zu gewinnen.

Einen solchen günstigen Fall bieten uns die Blutegel. Bei ihnen genügt es, eine Analyse der Bewegungen ihrer verschiedenen Muskelstränge zu geben, um bereits ein anschauliches Bild ihres Innenlebens davon ableiten zu können. Die Blutegel sind bekanntlich drehrunde, gestreckte Würmer, die vorn und hinten einen Saugnapf besitzen. Die Körpermuskulatur besteht aus drei getrennten Muskellagen: aus einer Ringmuskelschicht, die dicht unter der Haut liegt und deren Tätigkeit den Körper lang und dünn macht, dann folgt nach innen die Längsmuskelschicht, die in deutliche Stränge zerfällt, sie macht den Körper kurz und dick. Endlich gibt es noch dorsoventrale Muskelstränge, die den Rücken des Tieres der Bauchfläche nähern und dadurch das ganze Tier abplatten. Ein einfaches, leiterförmiges Zentralnervensystem durchläuft das ganze Tier an der Bauchseite (Bauchstrang). In ihm sind alle Repräsentanten enthalten.

Der Blutegel besitzt zwei Arten der Fortbewegung, das Schwimmen und das Gehen. Schneidet man einem Blutegel den Kopf ab, so kann er nur noch schwimmen und gar nicht gehen. Durch diese Operation verliert der Blutegel die Fähigkeit, seine Ringmuskeln in Bewegung zu setzen und ohne Ringmuskeln kann nicht gegangen werden. Es schaltet die Durchschneidung des Bauchstranges am Vorderende das Nervennetz der Ringmuskeln mit ihren Repräsentanten völlig aus. Daher muß das Nervennetz der Ringmuskeln im Verlauf des ganzen Bauchstranges von den übrigen nervösen Elementen völlig isoliert sein und nur am Vorderende mit ihnen in Verbindung stehen. Beim Schwimmen spielen nur die dorsoventralen und die Längsmuskeln eine Rolle. Auf jeden Reiz hin verkürzen sich die dorsoventralen Muskeln von vorne nach hinten fortschreitend und verwandeln den Blutegel in ein plattes Band. Dieses Band führt wellenartige Bewegungen aus, mit deren Hilfe es vorwärts schwimmt. Denkt man sich in den Blutegel wie in ein plattes Gummirohr eine Falte geschlagen, so ist die Außenseite der Falte gedehnt, ihre Innenseite dagegen zusammengedrückt. Es wirken daher die Längsmuskeln der Rückenseite als Antagonisten gegen die ihnen gerade gegenüberliegenden Längsmuskeln der Bauchseite. In solchen Fällen tritt bekanntlich sehr leicht ein Hin- und Herpendeln der statischen Erregung ein, sobald durch eine dynamische Welle der Anlaß zur ersten Kontraktion gegeben wurde. Durch das Hin- und Herschwanken der statischen Erregung, welche die Antagonisten nach dem allgemeinen Erregungsgesetz abwechselnd zur Kontraktion bringt, wird die Falte im Blutegel bald nach oben, bald nach unten geschlagen. Das Auf- und Abschlagen einer Falte in einem Bande erzeugt aber stets durch den Zug, den sie auf ihre Nachbarseite ausübt, eine fortschreitende Welle, die sich von der primären Falte nach beiden Seiten hin fortsetzt. Entsteht wie beim Blutegel die primäre Faltung immer am Vorderende, so läuft nur eine Welle von vorne nach hinten ab. Die Welle, die über dem Blutegel abläuft, besitzt, wie jede fortschreitende Welle, eine Vorderseite und eine Rückseite. Die Vorderseite der Welle vermag je nach ihrer Größe und Schnelligkeit einen gewissen Druck auszuüben. Ist daher das wellenschlagende Band frei im Wasser suspendiert, so wird die Vorderseite der Welle auf das umgebende Wasser drücken und daher das Band selbst, entgegen der Ablaufrichtung der Welle, forttreiben. Läuft die Welle im Tier von vorne nach hinten ab, so muß das Tier von hinten nach vorne, d. h. Kopf voran, schwimmen.

Verhindert man das mechanische Fortschreiten der Welle über das Tier, indem man unter Schonung des Nervensystems ein so großes Stück Muskulatur wegschneidet, daß eine genügende Zugwirkung über die Lücke hinweg nicht mehr statthat, so bleiben die Schwimmbewegungen an der Lücke stehen, d. h. es schwimmt nur das vordere Ende, während das hintere Ende passiv mitgeschleppt wird. Dabei ist das Hinterende ebenso platt geworden wie das Vorderende, denn die nervöse Leitung ist erhalten geblieben und es tritt auf jeden Reiz am Vorderende erstens ein Plattwerden auf, das sich über den ganzen Wurm erstreckt, und zweitens eine Längsmuskelkontraktion, welche die erste Falte der Welle schlägt, um an der Lücke zu erlöschen.

Sowohl für die dorsoventralen Muskeln wie für die Längsmuskeln ist ein Erregungstal am Vorderende vorhanden.

Die Durchschneidung des Bauchstranges hebt die Möglichkeit der Schwimmbewegungen an beiden nervös getrennten Teilen nicht auf. Beide Teile können, wenn sie gereizt wurden, noch Schwimmbewegungen ausführen, aber es kommt zu keiner Koordination. Die Durchschneidungsstelle des Bauchstranges wirkt als neues Vorderende, von dem aus die neue Faltenbildung selbständig ausgeht, einerlei, in welcher Bewegungsphase sich das Vordertier befindet.

Die Erregungsvorgänge beim Schwimmen bieten nach dem, was uns bereits von anderen Tieren bekannt ist, keine weiteren Schwierigkeiten. Die vom Reiz erzeugte dynamische Erregungswelle läuft nach dem Erregungstal hin, das sich am Vorderende befindet. Ist dieses abgetrennt, so tritt die Erregung an der Durchschneidungsstelle in die Muskeln über, und zwar sowohl in die Dorsoventralmuskeln wie in die Längsmuskeln. Aus diesen und anderen Gründen ist es ratsam, außer den drei Netzen mit ihren Repräsentanten für die drei Muskelarten ein allgemeines verbindendes Nervennetz anzunehmen, das sich durch den ganzen Bauchstrang erstreckt, aber keine Repräsentanten enthält. Die dorsoventralen Muskeln besitzen keine Antagonisten und sind daher außerstande, einen Rhythmus hervorzubringen. Sie können sich bloß dauernd kontrahieren. Die Dauerkontraktion spricht dafür, daß es besondere Reservoire für die statische Erregung in ihrem Nervennetz geben muß, welche durch die dynamische Welle in Tätigkeit versetzt werden und einen dauernden Erregungsdruck hervorbringen, der die Sperrschwelle der verkürzten dorsoventralen Muskel dauernd erhöht.

Viel interessanter gestalten sich die Dinge, wenn wir die Gehbewegungen in Augenschein nehmen. Beim Gehen spielen die dorsoventralen Muskeln nicht mehr mit. Dafür springen die Ringmuskeln ein, die als Antagonisten der Längsmuskeln wirken. Die Längsmuskeln antworten alle gleichzeitig, mögen sie zu den ventralen oder dorsalen Strängen gehören. Es besteht daher beim Gehen kein Antagonismus zwischen den dorsalen und ventralen Längsmuskeln.

Ein jeder Schritt besteht aus zwei Kontraktions- und zwei Erschlaffungsperioden. Er beginnt, während der Blutegel mit dem hinteren Saugnapf am Boden festsitzt, mit einer Ringmuskelkontraktion, die vom Vorderende ausgehend (weil sich dort ebenfalls ein Erregungstal für die Ringmuskeln befindet) sich langsam über den ganzen Körper erstreckt und verwandelt diesen in ein langes dünnes Rohr. Dann faßt der vordere Saugnapf plötzlich Fuß. Sobald beide Saugnäpfe gleichzeitig festsitzen, wird die gesamte Muskulatur von einer Erschlaffung befallen, die sofort einer Kontraktion Platz macht, sobald sich ein Saugnapf vom Boden ablöst. Ist der vordere Saugnapf frei, so herrscht im Körper Ringmuskelkontraktion, ist der hintere Saugnapf frei, so tritt Längsmuskelkontraktion ein. Sind sie beide frei, so treten Schwimmbewegungen auf.

Nach der ersten Erschlaffungsperiode beginnt die zweite Hälfte des Schrittes. Der langgestreckte erschlaffte Egel löst den hinteren Saugnapf vom Boden los und darauf beginnt wieder von vorne anfangend die Kontraktion der Längsmuskeln, die den Wurm kurz und dick macht. Dadurch kommt der hintere Saugnapf nach vorne und faßt nahe dem vorderen Saugnapf Fuß. Sobald beide Saugnäpfe haften, tritt die zweite Erschlaffungsperiode ein, aus der die Muskulatur erwacht, wenn der vordere Saugnapf sich abgelöst hat und damit die Ringmuskelkontraktion einleitet.

Es läßt sich zeigen, daß es bloß darauf ankommt, daß die freie Fläche des Saugnapfes konkav werde, um die Erschlaffung hervorzurufen, daß dagegen die konvexe Form des Saugnapfes immer den Eintritt einer Kontraktionsperiode bestimmt. Hängt man einen Blutegel mit einem Häkchen, das nahe dem hinteren Saugnapf durch die Rückenhaut gesteckt ist, frei auf, so treten Schwimmbewegungen ein, bis man dem vorderen Saugnapf einen leichten Gegenstand zu fassen gibt. Auf das Zufassen des vorderen Saugnapfes tritt sofort Längsmuskelkontraktion ein, die den Gegenstand in die Höhe hebt. Berührt man jetzt den hinteren Saugnapf mit der Spitze eines Stäbchens, an der er nicht haften kann, so wird der Saugnapf für einen Augenblick in die konkave Form umschlagen, um gleich darauf wieder konvex zu werden. Während dieser Zeit sieht man in den kontrahierten und gesperrten Längsmuskeln vom hinteren Saugnapf aus beginnend eine tiefe Erschlaffung eintreten. Ist der hintere Saugnapf noch rechtzeitig zurückgeschlagen, ehe die Erschlaffung das Vorderende ergriffen hat, so sieht man am Vorderende einen Rest Längsmuskelkontraktion bestehen bleiben, der sich allmählich wieder nach hinten zu ausbreitet, d. h. die fortgeflossene Erregung fließt wieder in die Längsmuskeln zurück. Es öffnet also der Saugnapf, wenn er in die konkave Form umschlägt, eine Pforte für die Erregung, die sich im Längsmuskelnetz befindet, worauf diese hinausstürzt, um in das allgemeine verbindende Nervennetz überzufließen. Dort bleibt die Erregung unsichtbar, bis sie wieder ins allgemeine Erregungstal gelangt ist und von dort aus in eines der drei Nervennetze eintritt. Ganz das gleiche zeigt sich am vorderen Saugnapf. Solange er konvex ist, herrscht Ringmuskelkontraktion, wird er konkav, so stürzt die Erregung in das allgemeine Verbindungsnetz und wird erst wieder sichtbar, wenn sie in die Längsmuskeln eingedrungen ist. Am Hinterende des Blutegels geht die Erregung aus dem Längsmuskelnetz ins Verbindungsnetz über, am Vorderende dagegen aus dem Ringmuskelnetz ins Verbindungsnetz. Auf diese Weise entsteht ein Kreislauf der Erregung, der nur darum nicht so deutlich in die Erscheinung tritt, weil die Erregung während der Erschlaffungsperiode in der sie sich im Verbindungsnetz befindet, immer nach dem Vorderende in das Erregungstal fließt.

Die Erregungspforte am Vorder- und Hinterende stellt man sich am besten unter dem Bilde eines Ventiles vor, das ja auch die Flüssigkeit nur in einer Richtung hin durchläßt. Dieses Ventil kann aber durch die Bewegung des Saugnapfes nach der anderen Richtung hin geöffnet werden. Ich habe die merkwürdige Tatsache, daß eine einfache Muskelbewegung einem Reflex die Pforten öffnen kann, die Reflexführung genannt. Man gewinnt den Eindruck, als seien die Repräsentanten der führenden Muskeln direkt in die Hauptleitungsbahnen eingebaut und bildeten dort das Ventil. Irgendeine weitergehende Andeutung wage ich nicht zu geben.

Die Kenntnisse, die wir über die Erregungsvorgänge beim Gehen der Blutegel gewonnen haben, gestatten uns eine Tatsache der Muskelphysiologie ihrem ganzen Umfange nach zu würdigen, die sonst nicht die genügende Beachtung finden würde. Es ist dies die „Unterstützungshemmung“. Betrachten wir einen Blutegel, der nahe an seinem hinteren Saugnapf aufgehängt ist und dauernd eine leichte Last trägt (man kann, um jede Störung zu vermeiden, den hinteren Saugnapf abschneiden, der sonst gerne die gehobenen Gegenstände erfaßt), so ist der Blutegel in diesem Moment nichts anderes als ein Längsmuskelband, das verkürzt ist und eine Last trägt. Die Antagonisten spielen gar nicht mit, denn solange der hintere Saugnapf nicht konkav wird, bleibt die Erregung im Netz der Längsmuskeln eingesperrt. Die eingesperrte statische Erregung bringt die Längsmuskeln zur Kontraktion und Sperrung, und zwar reicht die Sperrung gerade aus, um die jeweilige Last zu tragen. Wenn wir uns den Hautmuskelsack von Sipunculus ins Gedächtnis zurückrufen, so konnte dieser auch nach Verlust des Zentralnervensystems eine bestimmte Last tragen. Wurde die Last schwerer, so erschlafften die Muskeln, wurde sie leichter so verkürzten sie sich. Die Größe dieser Last war ein für allemal durch die Sperrschwelle gegeben, die in den Muskeln herrschend blieb, nachdem das Zentralnervensystem entfernt war. Es können also die Muskeln auch ohne ihre Repräsentanten ihre Länge selbst regulieren, wenn sie sich auf ein bestimmtes Gewicht eingestellt haben, das gerade ihrer Sperrschwelle entspricht. Auf verschiedene Gewichte vermögen sich die Muskeln ohne Hilfe des Zentralnervensystems aber nicht einzustellen. Dies aber vermögen die Längsmuskelstränge des Blutegels solange sie mit ihrem Repräsentantennetz in Verbindung stehen. Die Fähigkeit, die Sperrschwelle je nach der Größe des Gewichtes zu wechseln, wird am besten durch die Unterstützungshemmung erläutert. Man gebe einem hängenden Blutegel ein Reagesgläschen zu heben. Dann unterstütze man das gehobene Gewicht eine Zeitlang und gebe es sanft wieder frei. Sofort wird das gleiche Gewicht, das bisher anstandslos getragen wurde, die Längsmuskeln bis auf ihre anatomische Länge dehnen. Ist das geschehen, so beginnen die Muskeln das Gewicht von neuem zu heben.

Knüpft man einem marschierenden Blutegel ein Schnürchen an das Hinterende und zieht an der Schnur während der Kontraktionsperiode der Längsmuskeln, so werden diese wie bei der Unterstützungshemmung ohne weiteres nachgeben und der Wurm wird lang und schlaff, um gleich darauf wieder mit der Längsmuskelkontraktion von neuem zu beginnen. Reizt man kurz vorher das hintere Ende des Blutegels mechanisch, so gibt er dem Zug nicht mehr nach. Dann besitzen seine Muskeln eine Sperrschwelle, die höher ist als die Last des Körpers. Es benehmen sich die Muskeln des Blutegels in diesem Falle wie die Retraktoren des Sipunculus nach dem Erregungsfang. Denn nun sind sie nicht mehr in der Lage, sich verschiedenen Gewichten durch Verschiebung ihrer Sperrschwelle anzupassen, sondern sind dauernd auf eine Maximallast eingestellt. Dieselbe Gesetzmäßigkeit zeigt sich bereits bei den Seeigelstacheln. Auch sie erhalten durch starke Reizung eine hohe und unabänderliche Sperrschwelle, während sie beim normalen Arbeiten sich durch Verschiebung ihrer Sperrschwelle allen möglichen Gewichten anpassen können. Die maximale Sperrschwelle läßt sich bei den Muskeln der Seeigelstacheln dauernd erreichen, wenn man die Haut, in der sich der zentrale Nervenring befindet, ablöst.

Aus all diesen Beispielen läßt sich schließen, daß die Ansammlung übermäßiger Erregung im Muskel ebenso wirkt wie die Abtrennung des Zentralnervensystems, das heißt, daß nur bei normalen Erregungsverhältnissen die Herrschaft der Repräsentanten über ihre Gefolgsmuskeln gewährleistet ist. Diese Herrschaft besteht in der Verschiebung der Sperrschwelle sowohl nach oben wie nach unten, je nach Maßgabe der angehängten Last. Die Sperrschwelle selbst ist, wie wir wissen, jener Zustand der Sperrmuskulatur, der es ihr ermöglicht, einer bestimmten Last bei jeder beliebigen Länge des Muskels das Gleichgewicht zu halten. Zu jeder Last gehört eine bestimmte Sperrschwelle. Die richtige Sperrschwelle für eine beliebige Last wird stets mit Sicherheit gefunden, weil die Erregung, die zu den Verkürzungsmuskeln fließt, so lange in die Sperrmuskeln übergeht, bis diese die genügend hohe Sperrschwelle erreicht haben, um es den Verkürzungsmuskeln zu ermöglichen, die Muskelbewegung auszuführen, worauf der weitere Zufluß zu den Sperrapparaten aufhört. Soweit hatte uns die Analyse der Seeigelstacheln gebracht. Nun zeigt es sich, daß zur Erreichung der richtigen Sperrschwelle ein zentraler Apparat gehört, denn alle Muskeln, die nur ihren peripheren Nerv allein besitzen, sind immer nur auf eine einzige Sperrschwelle eingestellt, die für jede Last vorhalten muß. Die Verschiebung der Sperrschwelle bedarf eines Zentrums, d. h. des Repräsentanten im Nervensystem. Die Zentren besitzen alle die Fähigkeit, die statische Erregung zu verschieben und Druck mit Gegendruck zu beantworten. Es scheint daher am einfachsten, die Wirkung der Repräsentanten darin zu erblicken, daß sie den Erregungsdruck, mit dem die Sperrmuskulatur arbeitet, so lange steigern, bis die richtige Sperrschwelle erreicht ist, die der Last das genügende Gegengewicht liefert. Es schickt demnach der Repräsentant die Erregung zum Muskel. Diese tritt in die Verkürzungsapparate. Hängt eine Last am Muskel, so können die Verkürzungsapparate nicht funktionieren. Es muß erst das genügende Gegengewicht durch die Sperrmuskeln geliefert sein. Um dieses zu erreichen, sendet der Repräsentant immer neue Erregung zum Muskel unter immer steigendem Druck, bis die Sperrschwelle erreicht ist, die der Last das Gegengewicht hält. Dann können die Verkürzungsmuskeln anstansdlos arbeiten. Wird die Last ausgehängt, so saugt der Repräsentant die Erregung wieder an sich, die Sperrschwelle sinkt und es tritt bei Fortnahme der Unterstützung durch den neuen Zug der Last vollkommene Erschlaffung ein. Unter diesem Bilde können wir uns die Unterstützungshemmung einigermaßen verständlich machen. So fügt sich langsam Stein an Stein in der Erkenntnis der schwierigen Verhältnisse, welche bei der Wirkung und Gegenwirkung aller statischen Erregung Geltung haben.

Die Pilgermuschel.

(Pecten maximus.)

Von der Pilgermuschel kennt der Leser die rechte der schöngerippten Schalen, die einst der bedürfnislose Pilger als Trinkschale mit sich führte und die jetzt als Ragoutschale dem Gourmand dient. Die linke Schale ist flach und schließt das in der rechten Schale liegende Tier wie ein Deckel von der Außenwelt ab.

Das Tier ruht auf dem Meeresboden auf der gewölbten Schale, die beim Herabsinken im Wasser der Schwere nach zu unterst zu liegen kommt.

Beide Schalen bilden mit ihrem hinteren geraden Rande ein

Scharnier und sind durch eine fibröse Haut miteinander verbunden. In der Mitte des Scharniers springt ein elastischer Wulst nach innen vor, der die Schalen dauernd auseinander drückt. So gleichen beide Schalen gemeinsam einer breiten Pinzette, die sich auf Fingerdruck schließt, dann aber sich selbsttätig öffnet.

Der Fingerdruck wird im lebenden Tier ersetzt durch die Tätigkeit zweier Muskeln, die beide Schalen in ihrer Mitte fassen und einander zuführen. Der eine Muskel ist groß und zylinderförmig, der andere Muskel, kaum ein Viertel, so groß lehnt sich dank seines

Abb. 11[1]).

sichelförmigen Querschnittes eng an den ersten an. Der große Muskel ist glashell und besteht aus quergestreiften Fasern, der kleine ist milchig weiß und besteht aus glatten Fasern. Der große ist der Bewegungsmuskel, der kleine der Sperrmuskel.

Auf dem großen Muskel liegt, bei geöffneten Schalen leicht sichtbar, das Visceralganglion, das seine Nerven strahlenförmig entlang der Oberfläche des großen Muskels dem Sperrmuskel zusendet.

Betrachten wir den kleinen Sperrmuskel im Zustand der Ruhe, so stellt er ein schlaffes Band dar, das durch das elastische Widerlager gestreckt wird.

[1]) Nach: Hesse-Doflein, Tierbau und Tierleben. Bd. I.

Wird in diesem Zustand des Sperrmuskels das Ganglion abgetrennt, so hat er damit endgültig seine Sperrfähigkeit eingebüßt. Die Reizung seiner Nerven bewirkt wohl noch eine langsame Verkürzung des Muskels, aber die Sperrung bleibt aus.

Das Visceralganglion ist andererseits mit dem Cerebralganglion am Ösophagus durch zwei Kommissuren verbunden. Reizt man die linke Kommissur elektrisch, so wird der Sperrmuskel verkürzt und gesperrt. Schneidet man jetzt die vom Visceralganglion ausstrahlenden Muskelnerven durch, so bleibt der Muskel dauernd verkürzt und gesperrt. Daraus ergibt sich, daß die Sperrung nicht durch die wellenförmig ablaufende dynamische, sondern allein durch die strömende statische Erregung hervorgerufen wird. Denn die in Wellen ablaufende Erregung kann man durch Unterbrechung der Leitung wohl abblenden aber nicht abfangen wie die strömende.

Reizt man aber vor der Durchschneidung der Nerven die rechte Kommissur, so wird dadurch die Sperrung im Muskel aufgehoben.

Dadurch wird bewiesen, daß das Visceralganglion die Fähigkeit besitzt, die statische Erregung in den Muskel bald einströmen bald ausströmen zu lassen, je nach dem, von welcher Kommissur her ihm dynamische Erregung zugeleitet wird, denn die durch elektrische Reizung erzeugte Erregung ist immer dynamisch, wobei jeder elektrische Schlag eine neue Welle erzeugt.

Durch die Untersuchungen von Parnas wissen wir, daß die Sperrung der Muschelmuskeln keinen Stoffwechsel in Anspruch nimmt. Es bildet sich bei diesen Muskeln durch eine Art innerer Gerinnung eine feste Sperrvorrichtung aus, die eine feste Sperrung bedingt, welche sowohl für leichte wie für schwere Gewichte das gleiche Maximum des Widerstandes bietet. Diese stoffwechselfreie Sperrung kann man als „nicht zehrende“ bezeichnen.

Man hat es durch wechselnde Reizung beider Kommissuren in der Hand, eine größere oder geringere Menge statischer Erregung in den Muskel einfließen zu lassen, was dann ein höheres oder niederes Maximum an fester Sperrung zur Folge hat. Die feste oder maximale Sperrung ist völlig unabhängig vom angehängten Gewicht, eine Unterstützungshemmung, wie wir sie vom Blutegel her kennen, ist bei ihr ausgeschlossen.

Ein Blutegel, der am Hinterende mit einem Haken aufgehängt ist, ist zwar stets gleich lang, mag das Gewicht 5 oder 50 Gramm betragen. Seine Sperrung ist aber in jedem Fall verschieden. Sie überwindet gerade noch das ihr angehängte Gewicht, aber nicht mehr. Wird das Gewicht unterstützt, so ändert sich die Länge der Muskeln nicht, aber ihre Sperrung sinkt auf Null. Daher werden sie nach Entfernung der Unterstützung von dem bisher getragenen Gewicht vollkommen gedehnt.

Cohnheim und ich haben nun nachweisen können, daß in diesem Fall die Sperrung einen bedeutenden Stoffwechsel beansprucht. Sie ist daher eine „zehrende".

Nun ist die Sperrung beim Blutegelmuskel abhängig von der dauernden Verbindung des Muskels mit seinem Zentrum. Wird das Bauchmark abgetrennt, so sinkt die Sperrung sofort. Das läßt uns auf eine Erzeugung der zehrenden Sperrung durch die dynamische Erregung schließen.

Bei der nicht zehrenden Sperrung entspricht der Muskel einem Sperrade, das für alle Gewichte gleich wirksam ist. Bei der zehrenden Sperrung entspricht der Muskel einem Motor, der sich auf alle Gewichte einstellen kann. Diesem Unterschied gegenüber den verschiedenen Gewichten trägt man am besten dadurch Rechnung, daß man der festen oder maximalen Sperrung die „gleitende" Sperrung gegenüberstellt.

Es erhebt sich nun die Frage, ob es der Organisation der Tiere nicht doch möglich ist, die nicht zehrende Sperrung, obgleich sie sich nicht automatisch auf das Gewicht einzustellen vermag, dennoch in eine gleitende Sperrung zu verwandeln. In der Tat scheint diese Aufgabe von den Muskeln der Herzigel gelöst zu sein, die je nach der Last des Sandes, die sie tragen, mehr oder weniger gesperrt erscheinen. In diesem Falle darf man annehmen, daß die statische Erregung, von den in ihrer Verkürzung behinderten Bewegungsmuskeln zu den Sperrmuskeln so lange hinströmt, bis diese die nötige feste Sperrung erhalten haben, um die Last zu überwinden, worauf die Bewegungsmuskeln in ihrer Verkürzung fortfahren.

Soweit es sich bis jetzt übersehen läßt, ist die nicht zehrende Sperrung immer ein Erzeugnis der statischen Erregung, während die zehrende Sperrung durch eine dynamische Erregung des Nerven hervorgerufen wird.

Noyons und ich haben gezeigt, daß die Sperrung der Muskeln sich direkt aus ihrer Härte ablesen läßt, leider gestattet diese Methode nicht, die zehrende von der nicht zehrenden zu unterscheiden. Dagegen gibt das elektromotorische Verhalten des Muskels bessere Resultate. Ein Muskel, der trotz hoher Sperrung keine Schwankungswellen zeigt, befindet sich in einem nicht zehrenden Zustand. Meyer und Fröhlich, die menschliche Muskeln in diesem Zustand untersuchten, haben es leider unterlassen, festzustellen, ob die Erregung der Nerven dabei eine statische oder dynamische war.

Bevor wir auf das Zusammenarbeiten des Sperr- und Bewegungsmuskels bei Pecten eingehen können, muß noch eine allen Muskeln eigentümliche Fähigkeit behandelt werden, die bisher arg vernachlässigt worden ist. Ich meine die passive Verkürzung.

Nur ein Muskel, der noch in Verbindung mit seinem Zentrum steht, kann durch passive Annäherung seiner Ansatzstellen zur passiven Verkürzung gebracht werden — ist er von seinem Zentrum getrennt, so bleibt er lang und schlägt Falten. Daraus kann man mit Sicherheit schließen, daß die passive Verkürzung ebenfalls auf einem Erregungsvorgang beruht wie die aktive.

Von unseren eigenen Muskeln wissen wir, daß sie sich der passiven Annäherung ihrer Ansätze bei passiver Beugung der Gelenke ohne weiteres anpassen. Eine dynamische Erregung im Nerven wäre der Aufmerksamkeit nicht entgangen. Daraus schließe ich, daß die passive Verkürzung auf statischer Nervenerregung beruht.

Von der passiven Verkürzung macht der Sperrmuskel von Pecten ausgiebigen Gebrauch, wie folgender Versuch zeigt. Man bringe ein Brettchen zwischen die Schalen einer Muschel, die sich gerade öffnet. Dann werden die Schalen mit großer Gewalt zuschlagen. Nun ziehe man das Brettchen durch seitliche Drehung heraus und man wird feststellen können, daß der Sperrmuskel hart von Sperrung ist, dennoch zeigt er nicht die mindeste Neigung, sich zu verkürzen. Nun drücke man mit dem Finger schnell oder langsam die Schalen zusammen und der Sperrmuskel wird augenblicklich folgen und in jeder ihm zugewiesenen Stellung wie angefroren stehen bleiben. Er hat sich passiv verkürzt und dabei die gleiche Sperrung behalten.

Offenbar spielt die passive Verkürzung bei jedem Zuklappen der Schalen die Hauptrolle. Wenn auch der Sperrmuskel, wie wir gesehen haben, sich aktiv zu verkürzen vermag, so erfolgt doch seine Eigenbewegung viel zu langsam, um mit dem blitzschnellen Bewegungsmuskel Schritt halten zu können. Er ist darauf angewiesen, sich passiv bewegen zu lassen. Dabei saugt er, wie man annehmen kann, die nötige statische Erregung aus dem Zentrum in sich auf. Der Sperrmuskel von Pecten besitzt eigene Ganglienzellen, die vielleicht diesem Zwecke dienen.

Die Muskeln von Pecten liefern meines Wissens das einzige Beispiel, das uns die beiden Faktoren des Hebens, nämlich das Tragen und das Bewegen, so unzweideutig getrennt vor Augen führt.

Ein tragender Sperrapparat, der passiv bewegt wird, und ein sehr schneller Bewegungsapparat, der nicht trägt, arbeiten zusammen und werden dadurch befähigt, durch einen blitzschnellen gewaltigen Schlag alles, was sich zwischen die Schalen eindrängt, mag es selbst eine Krabbenschere sein, zu zerschmettern. Dies wäre unmöglich ohne die höchst merkwürdige Erscheinung der passiven Verkürzung, die sich in ihrem Tempo jeder von außen erteilten Geschwindigkeit anzupassen vermag.

Wenden wir uns jetzt dem Bewegungsmuskel von Pecten zu, so

können wir durch Reizung des Visceralganglions (das seine Nerven unmittelbar in die Tiefe des Muskels sendet) feststellen, daß wir es hier mit einem Muskel zu tun haben, der dem „Alles oder Nichts“-Gesetz gehorcht. Jede wirksame Reizung gibt einen maximalen Effekt, der in einem blitzschnellen Zuschlagen der Schalen besteht. Beteiligt sich der Sperrmuskel an diesem Schlage, so ist die Wirkung ganz ungewöhnlich groß und wohl geeignet, jeden Feind zu töten oder in die Flucht zu schlagen. Ist dagegen der Sperrmuskel außer Tätigkeit gesetzt, so kann man gefahrlos seinen Finger zwischen die Schalen bringen — der Schlag des Bewegungsmuskels allein erzeugt nur einen ganz geringen Eindruck auf den Finger.

Nun wird der Sperrmuskel bei der bemerkenswertesten Handlung der Muschel immer ausgeschaltet — nämlich beim Schwimmen, das durch eine rhythmische Schlagfolge des Bewegungsmuskels ausgeführt wird, während der völlig entsperrte und unverkürzte Sperrmuskel wie ein schlaffes Band hin und her schwappt.

Um das Schwimmen zu verstehen, muß man einige muskulöse Organe in die Betrachtung mit einschließen. Entlang des kreisförmigen freien Randes beider Schalen befindet sich ein muskulöser Saum, der auch die Sinnesorgane der Muschel, nämlich Tentakel und Augen, trägt. Der Saum kann durch Quermuskelzüge verbreitert und durch Längsmuskelzüge verschmälert werden. Ferner kann der ganze Saum durch einen der Schale anliegenden Muskel (den sogenannten Mantel) in das Innere der Schalen hineingezogen werden, da seine Ansatzstelle am Schalenrand nicht festgewachsen, sondern nur angesaugt ist.

Bei jedem Schalenschlag, der mit Hilfe beider Muskeln ausgeführt wird, werden beide Säume eingezogen, sonst würde dies zarte Gebilde unfehlbar zerquetscht werden. Beim Schwimmen hingegen spielen die ausgebreiteten Säume eine wichtige Rolle, der Schlag des Bewegungsmuskels allein ist ihnen völlig ungefährlich.

Die Muschel öffnet beim Schwimmen ihre Schalen infolge der Wirkung des elastischen Widerlagers auf die entsperrten Muskeln. Dabei strömt allseitig Wasser in den Innenraum ein. Der nun einsetzende Schlag des Bewegungsmuskels treibt das Wasser wieder hinaus. Wohin es hinausgetrieben wird, das bestimmen die Säume, die sich aneinander schmiegen und dem Wasser den Austritt verweigern. Beim normalen Schwimmen findet das Wasser jederseits des Scharniers freien Austritt und der Stoß des Wassers treibt die Muschel mit der freien Schalenseite voran. Das Tier beißt sich mit seinen Saumlippen durch das Wasser vorwärts, wie Dakin sich ausdrückt. Da die Säume bis an das Scharnier heranreichen, besteht die Möglichkeit, auch dort eine oder die andere Öffnung zeitweilig zu schließen und dadurch eine primitive Steuerung auszuführen. Welchen Gebrauch die Statolithen von dieser Möglichkeit machen, hat Buddenbrock in einer feinen Studie auseinander gesetzt.

Das normale Tier liegt zur Zeit der Ruhe auf seiner gewölbten Schale. Die Muskeln sind mittellang und leicht gesperrt. Die Schalen klaffen gerade so weit, daß die Säume den Innenraum abschließen. Nähert sich ein Fremdkörper, so ziehen sich die Säume lokal zurück, so daß eine Öffnung entsteht, durch die der nun einsetzende Schlag des Bewegungsmuskels dem Feind einen Wasserstrom entgegenschleudert, der zugleich die Muschel zurückfahren läßt.

Überraschend sinnreich ist, wie Buddenbrock zeigen konnte, die Art, mit der die Muschel in ihre normale Lage zurückschnellt, wenn sie auf die flache Schale zu liegen kommt. Dann verschieben sich nämlich die Säume derart gegeneinander, daß ein nach unten gerichteter Spalt entsteht. Der nun einsetzende Schlag treibt den Wasserstrom nach unten und der Rückstoß wirft die Muschel hinten über, so daß sie auf die richtige Seite zu liegen kommt.

Die gesamten Saummuskeln werden beiderseits durch ein langgezogenes Nervennetz verbunden, das die lokalen Reflexe vermittelt. Von jedem Nervennetz gehen längs seiner ganzen Ausdehnung zahlreiche Nerven zum Visceralganglion, das die Übertragung der Reflexe vom unteren Saum auf den oberen und umgekehrt vermittelt. So bewirkt die Reizung eines Tentakels des oberen Saumes nicht bloß eine Reflexbewegung des getroffenen Tentakels, sondern auch des genau gegenüber liegenden Tentakels des unteren Saumes.

Der ganze Bewegungsapparat untersteht dem Visceralganglion und wird durch die Reizung der Rezeptoren des Saumes in Tätigkeit gesetzt. Unter diesen Rezeptoren nehmen die Augen die erste Stelle ein. Sie sind hochorganisiert, besitzen Netzhaut und Linse und zeigen sogar Andeutungen eines Akkommodationsapparates. Sie sind daher gewiß imstande, ein Bild der Außenwelt zu entwerfen. Er fragt sich nur, ob das Zentralnervensystem imstande ist, ein solches Bild zu verwerten. Dagegen spricht die große Anzahl der Augen, denn die häufige Wiederholung des gleichen Organs spricht, wie wir von den Seeigeln wissen, für ein koordiniertes Nervensystem.

Wenn man sagen konnte: „Beim Hund bewegt das Tier die Beine — beim Seeigel bewegen die Beine das Tier“, so liegt es nahe, zu sagen: „Beim Hund benutzt das Tier die Augen — bei Pecten benutzen die Augen das Tier.“

Und so ist es denn auch in der Tat, ein jedes Auge benutzt den allgemeinen Reflexapparat, der so eingestellt ist, daß er auf die gleiche Erregung, die ihm von jeder beliebigen Seite aus zufließen kann, in Tätigkeit gerät. Da kann man freilich keine Differenzierung der

Eindrücke, wie sie das Bild verlangt, erwarten. Wir werden demnach von den hundert Augen von Pecten nicht allzuviel voraussetzen dürfen.

Die Augen dienen lediglich dazu, die einzige freie Bewegung, deren das Tier fähig ist, nämlich das Schwimmen, einzuleiten. Der interessante Vorgang läuft folgendermaßen ab. Eine Verdunkelung des Horizontes wirkt auf die zahlreichen kleinen Tentakel, die das Auge umgeben und bringt sie zum Auseinanderschlagen, so daß das Blickfeld für die Augen frei wird. Darauf wird das Bild eines sich nähernden Gegenstandes auf die Netzhaut entworfen. Die Form und Farbe des Gegenstandes hat keinerlei Einfluß auf die Muschel, d. h. das Bild auf der Netzhaut wird nicht zur Erregung benutzt. Anders steht es mit der Bewegung des Bildes. Eine Bewegung von ganz bestimmter Geschwindigkeit — nicht zu schnell — nicht zu langsam — gerade das Tempo, das der Todfeind aller Muscheln, der Seestern Asterias, einschlägt, wird zum Erregung auslösenden Reiz. Darauf verlieren die um das Auge stehenden großen Tentakel ihre Sperrung, das Schwellwasser, das im ganzen Tier unter Druck steht, dringt ein und die Tentakel flattern wie lange Wimpel dem sich Bewegenden entgegen. Ist es der Seestern, so werden ihre Rezeptoren vom Schleime gereizt und die Tentakel fahren zurück. Zugleich ist aber eine starke Erregungswelle dem Visceralganglion zugeeilt und dieses antwortet mit einer Erregung des Bewegungsmuskels, dessen schnelle Stöße die Muschel emporheben und sie durch kräftiges Schwimmen aus der gefährlichen Nähe des Feindes bringen.

Neben den Schwimmbewegungen spielen die Bewegungen des Fußes eine wichtige wenn auch ganz andersartige Rolle im Leben des Tieres. Die Tätigkeit des Fußes kann man nur zu Gesichte bekommen, wenn man einen Teil der Schale wegsprengt, die ihn sonst unseren Blicken verbirgt. Der Fuß sitzt als vordere muskulöse Verlängerung dem Eingeweidesack auf. Er ist darauf angewiesen, durch Schwellwasser aufgetrieben zu werden, was bei der Erschlaffung seiner Muskeln automatisch eintritt. Wie es scheint, ist der Eingeweidesack zugleich das Reservoir für das Schwellwasser und erhält dieses unter dauerndem Druck, auf den alle Hohlmuskeln des Körpers angewiesen sind. Die übrigen Muskeln insbesondere die beiden Schließmuskeln der Schale sind vom Schwellwasser unabhängig.

Nahe dem Fuße sitzt der Mund, der scheinbar in die am elastischen Widerlager gelegene Leber führt. In Wirklichkeit führt die Speiseröhre zu den im Eingeweidesack gelegenen Verdauungsorganen. Erst der Enddarm zieht durch die Leber und von dort aus durch den Herzbeutel ins Freie.

Außer den genannten Organen beherbergt der Innenraum der

Schalen die beiden großen sichelförmigen Kiemen, die mit ihrem freien Rande bis an den bandförmigen Mantel heranreichen.

Die Oberflächen all dieser Organe werden vom Wasser umspült und sind daher steter Verunreinigung ausgesetzt. Zwar besitzen die Kiemen besondere Muskeln, um kleinere Fremdkörper abzuschütteln, aber gegen größere sind sie machtlos. Da springt nun der Fuß ein, der auf einem langen wurmartig beweglichen Stiel eine Art muskulösen Wischtuchs trägt, das alle Fremdkörper in seine Falten zusammenfegt, um sie dann beim nächsten Schalenschlag nach außen abzuschütteln.

Vor dem Munde ist ein ähnliches aber ungestieltes Wischtuch angebracht, das den größeren Fremdkörpern den Eintritt verwehrt, gelangt trotzdem ein Steinchen bis in den Mund, so naht sich der Fuß und nimmt es weg.

Den Fuß hatte man bisher nur im kontrahierten Zustand beobachtet — gleich war man mit der Erklärung bei der Hand, natürlich ein „rudimentäres Organ“.

Ein rudimentäres Organ ist immer nur eine Redensart, um unsere Unwissenheit zu bemänteln. In Wahrheit gibt es überhaupt keine rudimentären Organe.

Wir sind nun in der Lage, uns ein Bild von der Umwelt der Pilgermuschel zu entwerfen. Auch diese höchstorganisierte Muschel besitzt nur eine sehr beschränkte Merkwelt. Mechanische Reize, die hauptsächlich im Inneren der Schalen eine Rolle spielen, werden gut lokalisiert und durch fein durchgearbeitete Effektoren beantwortet. Die Welt außerhalb der Schalen ist reicher. Der Feind wird in eine Reihe aufeinander folgende Merkmale zerlegt, die eine Reihe von Handlungen auslösen, durch die er aus der Umwelt entfernt wird. Erst ein Schattenreiz mit darauf folgendem optischen Bewegungsreiz, an den sich ein chemischer Reiz anschließt, charakterisieren den Seestern zur Genüge.

Der chemische Reiz ist notwendig, um den Seestern von den in der Strömung schaukelnden Algen mit Sicherheit zu unterscheiden. Da nicht das Bild, sondern nur die Bewegung des Bildes als Reiz wirkt, kann jede Alge, die sich im gleichen Tempo bewegt, einen Seestern vortäuschen. Die Einpassung dieser bestimmten Bewegungsgrenze aber ist erstaunlich und bedarf sehr fein ausgebildeter optischer Hilfsmittel.

So ist denn auch Pecten als Wettmittelpunkt in seine Umwelt hineingesetzt, die vollkommen auf ihn zugeschnitten ist. Gegenstände gibt es in dieser Welt nicht, sondern nur Reizketten, aber sie genügen vollauf, um die Muschel vor Überfällen zu sichern. Das Nahrungsbedürfnis wird durch das hereingestrudelte Wasser gedeckt, das eine reiche Mikrofauna und Flora beherbergt.

Die Manteltiere.

(Cyona intestinalis.)

Wie die Medusen die Meeresoberfläche abweiden, indem sie das Seewasser unfiltriert aufnehmen und filtriert entlassen, so finden sich zahlreiche Tiere, die dieses Geschäft in der Tiefe, am Meeresgrunde betreiben und dabei reichlich auf ihre Kosten kommen. So wenig es angebracht wäre, sich nur vom Staub der Luft zu ernähren, so reichlich lohnt es sich, im Staube des Meeres seine Nahrung zu suchen. Denn

Abb. 12[1]).

der Meeresstaub ist großenteils lebendig und besteht aus mikroskopischen Pflanzen und Tieren, die alle zur Nahrung geeignet sind. Man muß nur eine genügend große Anzahl von ihnen vertilgen.

Abgesehen von den zahllosen Schwämmen, die auf diese Weise ihr Leben fristen, sind wohl die Manteltiere oder Tunikaten die interessantesten Filtriermaschinen. Während die Schwämme infolge ihrer primitiven Leibesbeschaffenheit (sie sind mehr Zellkolonien als Individuen) zu diesem primitiven Nahrungsfang prädestiniert erscheinen, besitzen die Manteltiere eine so hohe Organisation, daß sie auch zu einem höheren Dasein befähigt wären. Und in der Tat haben die

[1]) Nach: Hesse-Doflein, Tierbau und Tierleben. Bd. I.

Manteltiere in ihrer Jugend ein reiches Leben geführt und eine reiche Umwelt besessen. Die freischwimmenden Larven, im Besitze von Auge und Statolithen, mit einer Art Rückenmark versehen, das von einer Chorda dorsalis gestützt wird, nähern sich bereits den einfachen Fischen und berechtigen zu den schönsten Hoffnungen. Und dann dieser Rückschlag! Die festsitzende Lebensweise und die Art des Nahrungsfanges scheint auf diese Tiere degenerierend eingewirkt zu haben. Ja, sie wirken in dieser moralischen Beleuchtung fast wie ein warnendes Beispiel.

Und doch ist diese ganze Auffassung lächerlich. Die erwachsenen Tunikaten sind ihrer Umgebung und ihrem Dasein genau so gut angepaßt, wie ihre Larven. Daß sie es vermögen, so hohe Differenzierungen in ihren Larvenorganen zu zeitigen, beweist nur, wie mannigfaltig das ganze Tier ist und gewiß nichts gegen seine Vollkommenheit. Denn ein Tier ist nicht bloß eine momentane Einheit, sondern eine höhere Zusammenfassung aller in der Zeitfolge sich ablösenden momentanen Einheiten. Bei allen anderen Tieren wird man leicht dazu verleitet, in dem erwachsenen Tier das Ziel der individuellen Entwicklung zu sehen. Die Manteltiere belehren uns eines Besseren. Das ganze Leben, mag es sich in der Larve oder dem Erwachsenen abspielen, bleibt sich stets allein Selbstzweck. Es gibt keine Entwicklung vom Schlechteren zum Besseren, vom Unvollkommeneren zum Vollkommeneren. Bereits das Ei ist vollkommen vollkommen.

Wir müssen uns zu einem übermomentanen Standpunkt erheben, wenn wir das Tier richtig beurteilen wollen. Von diesem Standpunkt aus erscheint auch das Auf- und Absteigen im Leben der Manteltiere als eine zusammengehörige Einheit, als eine planmäßige Melodie. Auch wenn sie nicht mit einer Steigerung endigt, bewahrt sie dennoch ihre volle Schönheit.

Wir haben es hier nur mit einer momentanen Einheit zu tun, die uns das erwachsene Tier zeigt und wollen auf sie und ihre dürftige Umwelt einen kurzen Blick werfen. Cyona intestinalis ist ein Sack, der etwa handgroß werden kann. In diesen Sack führen zwei Öffnungen: die eine, der Mund, nimmt das Seewasser auf, die andere, die Kloake, entläßt es filtriert. Der Filtrierapparat befindet sich gleich unterhalb der Mundöffnung, es ist der sogenannte Kiemenkorb. „Bei den Aszidien“, schreibt Ludwig, „ist die ganze Wand der Kiemenhöhle von in Quer- und Längsreihen angeordneten und so ein Gitter bildenden, zahlreichen Spalten durchbrochen. An den Rändern dieser bewimperten Spalten verlaufen die Blutgefäße der Kieme. Durch die Spalten gelangt das durch den Mund aufgenommene Atemwasser in einen den Kiemensack umgebenden Raum (Peribranchialraum), welcher eine Nebenhöhle des Kloakenraumes ist; aus letzterem wird das Atemwasser dann zusammen mit den Exkrementen und Geschlechtsprodukten durch die Kloakenöffnung entfernt. — An der Bauchseite der Kiemenhöhle verläuft in der Mittellinie eine eigentümliche bewimperte Rinne, die Bauchrinne. — Die Seitenränder der Bauchrinne besitzen zahlreiche Drüsenzellen. — Die Drüsenzellen der Rinne sondern einen Schleim ab, an welchem die durch das Atemwasser in die Kiemenhöhle gebrachten Nahrungsteile hängen bleiben und dann durch die Tätigkeit der Wimpern zur Speiseröhre befördert werden."

Auf diese Weise wird die doppelte Filtrierung vorgenommen. Der Sauerstoff des Seewassers wird von den Blutgefäßen ergriffen, während die suspendierten Nahrungsteilchen von den engen Spalten des Kiemenkorbes abgesiebt werden und in den Verdauungskanal gelangen. Das Wasser selbst streicht unaufhörlich vom Munde in den Kiemenraum, vom Kiemenraum in den Kloakenraum und gelangt dann ins Freie. Die gesamten Eingeweide von Cyona sind von einer doppelten Muskelschicht umgeben, einer äußeren Längsmuskelschicht und einer inneren Ringmuskelschicht. Die Kontraktion der Längsmuskeln verkürzt das Tier, die kontrahierten Ringmuskeln verlängern es. Beim Ejektionsreflex kontrahieren sich beide Muskelarten zusammen und werfen den flüssigen Inhalt des Kiemenkorbes durch die Kloakenhöhle nach außen.

Der Schutzreflex besteht im Verschluß der beiden Atemöffnungen oder Siphonen und dient dazu, stark reizende Gegenstände vom Kiemenkorb fernzuhalten. Meist kommt es zugleich zu einer Kontraktion der Längsmuskeln, die das Tier vom Reizort wegführt. Das auffallendste beim Schutzreflex ist die Tatsache, daß bei der geringsten Berührung der einen Öffnung sich auch die andere schließt. Nun liegt zwischen beiden Öffnungen ein Ganglion, über dessen Eingreifen in den Reflex viel geschrieben worden ist. Jordan hat als letzter darauf hingewiesen, dab bei Entfernung des Ganglions auch ein großer Teil der direkten Verbindungsbahnen, die von einem Sipho zum anderen führen, mit durchtrennt wird. Loeb hatte bereits behauptet, das Ganglion bedeute nichts mehr als die schnellste nervöse Verbindung von einer Öffnung zur anderen. Seine Versuche sind aber als nicht beweisend zurückgewiesen worden. Dagegen ist es Jordan in einer großen Anzahl von Fällen gelungen, die Mundöffnung so nachhaltig zu reizen, daß man die Ausbreitung der Erregung nach Entfernung des Ganglions erst am Munde selbst, dann am Rumpf und schließlich an der Kloake verfolgen konnte. Es existiert also außer dem Schutzreflex, der schnell und energisch von einer Öffnung zur anderen eilt, auch noch ein allgemeiner „genereller" Reflex, der sich mit starkem Dekrement über die gesamte Muskulatur ausbreitet. Dadurch wird das Vorhandensein eines allgemeinen Nervennetzes bewiesen, das sich über die ganze

Muskulatur hinzieht. Von den Muskeln sprechen die Längsmuskeln schwerer an als die Ringmuskeln, deren Hauptaufgabe es ist, die Kieme und den Kloakenraum zusammenzupressen.

Das Ganglion selbst hat nach Jordan nur eine regulierende Funktion, ähnlich den Zentren der Radialnerven bei den Seeigeln. Es beherrscht als gemeinsames Reservoir für die statische Erregung das ganze Netz mit seinen Repräsentanten. Während aber die Radialnerven-Reservoire im normalen Leben mehr Erregung an die Peripherie abgeben als in sich aufnehmen, benimmt sich das Ganglion von Cyona ganz anders. Es dient der Hauptsache nach dazu, die überschüssige Erregung an sich zu ziehen. Die Manteltiere liefern daher das erste Beispiel einer Bremsmaschine. Wird das Ganglion entfernt, so verfallen die Muskeln langsam mehr und mehr einer dauernden Sperrung. Im übrigen regulieren die Muskeln sich selber. Wird durch eine dynamische Erregung vom Mundsipho aus der ganze Muskelsack in Tätigkeit gesetzt, während sich zugleich die beiden Öffnungen schließen, so steigt der Binnendruck schnell und wirkt seinerseits auf die Muskeln dehnend und die Erregung herabsetzend. Jordan hat aber an ausgeschnittenen Muskeln zeigen können, daß die Erschlaffung durch Dehnung anders verläuft bei Anwesenheit als nach Entfernung des Ganglions. Ist das nervöse Reservoir noch vorhanden, so findet sich im allgemeinen Netz weniger statische Erregung vor, denn diese wird vom Ganglion dauernd abgesaugt. Daher ist die Erschlaffung der Muskeln infolge der Dehnung eine schnellere als bei einem Nervennetz, das viel Erregung beherbergt, welche es nicht mehr abgeben kann. Ist aber ein bestimmter Grad der Dehnung erreicht, bei dem das Erregungsniveau der Repräsentanten unter dasjenige des Zentralreservoirs sinkt, so vermag dieses mit seiner Erregung helfend einzuspringen, während ein zentrales Netz, das dieses Hilfsmittels beraubt ist, der Erschlaffung wehrlos preisgegeben ist.

Cyona besitzt dauernd eine relativ hohe Sperrschwelle in der gesamten Muskulatur. Daher ist sie in der Norm hoch aufgerichtet. Diese Haltung steht unter nervöser Kontrolle des Ganglions. In den Nervennetzen können beim Schutz- wie beim Ejektionsreflex dynamische Wellen ablaufen. Damit ist das ganze Innenleben des Manteltieres in seinen Grundzügen gegeben.

Wir haben noch einen Blick auf die Umgebung zu werfen und ihre Umwandlung durch die Rezeptoren. Die Manteltiere tragen ihren Namen nach einer mantelartigen Umhüllung, welche die Muskeln umgibt und die bei verschiedenen Arten knorpelhart bis lederartig werden kann. Manchmal ist der Mantel durch Säure produzierende Drüsen besonders geschützt. Der Mantel schließt jeden Außenreiz vom Körper ab. So bleiben nur die Ränder der beiden Öffnungen als rezipierende

Organe übrig, abgesehen von der inneren Auskleidung der Kiemenhöhle, deren Reizung den Ejektionsreflex veranlaßt. Es versteht sich von selbst, daß bei einem festsitzenden Tiere, das nur das Wasser ein- und ausströmen läßt, besondere Rezeptoren für die Nahrungsunterscheidung nicht am Platze sind. Es finden sich in der Tat nur solche Rezeptoren vor, die auf Schädlichkeiten mechanischer oder chemischer Art eingestellt sind, welche sich im Wasserstrom befinden und durch den reflektorischen Schluß der Siphonen ausgeschaltet werden.

Die Merkwelt von Cyona besteht also, wenn man sie allein vom Standpunkte des Innenlebens im Zentralnervensystem beurteilt, bloß aus Schädlichkeiten, die als Reize wirken und die, sobald sie auftreten, eine dynamische Erregung erzeugen, welche den Schutzreflex hervorruft. Alle gute Nahrung wandert reizlos in den Körper.

Aplysia.

Von den großen Nacktschnecken des Meeres ist Aplysia sicher die interessanteste. Ihre Größe und ihre Haltung hat ihr den Namen Seehase eingetragen. In der Tat sieht sie einem kleinen schwarzen Kaninchen nicht unähnlich, das am Boden sitzend, den Hals empor-

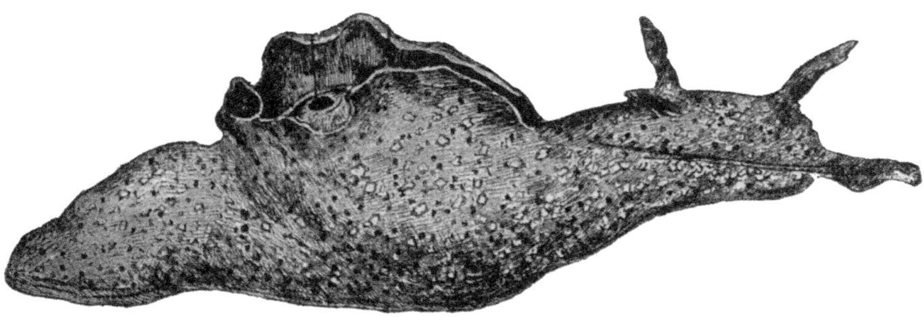

Abb. 13[1]).

streckt und die Ohren spitzt, bevor es forthüpft. Die Ohren sind aber in Wirklichkeit die Augenstiele des Seehasen und von Forthüpfen ist gewiß keine Rede. Denn der Seehase kann nur langsam am Boden entlang kriechen oder auch schwimmen, indem er zwei seitliche Hautlappen schwingend bewegt.

[1]) Nach: Lang, Lehrbuch der vergleichenden Anatomie der wirbellosen Tiere.

Der Körper von Aplysia besteht aus einem derben muskulösen Sacke, der eine geräumige Leibeshöhle birgt. Die Leibeshöhle ist mit der leicht opaliszierenden Blutflüssigkeit gefüllt. In ihr liegen die Eingeweide und Nerven in seltener Klarheit da.

Um ein richtiges Verständnis für die Bewegungen der Schnecken zu erlangen, muß man sich eine deutliche Vorstellung von der Anatomie des muskulösen Sackes gemacht haben, der Aplysia von allen Seiten einhüllt. Wir verdanken die Grundlagen unserer Kenntnisse Jordan. Er zeigte, daß die eigentliche Masse des Körpersackes durch Bündel glatter Muskelfasern gebildet wird. Jede einzelne Muskelfaser, sowie die ganzen Bündel werden vom Bindegewebe eingehüllt, so daß überall Bindegewebe an Bindegewebe stößt. Das Bindegewebe, das viele elastische Fasern enthält, bildet keine zusammenhängende Schicht, sondern umgibt ein reiches weitverästeltes Lakunensystem mit vielen größeren Höhlungen. Das Lakunensystem wird von Blut durchspült, das durch den wechselnden Binnendruck, der im Innern des Körpersackes herrscht, überall hingetrieben wird. Kontrahiert sich irgendwo eine größere Muskelpartie, so werden dadurch die innerhalb der kontrahierten Muskelpartie liegenden Lakunen und Hohlräume vom übrigen Lakunensystem abgesperrt und erhalten einen selbständigen Binnendruck. Dieser Binnendruck steigt bei steigender Kontraktion der Muskeln schnell an, weil die Wände der Lakunen nicht beliebig nachgeben, sondern durch den Reichtum an elastischen Fasern fähig sind, dem auf sie ausgeübten Druck einen kräftigen Gegendruck entgegenzusetzen.

Dem hohen Binnendruck in den Lakunen kommt eine große Bedeutung zu, weil er es ist, der die verkürzten Muskeln nach Aufhören der Reizung wieder auseinandertreibt. Alle Muskeln arbeiten gegen ein elastisches Widerlager, das bereit ist, sie in jedem Moment wieder auszudehnen. Bei erhöhtem Binnendruck des ganzen Sackes drücken sich die einzelnen in der kontrahierten Muskelpartie gelegenen Lakunen nach außen vor und bilden recht ansehnliche Protuberanzen.

Die einzelnen Muskelbündel sind auf der Oberfläche des Körpersackes ziemlich wirr verteilt. Nur am Fuß und an den Flügeln zeigt sich eine größere Regelmäßigkeit in der Anordnung. Am Fuß zerfallen die Muskeln in längs- und querlaufende Bündel, die in unregelmäßigen Schichten alternierend übereinanderliegen. „In den Flügeln“, schreibt Jordan, „verlaufen die Hauptbündel den Außenwänden parallel, und zwar sind die einen parallel mit der Ansatzlinie der Flügel, die anderen stehen senkrecht oder schräg auf dieser Linie.“

Der ganze Muskelsack ist von einem dichten Nervennetz umsponnen, in das sich die Nerven, die von den Ganglien kommen, einsenken. Diese Nerven muß man pseudoperiphere nennen, weil sie in Wirklichkeit intrazentrale Bahnen sind, die zwei Zentralstationen miteinander verbinden.

Der Beweis, daß es sich um ein allgemeines Nervennetz handelt, ist von Bethe erbracht worden. Er schreibt: „Bei Reizung eines peripheren Nerven bleibt der Effekt nicht auf die direkt innervierte Muskulatur beschränkt, sondern er dehnt sich je nach Stärke des Reizes auf weitere Teile und schließlich auf die ganze Muskulatur aus, trotzdem das gesamte zentrale Nervensystem (d. h. die Ganglien herausgenommen ist. Es hängt also jeder Nerv durch das Nervennetz indirekt mit der gesamten Muskulatur zusammen."

Da ein jedes Stück des Muskelsackes, solange es noch ein wenig äußere Haut beherbergt, noch eines vollen Reflexes fähig ist, so ist dadurch auch die Anwesenheit von Repräsentanten im zentralen Netz bewiesen. Da die Repräsentanten einerseits durch die Dehnung der Muskeln, andererseits durch die zentralen Erregungsänderungen beeinflußt werden, so ist es leicht verständlich, daß die schwache elektrische Reizung der pseudoperipheren Nerven sehr wechselnde Resultate gibt. Bald wird ein Teil der Repräsentanten durch die in ihnen enthaltene gesteigerte Erregung relativ refraktär sein, bald ein anderer Teil durch die Wirkung des elastischen Widerlagers gedehnte Gefolgsmuskeln besitzen und daher ein niedriges Erregungsniveau zeigen, in das die dynamischen Erregungswellen leicht Eingang finden. Bethe beschreibt die Wirkung der Nervenreizung folgendermaßen: „Nur bei sehr starker faradischer Reizung sieht man einigermaßen andauernde und dann sehr ausgedehnte Kontraktion eintreten. — Bei allen submaximalen Reizungen wechselt während der Reizung Kontraktion und Erschlaffung miteinander ab und der Effekt bleibt auf ein kleineres Gebiet beschränkt."

Die langen pseudoperipheren Nerven, die durch die große Leibeshöhle des Sackes ziehen, verbinden das zentrale Muskelnetz mit einem paarigen Ganglion, das unter dem Schlunde liegt und Pedalganglion heißt. Es erhebt sich wieder die Frage, inwieweit ist das Pedalganglion bloß als Durchgangsstation für die Erregung anzusehen, und welche Eigenschaften besitzt es außerdem? Jordan hat ein Tier durch einen Medianschnitt in zwei Hälften geteilt und die Hälften einmal durch ein Stück Muskelsack, das andere Mal durch die Ganglien miteinander in Verbindung gelassen. Dann wurde die eine Tierhälfte abwechselnd belastet und entlastet, während die andere Hälfte mit einem Registrierapparate in Verbindung stand. Jordan fand: „daß die Belastung (Dehnung) der einen Tierhälfte in der anderen den Tonus herabsetzt, und zwar so, daß ein Teil des peripheren Nervennetzes die

Kommunikation bildet, diese Herabsetzung eine geringfügige ist; wenn dagegen das Zentralnervensystem die Brücke bildet, so erfolgt bei Belastung ein prompter Tonusfall, bei Entlastung eine ebenso ausgesprochene und schnelle Steigerung". Daraus läßt sich schließen, daß die Bahnen, die durch das Pedalganglion gehen, eine viel bessere Verbindung der verschiedenen Teile des Muskelsackes untereinander bilden, als das allgemeine nervöse Netz.

Das Pedalganglion zeigt außerdem sehr ausgesprochene zentrale Eigenschaften. Durchschneidet man die Bahnen, die vom Pegalganglion zu den Muskeln führen, so bemerkt man bald, daß die gesamte Muskulatur einer dauernden Verkürzung und Sperrung anheimfällt. Genau wie bei Cyona ist bei Aplysia das den Muskelschlauch beherrschende Ganglion ein aufsaugendes Reservoir, das der dauernden Überproduktion an Erregung im Nervennetz ein Ziel setzt.

Auch bei den Landschnecken, welche die gleiche Trennung von Nervennetz und Ganglien zeigen, herrscht die gleiche Einrichtung, wie Biedermann schreibt. „Neben der Rolle eines motorischen Hauptzentrums hat das Pedalganglion auch noch die weitere, nicht minder wichtige Aufgabe, den Tonus der gesamten Fußmuskulatur dauernd zu beherrschen, und zwar im Sinne einer stetigen Hemmung. Jede dem Einfluß des genannten Ganglions entzogene Muskelpartie gerät in einen Zustand stärkster, dauernder Kontraktion (Tonus)."

Die Reizung der pseudoperipheren Nerven erzeugt immer einen Erregungszuwachs im zentralen Netz, und niemals eine Hemmung. Bei den Landschnecken kann man sich über die Wirkung der Reizung täuschen, denn die vorher verrunzelte Sohlenfläche wird glatt. Das ist aber bloß eine Wirkung der Muskelkontraktion, welche die Blutflüssigkeit in das Lakunensystem unter die Haut preßt. Bei Aplysia ist die Kontraktion der Muskeln immer über jeden Zweifel erhaben.

„Teile (von Aplysia), die nicht mehr mit einem lebenden Pedalganglion in Verbindung sind, behalten durch Hautreiz zugeführten Tonus auffallend lange", schreibt Jordan.

Wir haben nach alledem im Pedalganglion ein Reservoir zu sehen, das die überschüssige Erregung aus dem Netz dauernd an sich saugt und dadurch die Muskeln unter normalen Bedingungen erhält. Das Saugreservoir kann aber jederzeit, wenn sein Erregungsniveau höher wird als das der Repräsentanten, Erregung an das Netz abgeben. Sobald in irgendeiner Form Erregung in die Verbindung der pseudoperipheren Nerven tritt, wie es bei direkter Nervenreizung geschieht, so geht die Erregung ins Netz über. Es gibt also keine Hemmungsnerven, und die Hemmung erfolgt bloß durch Absaugung der Erregung. Die Abtragung des Pedalganglions hat denselben Einfluß, wie die Reizung der pseudoperipheren Nerven, beide steigern die Erregung in den Repräsentanten. Ist nun eine normale Bewegung im Gang, so kann diese sowohl durch den Verlust des Pedalganglions, wie durch Reizung der pseudoperipheren Nerven gehemmt werden. In diesem Fall bedeutet Hemmung bloß eine Störung des Ablaufes der normalen Erregungen. Bethe schreibt über Aplysia: „Das normale Tier kriecht nur, wenn der Körper schlaff ist; im Kontraktionszustande laufen keine Wellen über die Sohle.“

Es wäre sehr lehrreich, sich darüber ein Bild zu machen, was für heterogene Dinge unter dem Wort „Hemmung“ zusammengefaßt werden. Man würde bald zur Überzeugung gelangen, daß fast jede Abweichung von der Norm irgendwelcher Bewegung, aus welchem Grunde sie auch erfolge, als Hemmung bezeichnet werden kann. Hier handelt es sich um die Frage, ob durch Reizung der pseudoperipheren Nerven eine Erschlaffung in den Muskeln hervorgerufen werden kann. Jordan hat die Nerven von herausgeschnittenen Muskelpartien, die ihren Kontraktionszustand direkt aufschrieben, mit den verschiedensten Reizen behandelt und niemals etwas anderes als Verkürzung erhalten. Der Versuch Biedermanns, in den Nerven der Schnecken Erschlaffungsfasern nachzuweisen, ist als gescheitert anzusehen. Da solche Fasern in keinem der von uns behandelten Tiere nachzuweisen waren, brauchen wir uns nicht weiter um sie zu bekümmern.

Die Bewegungen der Schnecken können auch vom Nervennetz nach Verlust des Pedalganglions ausgeführt werden, wenn die Erregungssteigerung nicht allzu heftig auftritt. Bethe schreibt: „Schneidet man einem solchen Tier (limax cinereus oder variegatus) den Kopf ab, so zeigen sich die Wellen in unveränderter Regelmäßigkeit (Kunkel).“ Auch an Aplysia ist in günstigen Fällen ein Überdauern der normalen Bewegungen nach Entfernung des Pedalganglions zu beobachten.

Die Bewegungen der Flügel von Aplysia, die sich wie das Gewand einer Serpentintänzerin benehmen (Jordan), sind leicht zu verstehen, denn es kontrahieren sich die einzelnen Muskelbündel nacheinander von vorne nach hinten fortschreitend. Das ist eine Bewegungsart, die sich an die Schwimmbewegungen der Blutegel eng anschließt.

Die Bewegungen an der Sohle von Aplysia setzen sich aus zwei Wellen zusammen. Eine Verdünnungswelle (Kontraktion der Querfasern) läuft von vorne nach hinten, wodurch die vorderste Sohlenpartie sich verdünnt und nach vorne schiebt. Sobald diese am Boden haftet, tritt eine Verdickungswelle (Längsmuskelkontraktion) auf, welche die nächste Partie der Sohle nach vorne zieht. Genau wie beim Regenwurm ziehen Verdünnungs- und Verdickungswellen von vorne nach hinten.

Auch an Landschnecken hat Biedermann das Vorkommen dieser Bewegungsart beobachtet. Dagegen zeigt die Sohle der Landschnecken außerdem noch einen ganz neuen Bewegungstyp, der völlig aus der Reihe alles bisher Bekannten herausfällt. Jede Welle, die ein Tier im freien Wasser vorwärtstreibt, läuft immer von vorne nach hinten ab, denn es übt die fortschreitende Vorderseite der Welle einen Druck auf das Wasser aus. Geht die Bewegung am Boden vor sich, so tritt gleichfalls eine Welle auf, die von vorne nach hinten läuft, wie wir das beim Regenwurm gesehen haben. Die Verdünnungswelle, die den Körper verlängert, muß unter allen Umständen am Vorderende beginnen, damit dieses voranschreite. Begänne die Verdünnungswelle am Hinterende, so würde dieses vorangehen. Nun zeigen sich auf der Sohle der Landschnecken Wellen, die von hinten nach vorne laufen und trotzdem das Tier vorwärtstragen. Wodurch kommt diese merkwürdige Umkehr zustande?

Am besten ist es, man vereinfacht sich die Vorstellung der Schneckensohle durch folgendes Bild, das die mechanischen Verhältnisse in allen wesentlichen Punkten wiedergibt. Ein langer muskulöser Strick sei von einer schwammigen, elastischen Masse umgeben, die mit Flüssigkeit vollgesogen ist. Nach außen sei das ganze zylinderförmige Gebilde von einer elastischen Haut überzogen. Beginnt der muskulöse Strang sich an einem Ende zu verkürzen, so wird er zugleich an dieser Stelle dicker und die Flüssigkeit in der schwammigen Masse bildet einen nach außen vorspringenden Wulst, der mit der fortschreitenden Kontraktionswelle von einem Ende zum anderen mit fortschreitet. Der Wulst in der schwammigen Masse, welche in ihren gedehnten elastischen Wänden eine Flüssigkeit von hohem Binnendruck einschließt, hat die Aufgabe, die über ihm liegende Partie des muskulösen Strickes, sobald die Kontraktion geschwunden ist, wieder auszudehnen und ihr die Anfangslänge wiederzugeben.

Das Fortschreiten des Wulstes über den ganzen Zylinder wird aber nur dann zu einer Fortbewegung des Zylinders führen, wenn seine Oberfläche nach Art eines Sperrades am Boden haftet, das die Bewegung nur in der Richtung des fortschreitenden Wulstes freigibt, in der anderen aber hemmt. Wenn das nicht der Fall ist und die Reibung am Boden nach beiden Seiten hin die gleiche ist, so käme nur ein wirkungsloses Hin- und Herbewegen an der gleichen Stelle zustande. In der Tat ist eine solche äußere Sperrwirkung vorhanden. Man kann eine Gartenschnecke, die auf einer Glasplatte kriecht, wenn man sie an ihrer Schale gefaßt hat, ganz leicht nach vorne, aber viel schwerer nach hinten ziehen.

Die ganze Sohle der Landschnecken ist als ein einziger Saugnapf anzusehen. Entsteht an irgendeiner Stelle ein erhabener Wulst, so löst er in einem kleinen Bezirk die Saugfläche vom Boden los und ermöglicht dadurch eine wirkliche Verschiebung der Sohlenfläche am Boden. Diese Verschiebung wird durch die Zusammenziehung der Längsmuskeln und durch ihre Wiederausdehnung mittels der schwammigen Masse hervorgerufen. Der feste Punkt für diese teils ziehende, teils stoßende Bewegung liegt immer vorne und der bewegte hinten. Diese theoretische Betrachtung wird durch die Beobachtung aufs schönste bestätigt. Wir besitzen von Biedermann eine eingehende Beschreibung des Vorganges: „Man kann sich leicht davon überzeugen, daß ein bestimmter Punkt der Schneckensohle immer in dem Momente eine beschleunigte Vorwärtsbewegung erfährt, wo eine der Kontraktionswellen darüber hinzieht. Betrachtet man die Sohlenfläche einer großen Helix Pomatia von unten her durch eine Glasplatte, auf welcher das Tier fortgleitet, bei Lupenvergrößerung, so sieht man dieselbe übersät mit zahllosen weißlichen Pünktchen, die, wie die mikroskopische Untersuchung lehrt, kleinen Drüschen entspricht. Faßt man ein solches Pünktchen als Merkzeichen ins Auge, so ist leicht festzustellen, daß es in dem Augenblick, wo eine Welle darüber hinläuft, einen Ruck nach vorwärts erhält und sozusagen durch die Welle vorwärts geschoben wird. Solange es sich dann im Bereiche des Zwischenraumes zwischen je zwei Wellen befindet, liegt es völlig ruhig, um bei der nächsten Welle wieder um eine gleiche Strecke vorzurücken.... Es wird hiernach jeder Punkt der Sohlenfläche in streng rhythmischer Folge durch die Wellen in der Richtung ihres Fortschreitens ruckweise nach vorne bewegt, um dann in der neuen Lage so lange zu verharren, bis eine folgende Welle ihn in gleicher Weise vorschiebt.“ Trotzdem ist Biedermann der Meinung, daß diese Wellenbewegung nicht imstande ist, die Sohle vorwärts zu treiben, denn er schreibt: „An sich ist nun freilich die Wellenbewegung der Sohle noch nicht vermögend, ein stetiges Fortgleiten des Schneckenkörpers zu bedingen. Es gehört dazu vielmehr noch eine Kraft, durch welche die Muskeln am Vorderende der Sohle nach jedesmaliger Kontraktion wieder passiv gedehnt und nach vorne in der Richtung des Kriechens verlängert werden.“ Diese verlängernde Wirkung auf die kontrahierenden Muskelfasern geht vom Binnendruck des Wulstes aus und ist an der ganzen Sohlenfläche, nicht bloß am Vorderende vorhanden. Die Dehnung am Vorderende bringt dieses um die Breite einer Welle am Erdboden vorwärts.

So kann es geschehen, daß durch das Fortschreiten der Kontraktionswellen der Längsmuskeln allein mit Hilfe ihrer passiven Wiederausdehnung die Sohle von hinten nach vorne geschoben wird. Was wir an Verschiebungen der Teilchen bei der Beobachtung zu sehen bekommen, ist eine gemeinsame Wirkung der Kontraktion und Wiederausdehnung, die beide im gleichen Sinne wirken, weil eine äußere Sperrvorrichtung vorhanden ist. Worin die Sperrvorrichtung besteht, die jeder Bewegung der Sohlenfläche eine bestimmte Richtung anweist, ist noch nicht aufgeklärt; vielleicht ist die Schleimsekretion in irgendeiner Weise daran beteiligt.

Es ist noch mit einem Worte darauf hinzuweisen, daß sich die Wellen stets in regelmäßigen Abständen folgen. Da sich keinerlei Vorrichtung in der Muskulatur auffinden läßt, die dieses Verhalten verursachen könnte, so sind wir gezwungen, anzunehmen, daß das zentrale Netz, welches die Repräsentanten verbindet, so gebaut ist, daß sich immer diejenigen Repräsentanten, die um einen Wellenzwischenraum voneinander entfernt sind, in besonders inniger nervöser Verbindung befinden, und daß infolgedessen der Beginn des Wellenspieles an einer Stelle sogleich ausschlaggebend wird für das Entstehen neuer Wellen in bestimmten Distanzen.

Es kann keinem Zweifel unterliegen, daß das ganze Wellenspiel auf Bewegungen der statischen Erregung zurückzuführen ist, welches sich immer dann frei entfaltet, wenn keine dynamischen Wellen störend eingreifen. Wir sind leider noch nicht in der Lage, den Parallelismus zwischen dem Ablauf der Muskelbewegung und der Nervenerregung mit derjenigen Sicherheit darzulegen, wie es etwa bei den Herzigeln der Fall war. Aber daß es sich auch hier um ein Kreisen der Erregung in den zentralen Bahnen handelt, das sowohl von der unbekannten Verbindungsart der Bahnen, wie vom Zustand der Muskeln abhängig ist, scheint mir sicher zu sein.

Zeigte das allein gelassene Nervennetz nicht allzu große Neigung, einen dauernden Erregungszuwachs zu produzieren, so könnte auch Aplysia, wie das einzelne Landschnecken tun, ohne Ganglien ihre normalen Bewegungen ausführen. So aber muß sie von dem großen Erregungsreservoir des Pedalganglions dauernd gebremst werden, sonst gerät sie in Dauererregung. Merkwürdigerweise besitzen die Schnecken noch eine zweite Bremsvorrichtung, von der es ungewiß ist, ob sie direkt das zentrale Netz oder das Pedalganglion bremst. Diese zweite Bremsvorrichtung befindet sich in dem über dem Schlund gelegenen paarigen Zerebralganglion.

Eine Aplysia, der das Zerebralganglion entfernt wurde, verfällt zwar nicht mehr einer Dauerkontraktion, dafür ist sie aber immer in Bewegung und schwimmt oder kriecht rastlos umher. Jordan schreibt hierüber: „Eine Schnecke (Aplysia) ohne Zerebralganglion bewegt sich stets, mit Zerebralganglion wenig. Diese Hemmung ihrerseits findet jedoch nur statt, solange der aktive Zustand des Ganglions ein geringer ist. Je mehr dieser jedoch steigt, desto mehr nimmt das Tier den Habitus eines zerebrallosen an, wie wir sagen: Das Tier setzt sich ebenfalls in Bewegung. Es steigt aber dieser aktive Zustand höchstwahrscheinlich durch Erregung der Hauptsinnesnerven."

Versuchen wir die Wirkungsart beider Ganglien miteinander zu vergleichen, so zeigt sich, daß das Pedalganglion die Aufgabe hat, das Niveau der statischen Erregung im Netz herabzudrücken, daß das Zerebralganglion aber die Bewegungen der statischen Erregung unterdrückt. Beides ist notwendig, da der große Muskelsack überall von der rezipierenden Haut überzogen ist, die dauernd dynamische Wellen erzeugt. Diese Wellen steigern das Erregungsniveau, und wenn diese Wirkung verhindert wird, rufen sie immer von neuem Schwingungen der statischen Erregung hervor. Wir sind leider nicht genügend über die Beziehungen der beiden Ganglien untereinander aufgeklärt, um uns ein zuverlässiges Bild vom Eingreifen des Zerebralganglions zu machen. Nur soviel läßt sich mit Sicherheit über die biologische Aufgabe des Zerebralganglions sagen: Es dient dazu, daß die Reizung der höheren Rezeptoren, wie des Auges und der Witterungsorgane, ihren Einfluß auf den Muskelsack ausübe. Der mit dem Pedalganglion allein verbundene Muskelsack zeigt, sich selbst überlassen, so viel Erregungsvorgänge, daß die Wirkung der höheren Rezeptoren notwendig einen Wirrwarr hervorbringen müßten, wenn nicht vorher die Erregungsströmungen abgedämpft werden. Die Erregung, die von den höheren Rezeptoren ausgeht, übt ihren Einfluß aber gar nicht nach Art eines Reflexes aus, sondern wirkt auf den Muskelsack nur indirekt, indem sie die Bremsvorrichtung des Zerebralganglions für bestimmte Teile stillstellt und den unterdrückten Erregungen die Möglichkeit voller Entfaltung bietet. Die Wirkung des Lichtreizes z. B. besteht darin, daß die von ihm hervorgerufene Erregung in den rezeptorischen Nerven weiterläuft, bis sie zur Bremsvorrichtung im Zerebralganglion gelangt. Dort stellt sie bestimmte Teile des Bremsapparates fest und ermöglicht dadurch der unterschwellig vorhandenen Erregung im zentralen Netz, ihre Wirkung auf bestimmte Muskeln zu entfalten. Die Wirkung ist genau dieselbe, als wenn die Erregung vom Rezeptor zum Effektor geeilt wäre.

Die Schnecken gleichen solchen Maschinen, die in allen Teilen einen Überschuß an Dampf produzieren, der durch zahlreiche Ventile dauernd entlassen wird. Die Maschine wird gelenkt, indem man bald das eine, bald das andere Ventil schließt und auf diese Weise der Maschine jede gewünschte Richtung gibt.

Die Gegenwelt.

Unsere bisherigen Betrachtungen der Innenwelt der Tiere befaßten sich hauptsächlich mit den motorischen Funktionen des Nervensystems. Bei den einfacheren Tieren liegt das Schwergewicht der nervösen

Organisation im motorischen Teil. Die Leistungen der muskulösen Apparate sind oft schon hochkompliziert, während die rezeptorischen Organe noch äußerst einfach sind. Der Ablauf der Erregungen im zentralen Netz ist entweder durch den Rhythmus der Muskeln indirekt bestimmt, oder der Bau des Nervensystems bestimmt selbst diesen Rhythmus. Die Teilungen des zentralen Netzes (in Wirknetze) haben dann bloß die Aufgabe, besondere Gruppen oder Arten von Muskelfasern näher miteinander zu verbinden, um sie den dynamischen Wellen, die aus bestimmten Rezeptoren stammen, gleichmäßig zugänglich zu machen unter Ausschluß der übrigen Muskulatur. In jedem Falle sehen wir, daß die Komplikationen des nervösen Aufbaues sich unmittelbar auf die motorischen Tätigkeiten des Tieres beziehen.

Das ändert sich bei den höheren Tieren. Der motorische Apparat zeigt bei ihnen keine prinzipiellen Neuerungen außer einer immer weitergehenden Subordination von zahlreichen motorischen Netzen unter einzelne beherrschende Netze oder Zentralstationen. Der rezeptorische Apparat dagegen beginnt sich immer mehr und mehr zu entfalten. Nicht allein durch die Rezeptionsorgane selbst, die immer zahlreicher und mannigfaltiger werden, sondern auch durch ihre Verwertung im zentralen Netz, die eine ganz andere und reichere wird.

Alle Rezeptoren haben, wie wir wissen, die gleiche Aufgabe: die Reize der Außenwelt in Erregungen zu verwandeln. Es tritt also im Nervensystem der Reiz selbst nicht wirklich auf, sondern an seine Stelle tritt ein ganz anderer Prozeß, der mit dem Geschehen der Umwelt gar nichts zu tun hat. Er kann nur als Zeichen dafür dienen, daß sich in der Umwelt ein Reiz befindet, der den Rezeptor getroffen hat. Über die Qualität des Reizes sagt er nichts aus. Es werden die Reize der Außenwelt samt und sonders in eine nervöse Zeichensprache übersetzt. Merkwürdigerweise tritt für alle Arten von äußeren Reizen immer wieder das gleiche Zeichen auf, das nur in seiner Intensität entsprechend der Reizstärke wechselt. Die Reizstärke muß erst eine gewisse Schwelle überschritten haben, ehe ein Erregungszeichen auftritt. Dann aber wächst die Stärke der Erregung mit der Stärke des Reizes.

Die Einfügung der Schwelle ist ein sehr wirksames Mittel, das dem Organismus erlaubt, die Reize der Umwelt auszuschalten oder auszuwählen. Wenn aber das Nervensystem bei allen Reizen nur das gleiche Zeichen erhält, wie wird es dann möglich, die Reizarten zu unterscheiden? Dies geschieht durch die Benutzung besonderer Nervenbahnen, für die besonders unterschiedenen Reizarten. Jedes Rezeptionsorgan verfügt über eine sehr große Anzahl zentripetaler Bahnen und ist dadurch in den Stand gesetzt, auch sehr feine Unterschiede in der

Reizart ebenso sicher wie die gröbsten zu differenzieren, indem es für jede Reizart eine besondere Nervenbahn bereithält.

Auch bei den niederen Tieren zeigt sich schon die Anwendung besonderer Bahnen für die verschiedenen Rezeptoren. Sobald aber diese Bahnen in das allgemeine Nervennetz einmünden, geht die Differenzierung wieder verloren und das Nervensystem unterscheidet die Reize der Außenwelt nicht mehr ihrer Art nach, sondern nur entsprechend ihrer Stärke. Bleiben die zentripetalen Bahnen isoliert, so ergibt sich die Möglichkeit, auch die Reizarten in ihrer Wirkung auf den Organismus getrennt zu verwerten.

Bei den höheren Organismen treten verschiedene zentripetale Bahnen, die bestimmten, häufig vorkommenden Reizkombinationen entsprechen, in isolierten Netzen (Merknetze) zusammen und dienen den entsprechenden Erregungskombinationen als Sammelstelle. Dadurch wird dem Organismus die Möglichkeit geboten, auch Reizkombinationen differenziert zu behandeln. Man könnte solche Reizkombinationen kurzerhand als Gegenstände ansprechen und dementsprechend das Nervensystem eines Tieres, das auf verschiedene Reizkombinationen verschieden reagiert, für fähig halten, Gegenstände zu unterscheiden.

Mir schien dieser Schluß bisher unabweislich. Je mehr ich mich aber mit der Frage beschäftigte: Welche mechanische Einrichtungen muß ein Nervensystem besitzen, damit es verschiedene Gegenstände seiner Umwelt verschieden behandelt, um so mehr kam ich zur Überzeugung, daß einfache Erregungskombinationen dazu nicht ausreichen. Ein jeder Gegenstand ist vor allem charakterisiert durch seine räumliche Ausdehnung.

Für die niederen Tiere ist es sicher, daß sie dieses Charakteristikum nicht benutzen. Die Verbindung eines mechanischen Reizes mit einem chemischen Reiz genügt zum Beispiel dem Seeigel vollauf, um den feindlichen Seestern von allen übrigen Wirkungen der Umwelt sicher zu unterscheiden. Aber bei den höheren Organismen ist das nicht mehr der Fall. Sie begnügen sich nicht mehr mit dieser primitiven Einteilungsmaschinerie. Sie unterscheiden dank ihrer höheren Organisation auch die räumlichen Umgrenzungen der Gegenstände. Bereits der Regenwurm lieferte die erste Probe davon.

Hier tritt auf einmal das Raumproblem in seiner ganzen Schwierigkeit an uns heran. Jede einzelne Reizqualität kann durch Anwendung einer isolierten Nervenbahn im Zentralnervensystem durch ein besonderes Zeichen isoliert festgehalten werden, einerlei, welchen Weg die Nervenbahn einschlagen mag. Die räumliche Anordnung der Reize aber geht verloren, wenn sie nicht durch eine gleichartige Anordnung der Nervenbahnen festgehalten wird. Nun zeigt es sich, welche Bedeutung es für den Organisationsplan des Zentralnervensystems hat, daß die Reizarten nicht durch verschiedene Erregungsarten in der gleichen Nervenfaser wiedergegeben, sondern durch Anwendung verschiedener Nervenfasern festgehalten werden. Die Erregungsarten könnte man gar nicht räumlich, den Formen der Gegenstände entsprechend, ordnen, die Nervenfasern aber wohl.

Die Nervenfasern kann man ordnen, indem man sie in einer Fläche nebeneinander legt und auf diese Weise eine räumliche Anordnung schafft, die der äußeren Anordnung der Reize in der Umwelt entspricht. Dadurch erlangt das Zentralnervensystem die Möglichkeit, in ganz neue und viel intimere Beziehungen zu seiner Umgebung zu treten, als dies durch die bloßen Reizkombinationen der Fall war. In welcher Weise wir uns die Anordnung der Nervenfasern denken wollen, ob einem Kreise in der Umwelt eine kreisförmige oder dreieckige Anordnung der Nervenbahnen entsprechen soll, oder umgekehrt, ist ganz gleichgültig. Die Hauptsache ist, daß die Unterscheidungen der räumlichen Umgrenzungen der Gegenstände durch die höheren Zentralnervensysteme und Hirne eine feste räumliche Verteilung der Nervenbahnen verlangt. Man kann behaupten, die höheren Gehirne kennen die Umwelt nicht bloß durch eine Zeichensprache, sondern sie spiegeln ein Stück Wirklichkeit in der räumlichen Beziehung ihrer Teile wieder.

Durch Einführung dieses, wenn auch sehr vereinfachten Weltspiegels in die Organisation des Zentralnervensystems hat der motorische Teil des Nervensystems seine bisherigen Beziehungen zur Umwelt verloren. Es dringen keine in Erregungszeichen verwandelte Außenreize mehr direkt zu den motorischen Netzen. Diese erhalten alle Erregungen nur noch aus zweiter Hand, aus einer im Zentralnervensystem entstandenen neuen Erregungswelt, die sich zwischen Umwelt und motorischem Nervensystem aufrichtet. Alle Handlungen der Muskelapparate dürfen nur noch auf sie bezogen und können nur durch sie verstanden werden. Das Tier flieht nicht mehr vor den Reizen, die der Feind ihm zusendet, sondern vor einem Spiegelbilde des Feindes, das in einer Spiegelwelt entsteht.

Um aber durch die Anwendung des Wortes „Spiegelwelt“ keine Mißverständnisse herbeizuführen, weil ein Spiegel viel mehr tut, als bloß einige räumliche Verhältnisse in sehr vereinfachter Form wiederzugeben, nenne ich diese im Zentralnervensystem der höheren Tiere entstandene neue Eigenwelt die Gegenwelt der Tiere.

In der Gegenwelt sind die Gegenstände der Umwelt durch Schemata vertreten, die je nach dem Organisationsplan des Tieres sehr allgemein gehalten sein und sehr viele Gegenstandsarten zusammen fassen können. Es können die Schemata aber auch sehr exklusiv sein und sich nur auf ganz bestimmte Gegenstände beziehen. Die Schemata sind kein Produkt der Umwelt, sondern einzelne, durch den Organisationsplan gegebene Werkzeuge des Gehirnes, die immer bereitliegen, um auf passende Reize der Außenwelt in Tätigkeit zu treten. Ihre Anzahl und ihre Auswahl läßt sich nicht aus der Umgebung des Tieres, die wir sehen, erschließen. Sie lassen sich nur aus den Bedürfnissen des Tieres folgern. Wenn die Schemata auch räumliche Spiegelbilder der Gegenstände darstellen, so ist dennoch die Form und die Zahl dieser Bilder Eigentümlichkeit des Spiegels und nicht des Gespiegelten.

Die Schemata wechseln mit den Bauplänen der Tiere. Dadurch ergibt sich eine große Mannigfaltigkeit der Gegenwelten, die die gleiche Umgebung darstellen. Denn nicht ist es die Natur, wie man zu sagen pflegt, welche die Tiere zur Anpassung zwingt, sondern es formen im Gegenteil die Tiere sich ihre Natur nach ihren speziellen Bedürfnissen.

Wenn wir die Fähigkeit besäßen, die Gehirne der Tiere vor unser geistiges Auge zu halten, wie wir ein Glasprisma vor unser leibliches Auge zu halten vermögen, so würde uns unsere Umwelt ebenso verändert erscheinen. Nichts Anmutigeres und Interessanteres dürfte es geben, als solch ein Blick auf die Welt durch das Medium der verschiedenen Gegenwelten. Leider bleibt uns dieser Anblick versagt und wir müssen uns mit einer mühsamen und ungenauen Rekonstruktion der Gegenwelten begnügen, wie sie uns durch eingehende und schwierige Versuchsreihen wahrscheinlich gemacht werden. Ein leitender Gedanke gibt uns die Hoffnung, aus diesem unsicheren Material etwas Brauchbares aufzubauen, das ist die Gewißheit, daß die Natur und das Tier, nicht wie es den Anschein hat, zwei getrennte Dinge sind, sondern daß sie zusammen einen höheren Organismus bilden. Die Umgebung, die wir um das Tier ausgebreitet sehen, ist selbstverständlich ein anderes Ding als die der Tiere; aber dafür ist sie auch nicht ihre Umwelt, sondern unsere. Die Umwelt, wie sie sich in der Gegenwelt des Tieres spiegelt, ist immer ein Teil des Tieres selbst, durch seine Organisation aufgebaut und verarbeitet zu einem unauflöslichen Ganzen mit dem Tiere selbst. Man kann sich wohl die von uns gesehene Umgebung des Tieres wegdenken und sich ein Tier isoliert vorstellen. Man kann sich aber nicht eine Umwelt isoliert von seinem Tier denken, denn sie ist nur als eine Projektion seiner Gegenwelt richtig zu verstehen. Und die Gegenwelt ist ein Teil seiner eigensten Organisation.

Nachdem wir von der Bedeutung der Gegenwelt einen allgemeinen Eindruck gewonnen, wollen wir es versuchen, uns darüber Rechenschaft zu geben, welche Anschauung nach unseren jetzigen Kenntnissen der Gegenwelt am besten entspricht. Dieses kann nur andeutungsweise geschehen und muß notwendigerweise sehr unvollständig bleiben, bis mehr Beobachtungsmaterial gesammelt ist. Aber in jedem Falle wird eine anschauliche Vorstellung von Nutzen sein, weil sie uns einerseits zu einer klaren Fragestellung verhilft, andererseits uns einen allgemeinen Zusammenhang ahnen läßt. Ist die Gegenwelt einmal entstanden, so übt sie eine bedeutende Anziehungskraft auf alle Rezeptoren aus, welche nach und nach ihre direkten Beziehungen zum allgemeinen Nervennetz fallen lassen und sich mit dem rezeptorischen Netz der Gegenwelt verbinden.

Als Ausgangspunkt unserer Betrachtung kann uns der Regenwurm dienen, der zum ersten Male eine sichere Unterscheidung der Form kundgibt. Das zentrale Netz des Regenwurmes tritt am Vorderende in die beiden Oberschlundganglien ein. Die Oberschlundganglien müssen, um den einfachsten Unterschied von links und rechts an einem Gegenstand zu machen, mindestens zwei getrennte Zentren beherbergen. Diese beiden Zentren müssen in fester Verbindung miteinander stehen, wenn sie auf eine bestimmte Gegenstandsform, die viel links, aber wenig rechts reizt, eine bestimmte Muskelbewegung erfolgen lassen. Jedes dieser Zentren will ich in geringer Abweichung von der Ausdrucksweise in meinem „Leitfaden“ einen „Erregungskern“ nennen. Die beiden zusammenarbeitenden Zentren bilden ein gemeinsames Schema. Der Regenwurm besäße demnach die einfachste Form eines Schemas, das aus zwei Erregungskernen und ihrer leitenden Verbindung besteht. Dieses Schema kann als der erste Ansatz zu einer Gegenwelt angesehen werden. Zugleich treten damit in der Umwelt die ersten deutlich getrennten Orte auf, die der Zahl der Erregungskerne entsprechen.

Die nächst höhere Stufe der Gegenwelt treffen wir bei den Tieren, deren Augen eine Bewegung übermitteln, oder, um mit Nuel zu reden, der Motorezeption dienen. In diesem Falle müssen wir uns bereits eine Fläche vorstellen, die zahlreiche Erregungskerne enthält. Die Erregungskerne lösen nur dann eine wohldefinierte Muskeltätigkeit aus, wenn sie gruppenweise nacheinander in Erregung geraten, sobald eine Erregungswelle über sie hinweggeht, gleich einer Welle über ein Ährenfeld. Feste nervöse Verbindungen, die zur Bildung von Schematen führen, bestehen noch nicht zwischen den einzelnen Kernen. In ihrer Umwelt ist das ein Gegenstand zu nennen, „was sich zusammen bewegt“ ohne jede Rücksicht auf die Form.

Die nächst höhere Gegenwelt finden wir dort, wo vom Auge bereits Bilder unterschieden werden, wo die einfachste Ikonorezeption auftritt. Dort treten im Felde der Erregungskerne bereits die ersten Schemata auf, welche groben Umrißzeichnungen der auf die Retina entworfenen Bilder gleichen. In diesem Falle kann man bereits von räumlichen Schematen reden. Diese werden erregt, sobald sich ein dem Schema entsprechender Gegenstand dem Tiere nähert. Räumliche Schematen in der Gegenwelt entsprechen fast umgrenzte Gegenstände in der Umwelt.

Zwischen den beiden Gegenwelten der Moto- und der Ikonerezeption schiebt sich die Gegenwelt der Chromorezeption, welche die Unterscheidung von farbigen Gegenständen ohne Rücksicht auf ihre Form ermöglicht. Hierbei müssen Gruppen von verschieden stark erregten Erregungskernen motorisch wirksam werden. In der Umwelt solcher Tiere lautet die Definition für den Gegenstand: ein Gegenstand ist das, was die gleiche Farbe besitzt.

Wie man sieht, sind auf diese Weise die drei Charakteristika, die wir jedem gesehenen Gegenstand in der Umgebung der Tiere zuschreiben, auseinander gefaltet. Die Einzelteile, die einen gesehenen Gegenstand zusammensetzen, haben einen gemeinsamen Umriß, in der Regel eine gemeinsame Farbe, und eine gemeinsame Bewegung. Wie groß ist hier bereits der Fortschritt gegenüber den niederen Tieren, die von der Einheit der Gegenstände nur darum etwas erfahren, weil diese einen einheitlichen Duft haben, einen einheitlichen Schatten werfen oder einen einheitlichen Stoß versetzen.

Wenn wir auch mit Recht die drei erstgenannten Formen als einen großen Fortschritt betrachten, so dürfen wir ihre Fähigkeiten auch nicht überschätzen. Wohl gestatten sie, auf räumliche Unterscheidungen gestützt, die Gegenstände in beschränktem Maße widerzuspiegeln. Aber von einer Ordnung der Gegenstände zueinander und einer Beziehung zu ihrer Lage im Raum spüren wir noch nichts. Jedes angeschlagene Schema wirkt wie jede Reizkombination die zugehörige Muskeltätigkeit auslösend und damit fertig.

Unterdessen hat sich in der Tierreihe mit Hilfe eines anderen Rezeptors eine neue Beziehung, wenn auch nicht zum Raume, so doch zum Erdmittelpunkt ausgebildet. Das ist der Statolith. Die Wirkung des Statolithen auf das zentrale Netz ist von Anfang an eine ganz andersartige wie diejenige der übrigen Rezeptoren, die einen Außenreiz in eine dynamische Erregung verwandeln. Wir müssen weit zurückgreifen, wenn wir seine eigentümliche Stellung verstehen wollen. Die Last eines jeden Gliedes und des ganzen Körpers wird dauernd ausbalanciert durch die dauernde Tätigkeit der Sperrmuskeln, die ihre Erregung der dauernden Beeinflussung durch die statische Erregung des zentralen Netzes verdanken. Die statische Erregung im Netz war ihrerseits das Werk der mit statischer Erregung gefüllten zentralen Reservoire. Der Einfluß des Statolithen, der den Körper dauernd unter den gesteigerten Einfluß der Schwerkraft bringt, wirkt auf diese zentralen Reservoire in noch unbekannter Weise ein, aber erzeugt nur ausnahmsweise dynamische Wellen. Bei den niederen Tieren, deren Körper im Leben die gleiche Lage zum Erdmittelpunkt einnimmt wie im Tode, fehlt für gewöhnlich der Statolith oder scheint, wenn vorhanden, anderen Funktionen zu dienen. Ich brauche bloß an die Medusen zu erinnern.

Das Ausbalancieren des Körpers beim Gehen oder Kriechen wird von den belasteten Muskeln ohne Beihilfe besorgt, da der Körper dank seinem Schwerpunkte stets von selbst nach der normalen Lage zurückstrebt. Bei jenen Tieren aber, die in einem labilen Gleichgewichte erhalten werden, bedürfen die Muskeln eines dauernden Korrektivs. Dieses Korrektiv liefert ihnen der kleine Stein, der auf feinen Haaren balancierend stets jenes Haar erregt, das im Augenblicke senkrecht zum Erdmittelpunkte steht. Von hier aus werden die statischen Reservoire derjenigen Seite beeinflußt, die momentan in Gefahr steht, den Änderungen des Schwerpunktes nachzugeben, weil dieser stets aus der physiologischen in die physikalische Lage strebt. Die Muskeln allein reichen dazu nicht aus, denn einer so anhaltenden Dauerbelastung geben sie immer nach, wenn nicht speziell für ihren Erregungsnachschub gesorgt ist. Der Statolith veranlaßt eine dauernde Sperrung der Muskeln. Wird er entfernt, so fällt in den Muskeln die Sperrschwelle, die der Belastung das Gegengewicht hielt, und die Tiere sind unfähig, ihre physiologische Lage einzunehmen, sondern fallen immer wieder in die physikalische Lage zurück. Der Statolith sorgt also für die Erhaltung einer gleichmäßigen normalen Körperhaltung und gewinnt dadurch Beziehungen zur Gegenwelt. Ganz besonders eng werden diese Beziehungen bei jenen Tieren, deren Statolithen die Stellung der Augen beherrschen. Es gibt Krebse, die mit ihren Augenstielen die Bewegungen, die ihr Körper nach einer Seite macht, durch eine sogenannte kompensatorische Bewegung nach der anderen Seite hin wieder ausgleichen und auf diese Weise ihren Augen ermöglichen, ein unverrücktes Bild der Außenwelt auf der Retina zu entwerfen. Dies gibt ihnen die Möglichkeit, den verwirrenden Einfluß der eigenen Körperbewegungen auf die Gegenwelt in weiten Grenzen auszuschalten, um den durch die Bewegungen der Gegenstände herbeigeführten Motoreflex rein zur Geltung kommen lassen.

Bei den Insekten werden die kompensatorischen Bewegungen der Augen durch einen Motoreflex von den Augen selbst ausgelöst. Sobald sich das ganze Bild der Umgebung auf der Retina verschiebt, löst die in den Kernen der Gegenwelt hervorgerufene Erregung, die mit der Verschiebung des Bildes zu wandern beginnt, eine kompensatorische Verkürzung der Halsmuskeln hervor und das Auge behält eine ruhende Außenwelt, auch wenn der Körper sich neigt.

Damit sind wir zum schwierigsten Punkt des ganzen Problems gelangt: Welchen Einfluß haben die eigenen Bewegungen auf die Gegenwelt? Bisher haben wir nur gesehen, daß die Augenbewegungen dazu verwendet werden, den Einfluß der Körperbewegungen auf die Gegenwelt aufzuheben. Aber es ist sicher, daß die Augenbewegungen auch noch andere Aufgaben zu erfüllen haben. So folgt das Auge vieler Tiere einem vorbeiziehenden Gegenstande. Dies kann nur den Zweck haben, dem Gegenstande die Möglichkeit zu bieten, durch einen dauernden und gleichmäßigen Einfluß auf die Retina sein Schema mit Sicherheit anklingen zu lassen. Dies sind aber nicht die einzigen Vorteile der Augenbewegungen.

Manches gestielte Facettenauge der Arthropoden gleicht in seinem Bau einem beweglichen Tastorgan, das viele Eindrücke gleichzeitig aufnehmen kann und daher wohl geeignet ist, nicht bloß die einzelnen Gegenstände, sondern auch die sie trennenden Zwischenräume abzutasten.

Wenn wir uns vorstellen, daß die Ebene der Gegenwelt, in der die zentralen Erregungskerne (die den Orten in der Umwelt entsprechen) liegen, nicht bloß dem momentanen Sehfeld, sondern dem ganzen Blickfeld entspricht, so werden die Bewegungen der Augen keine Störungen in der Gegenwelt hervorrufen, sondern bloß immer neue Teile der Gegenwelt in Aktion treten lassen. Beherbergt eine solche Gegenwelt mehrere Schemata, so wird sie fähig sein, das gleichzeitige Vorhandensein verschiedener rezipierbarer Gegenstände festzustellen und zugleich ein Maß besitzen für die Entfernung der Gegenstände voneinander, das einfach durch die Zahl der Erregungskerne gegeben ist, die bei der Bewegung des Auges von einem Gegenstand zum andern in Aktion treten.

Damit hat sich die Umwelt der Tiere wieder um ein Beträchtliches geändert. Die einfache Gegenwelt, bei der einmal dieses, einmal jenes Schema ansprach, besaß noch keine Andeutung einer Spiegelung des Raumes, der die Tiere umgibt. Jedes Schema wirkte bloß als einfache Reizkombination und die räumliche Entfernung der einzelnen Schemata unterlag noch keiner Unterscheidung. Das wird anders, sobald die Gegenwelt nicht bloß dem Bild auf der Retina, sondern dem Blickfeld entspricht. Dann kommt durch die Augenbewegung ein neues Moment hinein, das ganz nahe Beziehungen zum Raume hat. Zwar handelt es sich immer noch nicht um den dreidimensionalen Raum, aber doch um eine Fläche, die durchmessen wird. Diese Fläche kann durch eine Bewegung von oben nach unten und eine zweite Bewegung von links nach rechts vollständig durchwandert werden. Sie gibt daher schon ein leidliches Spiegelbild einer zwiefachen räumlichen Ausdehnung. Die Lage eines jeden Gegenstandes der Umwelt wird durch die Zahl der Erregungskerne, die das Auftreten seines Schemas von dem dauernd in Erregung befindlichen Schema des Horizontes trennt, gemessen. Erst die Tiere, die eine Akkomodation besitzen, können eine Gegenwelt beherbergen, die nicht bloß eine Fläche ausmacht, sondern bereits eine gewisse Tiefe besitzt, deren Kerne also nicht bloß nebeneinander, sondern auch hintereinander gelagert sind, so daß in diesem Fall neben- und hintereinander liegende Orte in der Umwelt auftreten.

Aber erst bei den Wirbeltieren tritt das Organ auf, das wir nach der schönen Entdeckung von Cyon als das endgültige Raumorgan ansprechen dürfen und das geeignet ist, die Gegenwelt zu einem Gegenraum zu machen.

Dies Organ ist der Bogengangapparat. Da ich keine Wirbeltiere besprechen will, so kann ich mich über die Leistungen dieses merkwürdigen Apparates kurz fassen. Die beiden Bogengangapparate bestehen aus je drei ringförmigen Kanälen. Man denkt sich die drei Ringkanäle am besten in die drei Flächen eines Würfels gelagert, die an einer Ecke zusammenstoßen. Alle drei stehen rechtwinklig aufeinander und ihre Ebenen liegen entweder in oder doch wenigstens parallel zu den drei Hauptteilungsebenen, durch die der Kopf in eine rechte und linke, eine obere und untere und eine vordere und hintere Hälfte geteilt wird.

Die beiderseitige Operation der gleichen Kanäle ruft ein Hin- und Herpendeln der Augen in einer dem entfernten Kanal entsprechend gelegenen Ebene hervor. Die Augen suchen dabei in dieser Ebene das ganze Blickfeld ab ohne eine feste Einstellung finden zu können. Das Pendeln hört erst wieder auf, nachdem die Augen ihre Einstellung auf bestimmte Gegenstände wiedergefunden haben, die ihnen durch die Operation genommen wurde. Dann gewinnen auch die Körperbewegungen, die gleichfalls durch die Operation schwere Koordinationsstörungen erlitten haben, ihre Sicherheit wieder. In der Dunkelheit freilich bleiben sie dauernd gestört. Daraus läßt sich mit Sicherheit schließen, daß die Bogengänge als Einstellungs- oder Meßapparate für die zentrale Lokalisation dienen.

So außerordentliche begriffliche Schwierigkeiten es macht, wenn man die Wirkungen der Bogengänge, wie das Cyon getan, direkt auf die Vorstellung des Raumes in der menschlichen Psyche bezieht, so außerordentlich einfach erscheinen diese Wirkungen, wenn man sie zur dreidimensionalen Gegenwelt in Beziehung setzt. In diesem Falle liefern die Bogengänge die Erregungen, welche ein ganz einfaches Schema in Aktion treten lassen. Man braucht bloß anzunehmen, daß die Gegenwelt von langen Bahnen durchsetzt ist, die zusammen ein einfaches Koordinatensystem bilden. Das Koordinatensystem unterscheidet sich in nichts von den anderen Schematen, die den Umrissen der Gegenstände entsprechen. Nur wird das Koordinatenschema nicht durch das Auge, sondern durch die Bogengänge in Erregung versetzt. Diese Erregung ist eine dauernde. Nach Cyons Ansicht werden die Bogengänge durch die schwächsten Geräusche und Töne dauernd gereizt und erzeugen daher dauernd Erregung.

Wie dem auch sei, wir haben in der Gegenwelt ein fast mathematisch genau gebautes Koordinatenschema anzunehmen, das als Ausgangsbasis für die Bestimmung der Lage der jeweilig auftauchenden erregten Gegenstandsschemata dient. Die Zahl der Erregungskerne von der gereizten Stelle aus bis zu den drei Koordinaten bestimmt mit Sicherheit die Lage des erregten Punktes.

Hier ist der Ort, um eine Schwierigkeit wegzuräumen, die sich leicht einem jeden aufdrängt: Wie ist es möglich, daß das gleiche Schema eines Gegenstandes an den verschiedensten Stellen der Gegenwelt erregt werden kann, obgleich es als dauernder Strukturteil des Zentralnervensystems einen bestimmten Platz einnehmen muß? Diese Frage wird am besten durch die Annahme beantwortet, daß bei den höheren Hirnen die Schemata selbst nicht mehr innerhalb des von Erregungskernen ausgefüllten Gegenraumes gelagert sind, sondern sich in einiger Entfernung davon befinden und nur durch Influenz erregt werden, wenn eine Gruppe von Erregungskernen in Aktion tritt. Die Gruppe der erregten Kerne gibt durch ihre festen Beziehungen zum Koordinatensystem die Lage — das durch Influenz erregte Schema die Form des Gegenstandes wieder. Auf diese Weise kann ein Gegenstand sowohl seiner Form, wie seiner Lage nach von der Gegenwelt festgehalten und registriert werden. Solange die Gegenwelt noch kein Koordinatenschema besitzt, muß die Lage der jeweilig gereizten Stelle auf solche Schemata bezogen werden, die von dauernden äußeren Einwirkungen herstammen, wie z. B. der Horizont. Ein solcher Maßstab bleibt, selbst wenn die größten Vorsichtsmaßregeln ergriffen sind, das Auge vor der Beeinflussung durch die Körperbewegungen zu bewahren, stets ungenau und ungewiß. Dem gegenüber bietet das vom Bogengang gelieferte Maßsystem sehr große Vorteile, da es stets in der gleichen Stärke vorhanden ist, gleichgültig wohin das Auge sich richtet und welche Lage der Körper einnimmt. Dazu kommt, daß das Koordinatenschema im Dunkeln ebenso vorhanden ist wie im Hellen und auch den, durch die Tastorgane erzeugten Schematen die gleichen Dienste zu leisten vermag, wie den durch das Auge entworfenen. Die Gemeinschaft der Gegenwelt für Tast- wie für Gesichtsschemata gestattet diese beiden Arten von Eindrücken zu verbinden und auf diese Weise in der Umwelt Gegenstände entstehen zu lassen, deren Formen eine feste Körperlichkeit besitzen. Treten die anderen von den Gegenständen der Umgebung ausgehenden Reize hinzu, und werden die von ihnen erzeugten Erregungen zu den kombinierten Photo- und Tangoschematen geleitet, so nimmt die Umwelt immer mehr an Mannigfaltigkeit zu und gleicht schließlich der von uns wahrgenommenen Umgebung wie eine Zeichnung, in der die Farben durch besondere Merkzeichen angegeben sind, einem Gemälde.

Auf diese Weise vereinigen sich alle Wirkungen der Rezeptoren in der Gegenwelt wie in einem Brennspiegel. Kein Wunder, daß auch die Wirkung des Statolithen als dauernder Faktor in der Gegenwelt auftritt und sich nicht mehr damit begnügt den Körper und die Augen zu richten. Mitten durch die Gegenwelt zieht sich seine Erregungslinie, die zu allen Zeiten die Stellung der Gegenwelt zum Erdmittelpunkte anzeigt. Sie bildet das nötige Korrektiv zu dem Koordinatenschema, das mit der Gegenwelt fest verwachsen ist. Ein festes Schema für die Statolithenwirkung braucht nicht vorhanden zu sein, da diese bei jeder Lage des Kopfes wechselt und keine Umgrenzung besitzt.

Wenn wir diese glänzende Entwicklung der Gegenwelt aus einem einfachen rezeptorischen Netz betrachten, so drängt sich uns von selbst die Frage auf: Ist dem motorischen Netz eine ähnliche Entfaltung beschieden? Anfangs will es scheinen, als werde die Ausbildung der motorischen Netze ganz andere Wege gehen. Es tritt eine große Zahl von Komplikationen im motorischen Netze auf, die wir als Unterbrecher, Erregungstal, Reflexspaltung und ähnliches mehr beschrieben haben. Alle diese Einrichtungen regeln den Ablauf der Muskelbewegungen in der Zeit; sie sorgen dafür, daß eine dem Bauplan des Tieres entsprechende Folge von Bewegungen sich regelmäßig abspiele. Bald erzeugen sie einen gleichzeitigen Rhythmus der gesamten Muskulatur (Unterbrecher), bald einen gleitenden Rhythmus, an dem die verschiedenen Teile des Tieres nacheinander teilnehmen (Erregungstal), bald erzeugen sie eine gleichzeitige, aber gegensätzliche Wirkung der benachbarten Muskeln (Reflexspaltung). In jedem Falle wird eine Regelung der zeitlichen Beziehungen in der Muskeltätigkeit durchgeführt.

Um eine dauernde räumliche Gruppierung der tätigen Muskeln nachzuweisen, müssen wir bis zu den Aktinien hinabsteigen, bei denen die einfachen Nervennetze der Längs- und Ringmuskeln getrennte Wirknetze bilden, wodurch die erste Andeutung einer räumlichen Zusammenfassung der Muskelfasern zu einer einheitlichen Handlung gegeben ist. Aber die Nervennetze entbehren noch jeder weiteren Verbindung. Denken wir uns nun das Nervennetz der Längs- und

Ringmuskeln jedes für sich in einem Punkte zusammengerafft und mit einem höheren Zentrum verbunden, so erhalten wir Verhältnisse, wie sie im Gehirn des Oktopus verwirklicht sind. In einem höheren Ganglion sind alle höheren Ganglien vereinigt, die ganz bestimmten Muskelgruppen entsprechen, während im niederen Ganglion die Repräsentanten undifferenziert nebeneinander liegen. Diese Anordnung zeigt eine unverkennbare Ähnlichkeit mit dem Aufbau der Gegenwelt. Auf der einen Seite haben wir als unverarbeitetes Material die große Zahl gleicher Erregungskerne, auf der anderen eine gleichfalls sehr große Zahl gleichartiger Repräsentanten. Wie es nun Merknetze gibt, die eine bestimmte Gruppierung von Erregungskernen zusammenfassen, so gibt es andererseits Wirknetze, die bestimmte Gruppen der Repräsentanten vereinigen. Werden diese höheren Einheiten durch einfache Nervenbahnen leitend verbunden, so kann auf das Erscheinen eines ganz bestimmten Gegenstandes der Umwelt eine ganz bestimmte wohldifferenzierte Handlung erfolgen.

Eine solche Art des Zusammenwirkens der motorischen Zone und der rezeptorischen Gegenwelt kann gewiß eine große Mannigfaltigkeit gewinnen und sehr hohen Ansprüchen genügen. Auch ist es wohl sicher, daß kein einziges wirbelloses Tier diese Entwicklungsstufe des Innenlebens überschreitet, aber ebenso sicher ist es, daß diese Stufe nicht die höchste sein kann. In allen behandelten Fällen gleichen die Tiere gewissen zweiteiligen Maschinen, in die man vorne das Rohmaterial hineinwirft, während sie das verarbeitete Material auf der anderen Seite wieder hervorbringen. Auf der einen Seite kommen die Reize hinein, auf der anderen Seite entstehen die Muskelbewegungen. Frage und Antwort werden von zwei verschiedenen nervösen Organen bearbeitet, die nur durch den gemeinsamen Bauplan miteinander zusammenhängen. So sehen wir, daß bei den höchsten Wirbellosen, den Arthropoden und Oktopoden, ein sehr kunstvoller Bau der Wirknetze alle Bewegungen der Gliedmaßen beherrscht. Die Wirknetze reichen bei den Oktopusarmen und den Krebsbeinen bis nahe an die Peripherie hinan. Wenn die motorischen Zentren der Gliedmaßen bei den Insekten schon im Bauchstrang sitzen und die Zentren der Mantelbewegung bei den Oktopoden bis in die Schlundganglien gerückt sind, so erfährt dennoch nirgends der rezeptorische Apparat auch nur das geringste von der Tätigkeit der motorischen Apparate. Ob die Antwort ordnungsmäßig erteilt wurde, wird der Gegenwelt, welche die Frage zu formulieren hatte, niemals mitgeteilt.

In der ganzen Reihe der wirbellosen Tiere, vom niedersten bis zum höchsten, liegt die Einheit des Zentralnervensystems ausschließlich im Bauplan. Die Funktionen bilden bloß eine hindurchlaufende Kette, die sich in der Innenwelt nirgend zum Kreise schließt. Daher erreichen die Tiere nirgend die höchste Stufe der Vereinheitlichung. Nur die Medusen haben bisher von allen Tieren eine Ausnahme gemacht, nur sie empfangen ihre eigenen Bewegungen als Reiz zurück, freilich auf Kosten der Umwelt, von der sie keine Reize erhalten. So unbedeutend dieser einfache, in sich zurückkehrende Reflexring auch sein mag, gegenüber dem reichverzweigten Reflexstrom, der durch die höheren Wirbellosen fließt, so zeigt er doch das Mittel an, welches die Natur anwendet, wenn sie die erfolgte Antwortbewegung den rezeptorischen Netzen kundgeben will. Sie verwendet die eigene Bewegung als Reiz.

Wenn eine Handlung immer wieder die nächstfolgende auslöst, so muß eine Kette von Handlungen entstehen, die kein Ende besitzt. Das mag für die einfachen Medusen ganz am Platze sein. Für die höheren Tiere kann ein so einfacher Mechanismus nicht in Frage kommen, obgleich auch bei ihnen die Bewegung selbst wieder zum Reize wird. Bei den Tieren mit einem allesbeherrschenden Wirknetz ist die Verwendung der Eigenbewegung als Reiz deshalb nicht erforderlich, weil die Repräsentanten je nachdem, ob ihre Gefolgsmuskeln angesprochen haben oder nicht, auf die Erregung im allgemeinen Netze verschieden reagieren, wodurch das Zentralnervensystem unmittelbar Kunde von der Ausführung der Antwortbewegung erhält. Bei den Tieren, die eine sehr entwickelte Gegenwelt besitzen und deren motorisches Netz sich zu gliedern begonnen, fehlt die Rückwirkung der Einzelbewegung auf die höchsten Zentralteile. Diese bleiben ohne Kenntnis davon, ob die Antwort ausgeführt wurde oder nicht. Man könnte annehmen, daß das Auge geeignet wäre, die Eigenbewegungen des Körpers zu kontrollieren. Aber erstens ist das Auge immer so gestellt, daß es möglichst wenig vom eigenen Körper zu sehen bekommt, und zweitens fehlt uns zu dieser Annahme eine wesentliche Voraussetzung, nämlich die Kenntnis des Mittels, durch welche eine photorezipierte Eigenbewegung von fremden Bewegungen unterschieden werden kann.

Wir wissen von den Seeigeln her, daß die Natur besondere Mittel anwenden muß, um es zu verhindern, daß die Tiere sich selbst auffressen. Und doch kommt es nicht selten vor, daß Oktopoden, die einen kränklichen Eindruck machen, ihre eigenen Arme benagen. Wenn selbst bei einem so hoch organisierten Tiere, das so geschlossene Gesamthandlungen des ganzen Körpers auszuführen vermag, die photorezeptorische Unterscheidung des eigenen Körpers nicht vorhanden ist, wie wird es dann erst mit den übrigen Wirbellosen bestellt sein?

Also bleibt nur die Annahme einer Reizerzeugung durch die Muskelverkürzung selbst übrig, die durch zentripetale Bahnen dem

Zentralnervensystem übermittelt wird. Aber die Antwort besteht ja gar nicht in einer Verkürzung einzelner Muskeln, sondern in einer gerichteten Gesamtbewegung von bestimmter Größe. Es kann daher die Antwort ihrem eigentlichen Wesen nach erst dann dem Zentralnervensystem bekannt gemacht werden, wenn dieses im Besitze einer räumlichen Gegenwelt ist. Aber selbst in einer Gegenwelt, die ausschließlich eine Gegenwelt des Auges ist, deren räumliche Ausmessung auf die Lage äußerer Bilder wie des Horizontes angewiesen ist, können die Größe und die Richtung der Eigenbewegungen, die ein ganz anderes Maß verlangen, gar nicht ermittelt werden. Erst durch die Einführung der Bogengänge und ihres Koordinatenschemas wird die Gegenwelt sozusagen neutralisiert und der Alleinherrschaft des Auges entzogen. Jetzt kann sie wirklich zum gemeinsamen Feld für alle räumlichen Messungen werden, die sowohl für das Auge und die Tastorgane als auch für die Bewegungen der Gliedmaßen gelten. Natürlich bleibt dabei eine offene Frage, auf welchem Wege die ausgeführten Bewegungen eine Spiegelbewegung in der Gegenwelt hervorzurufen imstande sind. Hier wird man nun an das Zentralsinnesorgan von Helmholtz denken müssen, das durch die Erregungswellen der motorischen Nerven selbst gereizt wird.

Nimmt man die Antenne eines Krebses, die mit regelmäßigen Tastborsten besetzt ist, und fährt mit einem Gegenstande über die Borsten dahin, so wird von jeder Borste eine Erregung zu den allgemeinen Netzen fließen. Die Erregungen unterscheiden sich nur dadurch voneinander, daß jede in einer anderen Nervenbahn läuft. Nehmen wir nun an, daß ein Teil des allgemeinen Netzes sich an dieser Stelle bereits abgespalten habe, um als einfaches rezeptorisches Netz zu dienen, so wäre hier bereits die Möglichkeit einer Verwendung dieses Netzes als Gegenwelt gegeben, wenn sich in ihm entsprechend der Anzahl der Borsten eine Anzahl von Erregungskernen ausgebildet hat. Das Netz könnte dann der Moto-Tango-Rezeption dienen, und wenn bestimmte Gruppen von Borsten durch bestimmte Gruppen von Erregungen vertreten wären, die sich zu einem Schema zusammenschließen, so wäre damit auch eine Ikono-Tango-Rezeption gegeben.

Nun ist eine solche Antenne niemals mit dem übrigen Körper fest verbunden, sondern stets auf ein Gelenk gesetzt, das durch Muskeln bewegt wird. Dadurch erhebt sich vor uns plötzlich eines der allerschwierigsten physiologischen Probleme: Wie vereinigt sich die Moto-Rezeption der stillstehenden Borsten mit den Bewegungen der Antenne? Um die Frage in voller Klarheit zu sehen, stelle man sich vor, daß die Antenne nur eine einzige Tastborste besäße. Wie ist es möglich, daß die Berührung dieser Tastborste einen anderen

Erfolg hat, je nachdem welche Muskeln der Antenne im gegebenen Augenblick verkürzt sind. An der Tatsache ist gar nicht zu zweifeln, nur bleibt das Zusammenarbeiten der beiden Erregungen, von denen die eine der Tastborste, die andere dem Muskelapparat entstammt, für uns vorläufig unverständlich. Wir können nur feststellen, daß die Wirkung des einen durch die Antenne bewegten Tasthaares derjenigen von hundert Tasthaaren gleicht, wenn sie unbewegt auf der Oberfläche einer Kugelschale stehend gedacht werden, welche der Aktionsfläche der Antenne entspricht. Ebenso gibt es Tiere, die nur ein einziges Retinaelement an der Spitze eines beweglichen Augenstieles besitzen. Die Bewegung des Augenstieles ersetzt eine Retina von hundert Elementen, die dem Aktionsradius des Augenstieles entspricht. In beiden Fällen wird durch die Bewegung des Stieles die Zahl der bewegten Rezeptoren, mögen sie sich in der Einzahl oder Vielzahl befinden, mögen sie der Photo- oder Tango-Rezeption dienen, um ein Vielfaches vergrößert. Die Bewegung der Augen vergrößert das *Sehfeld* zum *Blickfeld*, die Bewegung der Antenne vergrößert das *Berührungsfeld* zum *Tastfeld*.

Jetzt brauchen wir uns nur an das oben Gesagte zu erinnern. Wenn die Erregungskerne, die der Fläche der Gegenwelt eingelagert sind, den Orten in der Merkwelt entsprechen, so ist es offenbar gleichgültig, ob jede einzelne Tastborte je einen Erregungkern beansprucht oder ob die einzelnen Bewegungen der ganzen Antenne durch Vermittlung des Zentralsinnesorganes an die gleichen Erregungskerne geknüpft werden. Eine bewegte Antenne mit einer Borste kann mit hundert Bewegungen ebensoviel leisten wie eine unbewegte Antenne mit hundert Tastborsten.

Wenn man zahlreiche kleine Spiegel nebeneinander stellt, so ist es ganz gleichgültig, welcher Gegenstand sich in ihnen spiegelt — die Lage eines jeden Gegenstandes kann durch den Spiegel bestimmt werden, der das Bild aufnimmt. Das gleiche dürfen wir von den Erregungskernen annehmen. Es ist gleichgültig, ob sie mit einem Berührungsreiz oder mit einem optischen Reiz gemeinsam anklingen. Immer wird durch sie der Ort in der Merkwelt bestimmt, an dem sich das optische oder das Berührungsgeschehen abspielt.

Der Vorteil, den die Einführung des Bewegungmechanismus vor der bloßen anatomischen Vervielfältigung der rezipierenden Elemente bietet, ist, wie wir bereits sahen, ein doppelter. Einmal vermag er durch eine kompensatorische Bewegung die Wirkungen der Körperbewegungen auszuschalten. Zweitens ermöglicht er es, einen vorbeiziehenden Gegenstand durch eine mitgehende Bewegung dauernd zu photo- oder tangorezipieren. Dieser zweite Vorteil kommt bei der Tangorezeption der Antenne hauptsächlich in Frage, die für die

Motorezeption gebaut ist und wohl kaum für die Ikonorezeption in Betracht kommt.

Wie nahe die beiden Gegenwelten für die Photo- und Tangorezeption zusammenhängen, das habe ich an einem Einsiedlerkrebs beobachten können. Ein dunkles Stäbchen wurde in weitem Bogen vor dem Tier langsam vorbeigeführt. Die Augen, die das Bild des Gegenstandes aufnahmen, blieben ganz unbeweglich. Dafür folgte erst die eine Antenne, solange das gleichseitige Auge das Bild aufnahm, der Bewegung des Stäbchens. Als das Stäbchen sich gerade zwischen beiden Augen befand, schlugen beide Antennen gleichzeitig zusammen. Dann folgte die andere Antenne allein dem Gegenstand von vorn nach hinten.

Bei den Wirbellosen finden wir einfache Verhältnisse vor, die leicht zu überschauen sind. Von einer Gegenwelt der Gliedmaßen ist keine Rede. Das Zentralnervensystem eines Krebsbeines ist ein einfacher und selbständiger Apparat. Das Wirknetz behauptet noch durchaus das Übergewicht und in ihm allein liegen die Komplikationen. Außerdem stehen die Wirknetze unter der Herrschaft der Schlundganglien. Diese allein beherbergen Photo- und Tangowelten.

Die Ausdehnung und die Aufnahmefähigkeit der Gegenwelt können nur durch eine fortgesetzte Reihe eingehender Versuche bestimmt werden. Wir werden in den folgenden Kapiteln erfahren, wieviel darüber schon bekannt ist. Sind sie aber einmal festgelegt, so ermögsie uns auch ein Bild der Umwelt zu entwerfen. Obgleich die Umwelt vom Standpunkt des Tieres aus rein subjektiver Art ist und nur durch die Gruppierung aller Einzelheiten um das Subjekt des Tieres einen Sinn erhält, so ist sie doch vom Standpunkt des Beobachters aus ein objektiver Faktor, der in objektiven Beziehungen zum beobachteten Objekt steht. Alle subjektiven Spekulationen, die die Seele des Beobachters in dieses objektive Bild hineinziehen, fälschen seinen wahren Charakter und machen es wertlos. Schon sind wir durch die Beobachtungen Ràdls, Bohns, Minkiewitschs und Lyons, die sich auf Schnecken, Krebse, Insekten und Fische beziehen, tief in die Kenntnis der objektiven Beziehungen zwischen Subjekt und Umwelt eingedrungen. Ich will hier nur auf die Arbeiten Lyons an Fischen eingehen, auf die ich sonst keine Gelegenheit habe, zurückzukommen: In einem ringförmigen Glasrohr, das mit Wasser gefüllt ist, befindet sich ein Fisch, der ruhig an einer Stelle stehen bleibt, solange sich die Umgebung nicht ändert. Die Umgebung ist selbst ein halb offener Kanal, der das Glasrohr an den Seiten und unten umgibt. Sie kann im Kreise rotiert werden und ahmt in einfacher Weise den Grund eines Baches nach. Sobald man mit der Bewegung der Umgebung beginnt, so folgt der Fisch der Bewegung und durchschwimmt im gleichen Tempo die ganze gläserne Röhre. Er ist gleichsam mit seinen Augen an der Umgebung aufgehängt und wird an ihnen vorwärtsgezogen.

So dient denn auch das Auge mit seiner räumlichen Gegenwelt nur dazu, dem Tiere neue Anknüpfungspunkte zu verschaffen. Wie die niederen Tiere sich die passenden chemischen und physikalischen Reize aussuchen, so sucht sich das höhere Tier mit seinem entwickelten Augenapparat die passenden Formen, Farben und Bewegungen aus, die seinen Reflexen als Anknüpfungspunkte dienen können und von denen es allein abhängt, unbekümmert und sicher schwebend in der Unermeßlichkeit der Außenwelt. Die Reize der Umwelt bilden zugleich eine feste Scheidewand, die das Tier wie die Mauern eines selbstgebauten Hauses umschließen und die ganze fremde Welt von ihm abhalten.

Carcinus maenas.

Von den Krebsen des Meeres ist die gemeine Krabbe am besten erforscht. Wir verdanken vor allem Bethes histologish wie physiologisch gleich wertvollen Untersuchungen die Grundlage unserer Kenntnisse. Der Körper der Krabbe gleicht von oben gesehen einem Rechteck, dessen vordere Seite bogenförmig vorspringt. Die hintere Seite, die etwas kürzer ist als die beiden Seitenlinien, dient als Ansatz für den kurzen Schwanz, der dauernd nach unten geklappt ist. Die bogenförmige Vorderseite trägt die Hauptrezeptoren: die Augen und die beiden Fühlerpaare, von denen das eine, das der Witterung dient, stetig in Bewegung ist, während das äußere die Tastbewegungen vollführt. Jederseits kommen die fünf Gliedmaßenpaare zum Vorschein, die an der Buchseite entspringen. Zuvorderst sitzen die kräftigen Scheren. Dann kommen die vier Beinpaare, von denen das letzte ein verbreitertes Endglied trägt, dessen Bewegungen dem Herabschweben im Wasser dienen. Denn von einem ausgebildeten Schwimmen ist bei Carcinus nicht die Rede.

Die Beine bestehen aus sieben hintereinander liegenden Chitinröhren des Außenskelettes. Jede Röhre ist mit ihren Nachbaren durch ein einfaches Scharniergelenk verbunden und birgt in ihrem Innern zwei Muskeln, die mit ihrem sehnigen Ende am Rand der Nachbarröhre befestigt sind. Die letzte Röhre, welche die Spitze des Beines bildet und blind geschlossen ist, enthält keine Muskeln, sondern wird von den Muskeln des vorletzten Gliedes bewegt. Dieses gehorcht seinerseits den Muskeln des dritten Gliedes und so fort. Die Achsen der Gelenke liegen in verschiedenen Ebenen und gestatten dem Bein eine große Bewegungsfreiheit nach allen Richtungen, ohne die Sicherheit der Führung in der Hauptebene zu gefährden, welche senkrecht auf die Längsachse des Körpers gerichtet ist.

Die Krabben laufen nicht mit dem Vorderende voran, sondern bald nach rechts, bald nach links, wobei ihre seitwärts gestellten Beine abwechselnd gebeugt und gestreckt werden. Es spielen daher bei ihnen die Gelenke, die durch Beuge- und Streckmuskeln bewegt werden, die Hauptrolle. Außerdem besitzen sie aber wie alle Krebse Gelenke, die durch Vor- und Rückziehmuskeln (Vorer und Rücker) bewegt werden, neben solchen, die zum Heben und Senken des Beines dienen.

Das Laufen der Krabben geschieht auf beiden Seiten durch abwechselndes Arbeiten der Beuger und Strecker. Nur wird durch die

Abb. 14.

voranschreitenden Beine bei der Beugung der Erdboden an den Körper herangezogen, durch die nachfolgenden Beine bei der Streckung vom Körper fortgestoßen. Die Beine auf der voranschreitenden Seite vollführen die Streckung frei im Wasser, die Beine der nachfolgenden Seite hingegen vollführen die Beugung im freien Wasser. Die voranschreitenden Beine heben sich dementsprechend bei der Streckung und senken sich bei der Beugung, während die nachfolgenden Beine das umgekehrte Verhalten zeigen.

Es ist also nur das Heben und Senken der Beine ausschlaggebend dafür, welche Seite voranschreitet und welche folgt. Der Rhythmus der Beuger und Strecker ist bei allen Beinen der gleiche. Dieser Rhythmus ist das Problem, das uns vor allem interessiert. Um zu verstehen, wie er zustande kommt, müssen wir uns vorerst mit den Haupteigenschaften der Krebsmuskeln bekannt machen.

Der einzelne Krebsmuskel besteht aus fiederförmigen Fasern, die an eine gemeinsame Sehne anfassen. Die Sehne greift auf das nächste perifer gelegene Gelenk hinüber, während die Fiedern mit ihrem der Sehne abgewandten Ende an der inneren Wand der Röhre angewachsen sind, die das jeweilige Glied des Beines bildet. Überall wo zwei dieser Röhren zusammen stoßen, sind sie, wie gesagt, durch ein Scharniergelenk miteinander verbunden. Jedes Scharniergelenk wird durch ein antagonistisches Muskelpaar bewegt.

Jede einzelne Muskelfaser wird sehr auffallender Weise von zwei Nervenfasern versorgt, die gemeinsam in ihr einmünden. Diese Nervenfasern sitzen dem meist im Zickzack auf dem Muskel verlaufenden Hauptnerven geweihartig auf und können als dünne und dicke Geweihfuser unterschieden werden.

Da man jeden Muskel durch Reizung des Hauptnerven sowohl vom zentralen wie vom periferen Ende in toto erregen kann, so ergibt sich daraus, daß der Hauptnerv in Wahrheit ein Nervennetz für alle Nervenfasern darstellt. Dabei handelt es sich um ein doppeltes Nervennetz für die dünnen wie für die dicken Geweihfasern.

Die gemeinsamen Nervennetze auf dem Muskel bieten die Möglichkeit den gleichen Muskel von verschiedenen Seiten her zu beeinflussen, wie wir das beim Retraktor des Sipunculus gesehen haben. Von dieser Möglichkeit machen auch die Krebsnerven ausgiebigen Gebrauch.

Die Hypothese Biedermanns, welche die Bedeutung der doppelten Innervation der Krebsmuskeln darin sieht, daß die eine Geweihfaser erregend, die andere hemmend auf den Muskel wirkt, hat sich glänzend bestätigt. Die Versuche von Hofmann am Flußkrebs sowie die Versuche von Tirala und mir an der Languste lassen keinen Zweifel an der Tatsache aufkommen, daß die dicke Geweihfaser erregt, die dünne aber hemmt.

Biedermann war zur Aufstellung seiner Hypothese durch die ganz eigentümlichen Erregungsvorgänge veranlaßt worden, die er bei der Schere des Flußkrebses entdeckt hatte. Er konnte zeigen, daß die beiden Muskeln der Schere (der Schließer und der Öffner) niemals gegeneinander arbeiten, selbst wenn ihre beiderseitigen Nerven gleichzeitig gereizt werden. Auf schwache Reize antwortet nur der Öffner, auf starke nur der Schließer, auch wenn die Sehne des jeweiligen Antagonisten durchschnitten ist. Ja auf starke Reizung beider Nerven verschwindet sogar die statische Erregung, die in den meisten Fällen im Öffner durch Verkürzung und Sperrung zutage tritt, sobald man die Krebsschere vom Körper abtrennt.

Da sich die gleichen Erscheinungen auch bei den Beinen der Krebse und Krabben bemerkbar machen, liegt die Vermutung nahe, daß der Gangrhythmus auf eine abwechselnde schwache und starke Erregung sämtlicher Beinnerven vom Bauchmark aus zurückzuführen sei. Die schwache Erregungswelle ruft die Streckung der Beine hervor, die starke die Beugung. Eine solche Einrichtung im peripheren Nervensystem würde eine erhebliche Entlastung des Bauchmarkes bedeuten.

Diese Vermutung wird durch folgende Beobachtung bestärkt, die Groß und ich an den Krabben gemacht haben. Die Krabbenbeine schreiten, wie Bethe beschrieben hat, auf jeder Seite in bestimmter Ordnung: während das erste und dritte Bein gebeugt sind, sind das zweite und vierte Bein gestreckt und umgekehrt. Diese Reihenfolge ist aber nicht anatomisch festgelegt, denn nach Autotomierung eines Beines, z. B. des zweiten, schlägt der Gangrhythmus um und es marschieren jetzt das erste und vierte gemeinsam, während das dritte allein arbeitet.

Daraus schließe ich, daß die Reihe der Erregungswellen, die vom Schlundganglion ausgeht, nacheinander in die vier Beine einer Seite eintritt. Dann muß immer das nächstfolgende Bein eine andere Erregungsphase erhalten wie das vorhergehende. Ist ein Bein ausgefallen, so erhält das nächste Bein die Erregungswelle, die eigentlich seinem Vordermann zugedacht war.

Ist der Gangrhythmus ein so einfacher Vorgang, so wird ihm auch eine einfache Nervenknüpfung zugrunde liegen. Es genügt anzunehmen, daß die dicken (erregenden) Geweihfasern aller Streckmuskeln nur schwache Schwingungswellen leiten, die dünnen (hemmenden) Geweihfasern dieser Muskeln aber nur die starken Wellen passieren lassen. Bei den Beugungsmuskeln wäre das Verhältnis umgekehrt. Dann müßte der beobachtete Rhythmus eintreten.

Um die nervösen Verbindungen der einzelnen Muskeln daraufhin zu untersuchen, muß man die langschwänzigen Krebse zur Hilfe nehmen, deren Nerven getrennt verlaufen, während bei den Krabben alle motorischen und sensibelen Nerven zu einem dicken Bündel vereinigt sind und nur durch besondere Kunstgriffe voneinander getrennt werden können. Die sensibelen Nerven spielen bei Versuchen an abgetrennten Extremitäten keine Rolle, da sie ohne Verbindung mit den motorischen Nerven bis zum Bauchmark ziehen. Es ist im abgetrennten Bein kein Reflex auslösbar.

Untersuchen wir das Muskelpaar des zweiten Gelenkes einer beliebigen Extremität der Languste, das aus einem Vorer und einem Rücker besteht, so zeigt sich, daß die Reizung des isolierten Vorernerven von seinem zentralen Ende aus (wobei beide Netze erregt werden) mit schwachen Induktionsströmen keinerlei Wirkung auf den Muskel ausübt. Die Reizung mit starken Strömen gibt Verkürzung und Sperrung des Vorers.

Bei diesem Muskel ist es möglich, das hemmende Netz von der

Peripherie aus allein zu reizen. Dabei stellt sich heraus, daß die durch starke zentral angesetzte Reize hervorgerufene Verkürzung und Sperrung des Vorers mit Sicherheit zum Verschwinden gebracht wird, wenn man peripher ebenfalls starke Reizströme anwendet.

Damit fällt unsere Annahme, daß es die Nervenfasern selbst sind, die die Auswahl unter den Erregungsstärken treffen. Denn die Hemmungsfasern des Vorers dürften nur schwache Schwankungswellen passieren lassen.

Der Antagonist des Vorers ist der Rücker. Dieser spricht bei zentraler Reizung seines isolierten Nerven, der gleichfalls beide Netze erregt, nur bei schwachen Reizströmen an, während starke ihn hemmen. Er zeigt also das umgekehrte Verhalten wie der Vorer. Es ist nun möglich, diesen Muskel, der normalerweise durch starke Reize immer nur gehemmt wird, durch isolierte Reizung seines Erregungsnetzes von der Peripherie aus mit allen Stromstärken zur Kontraktion zu bringen.

Daraus folgt die Einsicht, daß die erregenden wie die hemmenden Nerven alle Arten von Schwankungswellen leiten.

Wirft, wie wir annahmen, das Bauchmark abwechselnd schwache und starke Erregungswellen in alle Nerven der Beine ohne Auswahl, so treffen diese gleichzeitig bei antagonistischen Muskeln, sowohl auf dem Hemmungswege wie auf dem Erregungswege an.

Was geschieht? Im Vorer behält die auf dem Hemmungswege eintreffende Erregung die Oberhand, wenn es sich um niedere Schwankungswellen handelt. Dagegen setzen sich die hohen Schwankungswellen des Erregungsweges gegenüber den hohen Wellen des Hemmungsweges durch. Es sei denn, daß diese durch Reizung des Hemmungsnetzes von der Peripherie her eine Verstärkung erfahren.

Genau dasselbe, nur mit umgekehrter Wirkung, spielt sich im Rücker ab. Hier kommt aber noch folgendes hinzu. Der Rücker verharrt häufig (besonders beim Flußkrebs) nach Abtrennung der Extremitäten in dauernder Verkürzung und Sperrung, was auf das Vorhandensein von statischer Erregung im Muskel hinweist. In diesem Fall tritt bereits bei schwacher Reizung beider Netze vom Zentrum aus Hemmung ein, während die isolierte Reizung des Erregungsnetzes von der Peripherie her die Tätigkeit des Muskels steigert.

Es ist zwecklos, sich einen komplizierten Klappenapparat zu ersinnen, der diese Verhältnisse wiedergibt. Um aber doch den Kampf der Erregungswellen in den Nervenendigungen anschaulich im Gedächtnis zu behalten, stelle man sich folgendes vor: Zwei Männer stehen vor einer Stubentür, der eine versucht sie nach innen aufzustoßen (um die Erregung herein zu lassen — Erregungsnerv), der zweite versucht sie zurückzuhalten (Hemmungsnerv). Im Zimmer befindet sich gelegentlich ein dritter Mann (statische Erregung des

Muskels), der die Tür nach außen aufstoßen will. Je nach der Energie, die die drei Männer aufwenden, wird sich die Tür bald nach innen, bald nach außen öffnen, bald geschlossen bleiben.

Die Tätigkeit dieser drei Pförtner (die den unbekannten physiologischen Apparat wiedergeben) ist für die Stellung der Erregungstür im Muskel ausschlaggebend. Sie zeigt bei verschiedenen Arten der Krebse leichte Abweichungen. So wird der Streckmuskel (Öffner) der Schere bei Krabben und Krebsen durch zentrale Reizung seines isolierten Nerven (wobei beide Netze erregt werden) in jeder Stärke immer nur erregt. Die Hemmung tritt erst ein, wenn der Nerv des Beugemuskels (Schließer) durch starke Ströme zugleich mitgereizt wird. Dadurch wird der Hemmungspförtner so gestärkt, daß er den Erregungspförtner, der sonst dauernd die Oberhand hat, überwindet.

Im Geschlechtsbein der Languste ist die Einstellung besonders fein geregelt. Auf schwache Reize antwortet der Rücker, auf mittelstarke der Vorer und auf ganz starke wieder der Rücker. Dabei geschieht die Umstellung der Pförtner automatisch durch den eigenen Nerven ohne Zuhilfenahme der Schwankungswellen des Antagonisten.

Im dritten Gelenk aller Gangbeine der Krebse, Krabben und Langusten scheint noch die Dehnung des Muskels mitzuspielen, die ihre Wirkung auf den inneren Pförtner ausübt (der in diesem Falle den Repräsentanten darstellt). Denn bei mittelstarken Reizen antwortet der gedehnte Muskel bei gleichzeitiger Reizung der Nerven beider Antagonisten.

Wenn man unter „Wirknetz“ die anatomische und physiologische Einstellung der motorischen Nervennetze versteht, die einer bestimmten Handlung entspricht, so wird man das Wirknetz des Ganges der Krabbenbeine dahin charakterisieren, daß für niedere Erregungswellen in den Endorganen sämtlicher Streckernetze die Erregungstüren offen stehen, in denen der Beugernetze aber geschlossen sind. Für hohe Erregungswellen sind die Streckertüren zu, die Beugertüren aber offen. Das rhythmische Auf- und Zuschlagen der Türen, das mit dem Wechsel der Erregungswellen konform geht, ist die Ursache des Gangrhythmus.

Für das Stehen, das bei den schweren Langusten eine besondere Rolle spielt, ist ein anderes Wirknetz vorhanden, das ein Zusammenarbeiten des Beugers und Streckers im ersten Gelenk ermöglicht.

Durch die Entdeckung der Wirknetze in den Nerven der Krebsextremitäten folgt mit Notwendigkeit, daß wir sie nicht als periphere Nerven ansprechen dürfen wie die Nerven der Wirbeltiere, sondern sie dem motorischen Zentralnervensystem zurechnen müssen. Das wird auch durch die Anwesenheit von Ganglien in den Nervennetzen bewiesen.

Bethe beschreibt folgenden charakteristischen Reflex, der besonders bei kräftigen Männchen von Carcinus maenas als Antwort auf die Annäherung eines fremden Gegenstandes häufig beobachtet wird. Er nennt ihn den Aufbäumereflex: „Die Beine strecken sich ganz aus, das erste Paar greift schräg nach vorne, das zweite und dritte nach der Seite und das vierte nach hinten, so daß sich das Tier in sehr stabilem Gleichgewicht befindet. Die Scheren werden gespreizt und erhoben ... Nähert man den Gegenstand bis auf einige Zentimeter, so schlagen die Scheren mit Gewalt auf ihn ein. Ja der Reflex kann sich so steigern ... daß das Tier hochspringt und nach dem Gegenstande stößt."

Auch diese Handlung verlangt ein eigenes Wirknetz, das aber in diesem Fall bis ins Bauchmark hineinreicht.

Wir wenden uns jetzt einem weiteren, sehr merkwürdigen Reflex der Krabbenbeine zu, dessen Erforschung wir Frédericq verdanken — der Autotomie. Denkt man sich an der Begrenzungsebene zweier Glieder Gelenk und Gelenkhäute verschwunden, so werden hier die benachbarten Skeletteile in ihrer ganzen Ausdehnung hart aneinanderstoßen und nur noch durch einen engen Spalt getrennt bleiben. Beide Glieder werden zusammen den Eindruck eines festen Stabes machen und gemeinsam von den Muskeln, die das basale Glied bewegen, hin- und hergeführt werden. Dieser Stab kann aber jederzeit auseinanderbrechen, wenn er mit dem vorderen Ende an ein Hindernis stößt und die Muskeln trotzdem in ihrer Bewegung fortfahren. Denn jetzt wird ein Zug auf den Spalt ausgeübt, dem er nachgeben muß.

Dies ist denn auch die Art und Weise, wie die Krabbe durch Spaltung ihres Beines zwischen dem fünften und sechsten Gliede sich ihrer Gliedmaßen entledigt. An der Spaltstelle schließt eine vorgebildete Membran die Wunde ab, so daß jeder Blutverlust vermieden wird.

Frédericq weist darauf hin, daß zwei Faktoren vorhanden sein müssen, damit die Autotomie eintrete: 1. der Reiz, der einer Verletzung des Beines entspringen kann, und 2. das Hindernis, das als Stütze beim Abbrechen des Beines nötig ist. Die Krabbe benutzt ihr vorspringendes Rückenschild als Stützpunkt, um das Bein abzuwerfen, sobald es durch einen Scherenschnitt in das zweite Glied verletzt wurde.

Die Ausführungen Frédericqs sind durch die Versuche Morgans am Einsiedlerkrebs auf das schönste bestätigt worden. Der Einsiedlerkrebs, der keine harte Schale besitzt, benützt als Stützpunkt bei der Autotomie eines verletzten Beines seine Schere, mit der er das Bein packt und festhält, bis die Muskeln des letzten Basalgliedes den Spalt auseinanderreißen und den Stab zerbrechen. Auch beim

Einsiedlerkrebs wird der ganze komplizierte Reflex nur vom Bauchmark ausgeführt, ganz unabhängig vom Gehirn. Morgan konnte ferner zeigen, daß das Hinfassen der Schere ausbleibt, wenn das Bein zentral vom Spalt gereizt wird. Demnach liegen die Rezeptoren, welche die Autotomie auslösen, im Gebiet des zweiten bis zum fünften Gliede des Beines.

Die Beine der beiden Seiten machen beim normalen Tier in der Zeiteinheit die gleiche Anzahl gleichgroßer Schritte, wobei die Beine auf der vorwärts gerichteten Körperseite den Körper ziehen, während die rückwärts schauenden ihn schieben. Die Korrelation der beiden Seiten wird merkwürdigerweise durch die Otozysten aufrecht erhalten. Die Otozysten sind kleine mit Flüssigkeit gefüllte Bläschen, die im Basalglied der inneren Fühler stecken. An Stelle eines Steines enthalten sie lange Haare, die Kornähren gleichend durch ihr Herabneigen nach der jeweilig zu unterst gelegenen Körperseite hin die Lage des Erdmittelpunktes angeben. Die Entfernung einer Otozyste setzt die Sperrung hauptsächlich in allen Beugern der Beine auf der gleichen Körperseite herab. Da auch die Durchschneidung einer Komissur, die vom Gehirn zum Bauchmark geht, die gleiche Wirkung in verstärktem Grade zeigt, so kann man daraus schließen, daß jederseits im Gehirn ein Erregungsreservoir sitzt, das dauernd von den Otozysten aus mit Erregung gespeist wird. Vom Erregungsreservoir im Gehirn sind die Reservoire der statischen Erregung im Bauchmark abhängig und ihr Niveau fällt, wenn das Niveau im Hirnreservoir sinkt. Wird das Hirnreservoir ganz entfernt, so sinkt das Niveau der Bauchmarkreservoire noch stärker. Dadurch sinkt die statische Erregung in allen Muskeln. Nun haben die Beuger der Beine auf der voranschreitenden Seite die größte Arbeit zu verrichten, weil sie normalerweise den Körper nach vorwärts ziehen, Dazu gehört nicht bloß Verkürzung, die ja leicht auszuführen ist, sondern auch Sperrung, um die Last auszugleichen. Genügt die Sperrung auf der voranschreitenden Seite nicht, um den Körper zu ziehen, so müssen die Beine auf der rückwärts liegenden Seite doppelte Arbeit leisten beim Schieben des Körpers. Auf diese Weise läßt sich, wie mir scheint, die von Bethe gefundene Tatsache deuten, daß nach Verlust einer Otozyste die Korrelation der beiden Beinseiten verloren geht, wenn die Beine der verletzten Seite voranschreiten. Und zwar zeigt sich der Verlust der Korrelation darin, daß die hintere Beinseite schnellere und kleinere Schritte ausführt, während die vordere Seite die gleichen Schritte wie sonst ausführt, ihre Sperrfähigkeit aber eingebüßt hat.

Die Entfernung der Otozysten, besonders nach beiderseitiger Operation, hat einen bedeutenden Einfluß auf die Augenbewegungen.

Denkt man sich, daß bei jeder Bewegung des Körpers, die ihn in eine andere Lage zum Erdmittelpunkte bringt, eine andere Kornähre in der Otozyste sich herabneigt, so kann man eine kompensatorische Bewegung des Augenstieles wohl verstehen. Es braucht in diesem Falle immer nur eine ganz bestimmte Muskelgruppe anzusprechen, die allein von jenem bewegten Haar aus ihre Erregung erhält. Es wird dann jede Art Senkung des Körpers mit einer entgegengesetzten Hebung des Auges beantwortet und dadurch kompensiert.

Kreidl ist es gelungen, bei langschwänzigen Krebsen, welche Sandkörnchen in ihren Otozystenhöhlen auf feinen Haaren balancieren (die sie sich nach jeder Häutung selbst mit den Scheren hineinstopfen), die Sandkörnchen durch Eisenfeilspäne zu ersetzen. Diese eisernen Otoliten ließen sich durch einen Elektromagneten beeinflussen und in der Otozyste bewegen. Die Antwort war stets eine kompensatorische Bewegung des ganzen Körpers, die natürlich in diesem Falle zu einem falschen Resultat führte. Man sieht aber daraus, daß von den Otozysten aus die kompensatorischen Bewegungen überhaupt gelenkt und der Lage des Erdmittelpunktes angepaßt werden.

Die kompensatorischen Bewegungen der Beine treten auf, wenn der Krebs auf eine Unterlage gesetzt wird, die man nach verschiedenen Richtungen hin senkt. Die kompensatorischen Bewegungen der Augen treten auf, wenn der Körper des Tieres sich nach verschiedenen Richtungen hin senkt. Die ersten haben den Zweck, das Tier vor dem Umfallen zu bewahren, die zweiten dienen dazu, der Retina einen ruhigen Hintergrund zu verschaffen.

Wir werden bei Besprechung der Libellen Gelegenheit haben, näher auf die Bedeutung der kompensatorischen Augenbewegungen einzugehen und ihre Beziehungen zu der von Rádl entwickelten Lehre der Lichtgleichung einzugehen.

Entsprechend dieser Lehre, die von Bohn eine ausreichende experimentelle Begründung erhalten hat, müssen wir annehmen, daß Carcinus maenas sich in einer Welt befindet, die sich bloß aus helleren und dunkleren Flächen zusammensetzt, deren Konturen gar keine Rolle spielen. In dieser Welt stellt sich Carcinus immer so ein, daß er möglichst viel dunkle Flächen hinter sich und möglichst viel helle Flächen vor sich hat. Ist er einmal so eingestellt, so bewahrt sein Auge, dank der kompensatorischen Bewegungen, das eingestellte Feld in Ruhe um sich. Auf diesem ruhenden Felde spielen sich dann Einzelbewegungen ab, auf die Carcinus mehr oder weniger deutlich reagiert.

Aus den Labyrinthversuchen von Yerkes scheint hervorzugehen, daß eine regelmäßige Wiederholung der Veränderungen im Lichtfelde, die jeder Krebs erfährt, wenn er sich auf die Wanderung begibt, sich dem Gehirn des Krebses einprägen kann. Denn die Krabben finden bei häufiger Wiederholung den Weg aus einem einfachen Labyrinth schneller als am Anfang.

Die verschiedenen Umrisse und Formen der Gegenstände werden von Carcinus leicht unterschieden, nur die Bewegungen von Dunkelheiten gegen die helleren Lichtfelder werden mit einer Scherenbewegung beantwortet, die ziemlich gut lokalisiert ist. Es müssen daher verschiedene Gruppen von Lichtkegeln der Augen gesonderte Bahnen besitzen, die nach den Ganglien der Scheren im Bauchmark führen. Bethe hat den Weg, den diese Nerven im Gehirn einschlagen, verfolgen können. Außer diesen feineren Reaktionen der Lichtkegel gibt es noch eine ganz grobe Reaktion, die von der ganzen Retina wie von einem einzigen Rezeptor ausgehen. Die Retina eines Auges, gleichgültig an welcher Stelle sie gereizt wird, sendet Erregungen zu den Beinganglien im Bauchmark, die eine Fluchtbewegung der Beine auslösen. Diese Flucht bringt das Tier immer von dem gereizten Auge fort. Wird das linke Auge mit Asphaltlack geschwärzt, so wirkt jede dunkle Annäherung nur noch auf das rechte Auge. In diesem Falle flieht die Krabbe, gleichgültig in welcher Richtung sich das Dunkle befindet, nur nach links.

Während die Augen bei Carcinus nur eine untergeordnete Rolle spielen, sind sie bei anderen Krabben ein wichtiges Hilfsmittel zur Erforschung der Umgebung geworden. Ich bin selbst Zeuge eines sehr anmutigen Schauspieles gewesen, wie eine große tropische Landkrabbe sich der wütenden Angriffe eines Dachshundes erwehrte. Von welcher Seite her sich der Hund auf die Krabbe stürzen mochte, stets starrte ihm bereits eine weitgeöffnete Schere entgegen. Es war interessant, zu sehen, mit welcher Sicherheit die Krabbe den blitzschnellen Bewegungen des Hundes zu folgen vermochte.

Wenn man auch in diesem Falle noch von einer Reaktion auf Bewegungen reden kann; für die gelben Sandkrabben von Makatumbe bei Daressalam muß man schon die Umrisse der Gegenstände als wirksam annehmen, mit solcher Sicherheit vermochten sie es, ihre Scheren in die Lefzen des sie verfolgenden Hundes zu setzen. Diese Krabben autotomierten ihre Scheren, nachdem sie zugeschnappt hatten, wie die Seeigel ihre Giftzangen, und der Dachshund kam heulend zurück, eine festgeklammerte Zange in den Lippen.

Die Einsiedlerkrebse verfolgen mit großer Sicherheit die Bewegungen eines feinen Stäbchens, indem ihre Tastfühler dem Gegenstande folgen. Dagegen sind sie ganz unfähig, auf ein Fleischstückchen, das ihnen durch optische und nicht durch chemische Reize wahrnehmbar gemacht wird, mit dem Freßreflex zu reagieren. Mit der Nahrungsaufnahme scheinen die Augen bei keinem Krebs etwas zu tun zu haben, denn die Nahrung tut sich den Krebsen nur durch chemische und mechanische Wirkungen kund.

Dagegen zeigen die Augen von Maja, wie Minkiewicz in einer schönen Arbeit gezeigt hat, eine hohe Empfindlichkeit für Farben. Maja, deren Körper über und über mit Spitzen und Haken besetzt ist, zeigt die Eigentümlichkeit, alles, wessen sie habhaft werden kann, an ihrem Körper zu befestigen. Lebt sie unter braunen Algen, so trägt sie ein braunes Kleid, lebt sie unter grünen Algen, so ist ihr Kleid grün. Dies Verhalten läßt noch auf keine Farbenunterscheidung schließen. Aber Minkiewicz konnte zeigen, daß in einem Bassin, das mit rotem Papier ausgeschlagen war und an dessen Boden sich Wollenfäden in verschiedenen Farben befanden, die Maja sich immer nur die roten Fäden aussuchte, um sich damit zu bekleiden.

Es würde zu weit führen, auf die höchst merkwürdigen Ergebnisse des genannten Forschers bei Chromatophoren tragenden Krebsen einzugehen, die uns einen ganz ungeahnten Einfluß der Häutung auf das Reflexleben offenbaren.

Um auf Carcinus zurückzukommen, so scheint in seiner Umwelt weder Form noch Farbe eine Rolle zu spielen, nur beleuchtete Flächen und gelegentliche Verdunkelungen spielen in ihr eine Rolle. Die Verdunkelungen, wenn sie sich bewegen, werden mit dem Flucht- oder Aufbäumereflex beantwortet. Die Nahrung wird am chemischen Reiz und am Härtegrad bereits von den Scheren erkannt und dann dem Mund zugeführt. Über das Geschlechtsleben und die Rolle des Gehirnes dabei hat uns Bethe unterrichtet. Leider ist aber die Mehrzahl Reflexe noch nicht weit genug analysiert, um uns ein Bild vom Ablauf des Innenlebens mittels der uns geläufigen Vorstellungen zu machen. Es sind zwar überall Ansätze vorhanden, aber es formt sich noch nicht zum Ganzen. Es bleibt uns daher nichts übrig, als von künftigen Arbeiten das abschließende Resultat zu erhoffen.

Die Kephalopoden.

Eledone moschata und Octopus vulgaris sind die beiden bekanntesten Vertreter der achtarmigen Kephalopoden oder Kopffüßer. Der Name lehrt uns bereits, daß die Gliedmaßen dem Kopf ansitzen. Die acht Füße, oder besser Arme, umstehen im Kreise den Mund. Der Mund sitzt an dem durch zwei große Augen geschmückten Kopf, der sich deutlich vom übrigen Körper abhebt. Der Körper selbst ist sackförmig und steckt in einem kräftigen muskulösen Sack oder Mantel, mit dem er nur stellenweise verwachsen ist.

Faßt man einen langarmigen Kephalopoden, etwa Oktopus macropus, am Halse und hält ihn frei in die Luft, so werden die windenden Bewegungen der Arme, die ihre Saugnapfreihen vorstrecken, den Eindruck eines Schlangennestes machen, aus dem überall kleine und große Schlangen ihre Köpfe hervorstrecken. Man wird dabei deutlich an die Sage des Medusenhauptes gemahnt.

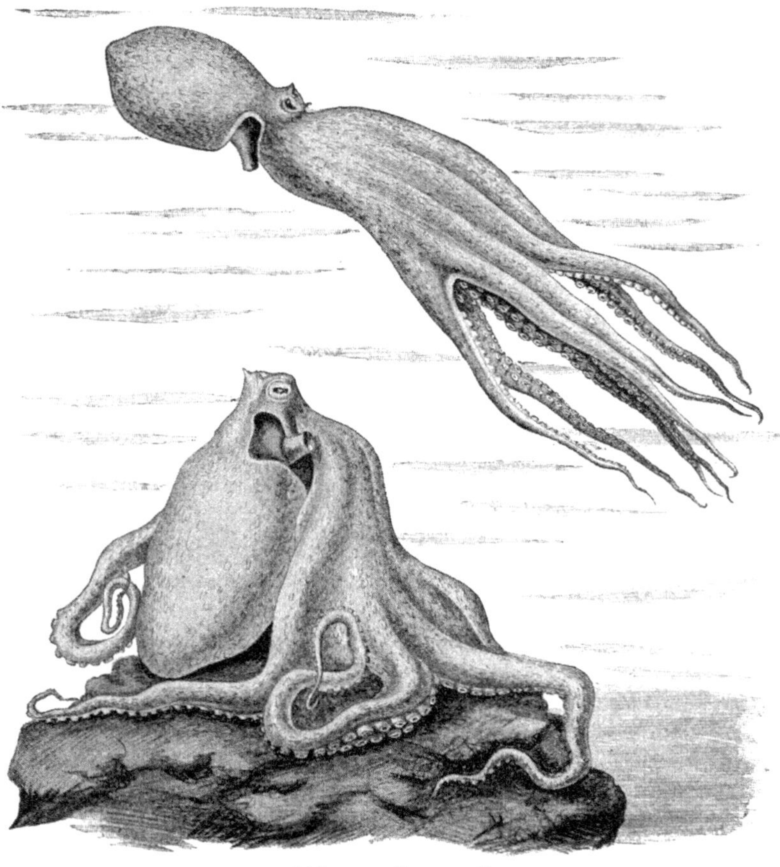

Abb. 15. Octopus [1]).

Auch die abgeschnittenen Arme zeigen noch lebhafte Bewegungen, denn eine große Zahl von Reflexen ist völlig unabhängig vom Gehirn, das fernab in der knorpeligen Schädelkapsel verborgen liegt. Leider sind wir über die Beziehungen zwischen Muskeln und Nervensystem

[1]) Nach: Lang, Lehrbuch der vergleichenden Anatomie der wirbellosen Tiere.

im Arm der Kephalopoden noch nicht genügend aufgeklärt, um uns ein deutliches Bild ihrer Wechselwirkungen zu machen. Selbst eine genügende Analyse der Bewegungen der Saugnäpfe fehlt noch. Im großen und ganzen läßt sich sagen, daß es hauptsächlich Längsmuskelstränge sind, die den Arm von der Basis bis zur Spitze durchziehen. Sie umschließen den nervösen Achsenstrang, der aus einem dorsalen Nervenpaar und einem ventralen Nervennetz besteht, das seitlich von Ganglienzellen umsäumt ist. Über den Saugnäpfen schwillt der Achsenstrang zu kleinen Ganglien an. Die dorsalen Nerven übermitteln keine Reflexe, sondern stellen bloß die Verbindung zwischen dem Gehirn und den Chromatophoren der Haut her. Ihre Reizung erzeugt immer nur eine peripher von der Reizstelle auftretende Verdunkelung der Haut. Durch diese Einrichtung ist die Verfärbung unter den direkten Oberbefehl des Gehirns gestellt und den lokalen Zentren des Armes entzogen.

Viel schwieriger ist es, die Leistungen des Nervennetzes zu erkunden. Soviel kann als sicher gelten, daß vom Nervennetz aus überall kurze motorische Fasern zu den Längsmuskeln und kurze rezeptorische Fasern zur Haut ziehen. Die direkte Reizung des Nervennetzes erzeugt sowohl periphere wie zentrale Wirkungen auf die Muskeln. Ob das Erregungsgesetz gültig ist, ist noch nicht festgestellt worden. Die Saugnäpfe neigen sich, wenn zwischen ihnen das Nervennetz gereizt wird, dem Reizorte zu. Dies alles wäre nicht schwer zu verstehen und ergibt sich aus den allgemeinen Eigenschaften eines jeden Nervennetzes. Die Schwierigkeit beginnt erst bei der Frage: Wie beherrscht das Gehirn diesen zentralen Apparat, der so außerordentlich selbständig in seinen Leistungen ist? Einerseits kann jeder Arm jede Bewegung mit seinen Muskeln und Saugnäpfen ausführen, auch wenn er abgeschnitten ist, andererseits kann ihm vom Gehirn aus jede Bewegung diktiert werden.

Im Gegensatz zu den Armen beherbergt der Atem- oder Mantelsack der Kephalopoden kein eigenes Zentrum mehr, das Reflexe vermitteln könnte, sondern untersteht direkt dem Gehirn. Denn die sogenannten Stellarganglien, die sich gerade an der Stelle befinden, wo die vom Gehirn kommenden großen Mantelnerven rechts und links im Mantel anlangen, vermitteln keine Reflexe. Nur bei Vergiftung mit Nikotin treten Erregungen von einer Bahn zur anderen über, die sonst streng isoliert bleiben. Die mechanische Erregbarkeit der Stellarnerven, die vom Stellarganglion aus nach den Mantelmuskeln strahlen, steht, wie Fröhlich und Löwy gefunden, in besonderer Abhängigkeit vom Ganglion. Ist dieses mit Nikotin vergiftet worden und wird dann schnell abgetrennt, so bleibt die erhöhte Erregbarkeit für mechanische Reizung noch mehrere Minuten in den Stellarnerven stecken. Das ist ein Erregbarkeitsfang, der wohl auf einen abgefangenen statischen Erregungsdruck zurückzuführen ist.

Die Mantelmuskulatur zeigt drei ausgesprochene Richtungen ihrer Faserzüge. Zu äußerst und zu innerst liegt eine dünne Schicht von Längsmuskeln, die den Mantel von vorne nach hinten durchziehen. Zwischen ihnen eingebettet und rechtwinklig zu ihnen angeordnet liegen die mächtigen Ringmuskeln. Schließlich finden sich noch feine, transversale Muskelstränge, welche die Innenseite des Mantels mit seiner Außenseite verbinden. Die transversalen Muskeln dienen der Einatmung, welche von den Längsmuskeln eingeleitet wird. Werden die Transversalmuskeln vom Gehirn aus innerviert, so verwandeln sie den Mantel in einen aufgeblasenen Ballon, dessen Wände stark verdünnt und erweitert sind. Die Ringmuskeln verengern bei ihrer Kontraktion das Lumen des Mantelsackes und werfen das in ihnen enthaltene Wasser hinaus. Sie dienen daher der Ausatmung. Dank ihrer starken Entwicklung sind sie fähig, das Wasser mit einem so starken Ruck nach außen zu werfen, daß das ganze Tier dadurch rückwärts getrieben durchs Wasser schießt. Dies ist denn auch die normale Schwimmbegung der achtarmigen Kephalopoden oder Oktopoden. Der Mantelsack ist mit seinem Rückensaum am Tierkörper angewachsen und hat seinen freien Rand an der Bauchseite des Tieres. Nun liegt unter dem Kopf eine trichterförmige Röhre, die mit ihrem weiten Ende in den Mantelsack reicht, mit dem engen Ende aber frei nach vorn ins Wasser schaut. Beim Ausatmen legt sich der Mantelrand erst fest an den Trichter an, worauf die Kontraktion der gesamten Ringmuskeln erfolgt, die das Wasser durch den Trichter treibt. Durch Neigen des freien Trichterendes nach links oder rechts vermag das Tier den Wasserstrom einigermaßen zu dirigieren und eine Steuerung auszuüben.

Die Atembewegungen werden durch einen doppelten Reflex reguliert: Der Druck auf die in der Mantelhöhle liegenden Kiemen erzeugt reflektorisch die Öffnung des Mantelrandes und die Inspiration. Die Dehnung des Mantelrandes dagegen erzeugt Schließung des Mantels und Expiration. Diese Reflexe wirken, wie wir sehen werden, auf den nervösen Atemapparat im Gehirn.

Die Muskelfasern der Oktopoden sind keine glatten mehr. Sie besitzen wie die quergestreiften Muskeln eine bestimmte Anfangslänge, zu der sie immer wieder zurückkehren, und sind daher viel unabhängiger von ihren Repräsentanten geworden. Trotzdem spielen die Repräsentanten eine sehr wichtige Rolle im Gehirn. Alle muskulösen Organe zeigen sich im Gehirne der Oktopoden doppelt vertreten, einmal ihrer Lage nach, und ein andermal ihrer Leistung nach. Die Vertretung der Muskelfasern ihrer Lage nach übernehmen die Repräsentanten. So finden wir in dem paarigen Viszeralganglion des Gehirnes den ganzen Mantel beinahe in situ vertreten, denn man kann durch punktförmige Reizung des Viszeralganglions den Mantel alle möglichen kleinen Falten schlagen lassen. Jede Reizung wird die Erregung zu einer lokal begrenzten Stelle schicken, welche bald mehr die eine, bald mehr die andere Muskelschicht zur Kontraktion bringt. Es liegen also im Viszeralganglion die Zentren so beieinander, wie die Tasten in einem Klavier: der räumlichen Ausbreitung der Saiten entspricht die räumliche Anordnung der Tasten. Es bildet die eine Hälfte des Mantelsackes mit dem Mantelnerv und dem zugehörigen Viszeralganglion bereits ein in sich abgeschlossenes Reflexsystem. Aber die Leistungen des Viszeralganglions gehen noch darüber hinaus, denn es vermag, abgetrennt von dem übrigen Gehirn, die ganze Atmung zu besorgen. Es beherbergt an zwei wohl definierten Stellen höhere Zentren, bei deren Reizung man keine lokalen Muskelbewegungen, sondern allgemeine Aus- oder Einatmungsbewegungen erzielt. Es ist also auf dem Klavier noch eine Einrichtung vorhanden, welche alle weißen Tasten einerseits und alle schwarzen Tasten andererseits vereinigt, so daß ein Druck genügt, um alle weißen Tasten, ein zweiter Druck, um alle schwarzen Tasten anzuschlagen.

Im Viszeralganglion treten alle Repräsentanten der ausatmenden Ringmuskeln durch besondere Bahnen mit einem höher gelegenen Zentrum in Verbindung und ebenso treten die Repräsentanten der einatmenden Längs- und Transversalmuskeln zu einem anderen höheren Zentrum in Beziehung. Diese höhere Vereinigungsweise läßt sich als eine weitgehende Differenzierung im zentralen Netz verstehen. Schon bei den Aktinien fanden wir, daß die Repräsentanten der verschiedenen Muskelschichten ihre besonderen Spezialnetze besaßen. Bei den Oktopoden vereinigen sich alle Bahnen dieser Wirknetze in zwei höheren statischen Atemzentren. Diese Zentren haben aber nicht die Aufgabe, die überschüssige Erregung abzusaugen, wie das bei den Schnecken der Fall ist, denn mit ihrer Erregung werden die gestreiften Muskeln allein fertig. Dafür haben sie die Aufgabe, ihre Erregung unter einander auszutauschen. Es findet also ein Hin- und Herfließen der Erregung zwischen dem Aus- und dem Einatmungszentrum statt. Sobald die Erregung ein statisches Zentrum erfüllt hat, wirkt sie auch auf alle mit ihm verbundenen Repräsentanten und deren Gefolgsmuskeln ein.

Die pendelnde Bewegung der Erregung wird reguliert und in Gang gehalten durch die beiden besprochenen Reflexe: Die extreme Einatmungsbewegung wird zum Reiz, der eine Erregung zum Ausatmungszentrum sendet und ebenso wirkt die extreme Ausatmungsbewegung erregend auf das Einatmungszentrum. Hier finden wir die uns bereits von den Medusen her bekannte Einrichtung wieder, daß die aufgeführte Bewegung selbst wieder zum Reize wird. Nur wurde bei den Medusen eine einzige Bewegung aktiv durch Muskeln ausgeführt, die andere geschah durch den Gallertschirm. Infolgedessen kam auch nur ein einziger Reiz in Frage, der die Erregung allen Muskeln zusandte. Bei den Oktopoden handelt es sich um zwei aktive Muskelbewegungen, zwei Reize und zwei Erregungen. Auch wird die innerste Station nicht durch ein bloßes Nervennetz gebildet, sondern durch zwei statischen Zentren, die allein schon fähig sind, automatisch zu arbeiten, indem sie sich gegenseitig die Erregung zuschieben, sobald sie die von ihnen abhängigen Repräsentanten mit Erregung gefüllt haben. Der automatische Rhythmus, der mit der Tätigkeit zweier verkuppelten Ballons zu vergleichen ist, ist an keinen Unterbrecher gebunden, wie das bei den Medusen der Fall ist, denn der Atemrhythmus der Kephalopoden ist jederzeit anpassungsfähig, und wenn eine refraktäre Periode nachgewiesen werden sollte, so ist sie sicher nur relativ und nicht absolut. Ein Erregungsrhythmus zwischen Ein- und Ausatmungszentrum ist also sicher vorhanden, er kann aber jederzeit verstärkt, beschleunigt oder verlangsamt werden, und zwar paßt sich das Viszeralganglion der einen Seite mit langsamem Rhythmus immer dem anderen Viszeralganglion an, wenn dieses einen schnelleren Rhythmus aufweist. Es müssen also gute Verbindungen zwischen den Atmungszentren beider Seiten bestehen. Der Rhythmus in den Viszeralganglien kann durch höher gelegene Zentren beeinflußt werden. Bevor wir auf die Wirkungsweise dieser Zentren eingehen, müssen wir einen kurzen Überblick über das ganze Gehirn gewonnen haben.

Das Gehirn besteht aus lauter paarweis angeordneten Ganglien. Unter Ganglien versteht man kompakte Nervennetze, die von Ganglienzellen umsäumt sind. Die Größe und Form der Ganglien ist sehr wechselnd. Ich unterscheide bei den Oktopoden drei Arten von Ganglien: 1. periphere, 2. zentrale und 3. zerebrale Ganglien. Die peripheren Ganglien entsenden periphere Nerven, die zentralen verbinden die peripheren Ganglien miteinander und die zerebralen sind den zentralen aufgelagert.

Da das Gehirn von der Speiseröhre durchbohrt wird, so entsteht eine über dem Schlunde und eine unter dem Schlunde gelegene Ganglienmasse. Die Unterschlundmasse besteht aus drei peripheren, paarigen Ganglien, die hintereinander liegen. Zuvörderst liegt das Armganglion, das die Armnerven aufnimmt. Ihm folgt das Trichterganglion (Pedalganglion), das den Trichter mit Nerven versorgt, und schließlich kommt das besprochene Viszeralganglion, das die Mantelnerven abgibt.

Während die drei Unterschlundganglien in einer Ebene liegen, erhebt sich die Oberschlundmasse zu einem kleinen Berge. Die Basis des Berges wird von vier Ganglien gebildet. Zuvörderst liegt das Buccalganglion, so genannt, weil es Nerven zur Mundmasse der Bucca entsendet. Dann folgen hintereinanderliegend die drei Zentralganglien. Den Gipfel des Berges bilden die beiden gleichfalls hintereinanderliegenden Zerebralganglien.

Ober- und Unterschlundganglien sind sowohl am vorderen wie am hinteren Ende durch Kommissurenpaare miteinander verbunden. Die hintere Kommissur verbindet jederseits das Viszeralganglion mit dem dritten Zentralganglion. Es kann daher nicht wundernehmen, daß die höheren Ganglien, welche die Atmung beeinflussen, in der dritten Zentrale gelegen sind. Hier finden sich in der Tat ausgesprochene Stellen, von denen aus man je eine Phase der Atembewegung isoliert beeinflussen kann. Besonders deutlich läßt sich eine reine Streckung des Mantels und eine ausgesprochene Ballonform durch Reizung bestimmter Orte erzielen.

Durch die Einfügung dieser höheren Zentren wird dem Tier die Möglichkeit gewährt, bei besonderen Gelegenheiten die eine oder die andere Phase des Atemrhythmus allein vorherrschen zu lassen. Am Boden der dritten und dem anschließenden Teil der zweiten Zentrale befindet sich eine Region, die auf Reiz hin das Atmen in Schwimmen verwandelt. Es macht den Eindruck, als wenn hier ein großes Erregungsreservoir läge, das auf dynamische Erregung hin einen sehr verstärkten Rhythmus auszuspielen beginnt, den es den Atemzentren im Viszeralganglion aufzwingt. Damit ist der Kreis der Mantelbewegungen erschöpft. Deutlich zeigt sich, daß der Unterschied zwischen niederen und höheren Zentren darin besteht, daß die niederen einzelne Muskelkontraktionen auslösen, während die höheren einer ganzen Körperbewegung vorstehen.

Die gleiche Trennung der Zentren in lokal wirksame und funktionell zusammenfassende zeigt sich auch bei den Bewegungszentren der Arme. Wir sahen, daß in dem Achsenstrang der Arme ein Nervennetz vorhanden ist, das die Repräsentanten der Muskeln enthält, die sich noch im gleichen Querschnitt mit ihren Gefolgsmuskeln befinden. Die Zusammenfassung der Repräsentanten unter höhere Zentren geschieht erst im Gehirn. Das Nervensystem der Arme zerfällt in zwei deutlich getrennte Abschnitte. Von den äußersten Spitzen beginnend bis zu den Armwurzeln (die einem muskulösen Becher aufsitzen, in welchem die Bucca frei beweglich liegt) verbindet das allgemeine Nervennetz die Repräsentanten miteinander. An der Armwurzel greifen die Nervennetze durch Verbindungsbrücken von einem Nachbararm zum anderen über. Und jede peripher auftretende Erregung ist fähig, von einem Arm zum anderen hinüberzufließen. In dieses allgemeine Nervennetz strahlen die vom Gehirn kommenden Bahnen ein und verbinden sich in noch unerforschter Weise mit den Repräsentanten. Sicher ist nur, daß diese Bahnen nicht im allgemeinen Nervennetz aufgehen, denn niemals greift eine zentrale, in die Armwurzeln einbrechende Erregung auf die Nachbararme über, obgleich das allgemeine Netz hier seine Verbindungsbrücken geschlagen hat.

Die Arme haben drei verschiedene Aufgaben zu erfüllen, und dementsprechend kann man ihnen drei verschiedene Funktionen zuschreiben: 1. Abwehrbewegungen, besonders zum Schutze des Mantels, 2. Bewegungen, die der Ortsveränderung dienen, beim Kriechen, Klettern oder Schwimmen, 3. Fang- oder Freßbewegungen. Die Bewegungen, die der einzelne Arm bei Ausübung dieser drei Funktionen macht, sind immer die gleichen. Sie bestehen aus Windungen nach allen Seiten hin, aus Zufassen und Loslassen der Saugnäpfe. Es ist völlig aussichtslos, verschiedene Typen der Armbewegungen nach den verschiedenen Funktionen aufstellen zu wollen. Trotzdem vermag man nachzuweisen, daß im Gehirn für jede dieser drei Funktinnen gesonderte Gruppen von Zentren vorhanden sind. Die verschiedenen Zentren benutzen also nicht bloß das gleiche Organ, sondern auch die gleichen Bewegungen des einzelnen Organes, nur in verschiedener Zusammenstellung mit den Bewegungen seiner Nachbarn, um ihre spezielle Leistung durchzusetzen.

Zur Ausführung der Abwehrbewegungen, die auf Reizung des Mantels eintreten und in einem Zurückschlagen der Arme nach der gereizten Stelle hin bestehen, bedürfen die Oktopoden nur eines einfachen Reflexes, der im Pedalganglion gipfelt. Die rezeptorischen Nerven treten durch die Mantelnerven und das Viszeralganglion zum Pedalganglion über und finden dort ihre Verkoppelung mit den motorischen Bahnen, die das Armganglion durchsetzen und zum Achsenstrang weiterziehen.

Von den Lokomotionsbewegungen sind die Steuerbewegungen beim Schwimmen am besten bis auf ihren Ursprung zu verfolgen. In der gleichen Region der zweiten und dritten Zentrale, deren Reizung die Schwimmbewegung auslöst, entsteht auch die Erregung, welche, die hintere Kommissur durcheilend, im Pedalganglion ihre Verkoppelung mit jenen motorischen Nerven erfährt, die ein Loslassen der Saugnäpfe und ein Zusammenschließen der Arme zu einem Bündel veranlassen. Beim Schwimmen, dessen Richtung nur ungenügend durch die Biegung des Trichters reguliert wird, wirkt ein Hin- und Herpendeln des ganzen Armbündels wie ein effektvolles Steuer. Vom Boden der dritten Zentrale gehen ferner die Erregungen aus, die dem Klettern und Kriechen dienen. Auch ihr Weg führt durch die hintere Kommissur zum Pedalganglion und von dort in den Achsenstrang. Sie sind noch nicht genügend untersucht.

Merkwürdigerweise nehmen die Bahnen derjenigen Zentren, die das Fressen beherrschen, ihren Weg nicht durch die hinteren, sondern durch die vorderen Kommissuren. Wie die Armbewegung, welche das Schwimmen unterstützt, von der gleichen Region ihre Erregung erhält wie die Schwimmbewegung selbst, so erhält die hauptsächliche Bewegung beim Fressen, nämlich das Zufassen der Saugnäpfe, besonders an der Armwurzel seinen Impuls aus der gleichen Region, die das Zubeißen der kräftigen, in der Bucca gelegenen Kiefer auslöst. Am Boden der ersten Zentrale finden sich Zentren, die einerseits durch das Buccaganglion ihre Nerven zur Bucca entsenden, andererseits ihre Nerven durch die vordere Kommissur zum Armganglion schicken. Dort werden sie mit den motorischen Bahnen des Achsenstranges verkoppelt. Auf diese Weise ist dafür gesorgt, daß die Bewegungen der verschiedensten Organe, wenn sie nur die gleiche Aufgabe gemeinsam zu erfüllen haben, von einem eng zusammenhängenden Zentrenkomplex ausgelöst werden.

Außerhalb der Schädelkapsel liegt links und rechts ein weiteres großes peripheres Ganglion, das aber rezeptorischer Natur ist. Es ist das Augenganglion. Mit dem Gehirn steht es durch den derben Tractus opticus, der oberhalb der hinteren Kommissur mündet, in Verbindung. Mit dem Auge ist das Ganglion durch eine dichte Reihe zarter Optikusfasern verbunden. Vom Auge aus werden während des normalen Lebens dauernd Reflexe ausgelöst, die besonders die Verfärbung der Haut betreffen, mit der die Bewegungen der sehr beweglichen Oberhaut Hand in Hand gehen. Es ist daher sehr auffallend, daß die Reizung der Optikusfasern gar keinen Effekt hat. Erst die Reizung des Ganglions selbst wirkt auf die Haut und die Chromatophoren. Dieser Unterschied kann nur darin gesucht werden, daß im Gegensatz zum motorischen Gebiet des Gehirnes, wo jede Reizung Erfolg hat (es sei denn, daß man zufällig zwei antagonistisch wirkende Fasern gleich stark erregte), im rezeptorischen Gebiete die Reizung erst dann Erfolg hat, wenn ein anatomisch und funktionell zusammengehöriger Komplex von Bahnen und Zentren erregt wird. Bei der elektrischen Reizung der Optikusfasern wird man, wie leicht einzusehen, niemals den richtigen Erregungskomplex auslösen, den ein Bild auf der Retina ohne weiteres hervorruft. Im Augenganglion kann man schon eher darauf hoffen, einen nervösen Komplex zusammenzuerregen, wenn er sehr einfacher Art ist. So gelingt es vom Augenganglion aus einige einfache Farbenreflexe und manchmal Schwimmbewegungen hervorzurufen, also die primitivsten Flucht- und Verfärbungsreaktionen, keineswegs aber höhere Bewegungskoordinationen.

An der Stelle, wo der Pedunculus opticus aus dem Augenganglion austritt, sitzt ein stecknadelkopfgroßes Ganglion, dessen Reizung mit Sicherheit eine tiefe Schwärzung des ganzen Tieres veranlaßt. Die Verdunkelung der Haut ist ein sicheres Mittel, von hier aus den Weg der Kolorationsnerven durch das dritte Zentrale in die hinteren Kommissuren zu verfolgen, wo sie teils durch das Viszeralganglion in die Mantelnerven, teils durch das Pedalganglion in den Achsenstrang ziehen. Ob das Ganglion pedunculi ein besonderes Erregungsreservoir für die Kolorationsnerven darstellt, ist ungewiß, jedenfalls trägt es bereits einen motorischen Charakter.

Sehr auffallend ist ferner die Tatsache, daß die beiden Zerebralganglien, die den Zentralganglien aufsitzen, genau wie die Optikusfasern für jede künstliche Reizung völlig refraktär sind. Dadurch allein charakterisieren sie sich bereits als rezeptorische Ganglien, welche nur erregt werden können, wenn ihre Zentren in der richtigen Form und in der richtigen Reihenfolge gereizt werden.

Das Hauptkennzeichen einer höheren Organisation sahen wir in dem Auftreten der Gegenwelt, d. h. einer Neubildung im rezeptorischen Teil des Zentralnervensystems. Es ist durch Beobachtung von Oktopoden genugsam festgestellt, daß sie auf die Form der photorezipierten Gegenstände reagieren. Es kann aber, wie wir sahen, die Form eines Gegenstandes nur dann als Reiz wirken, wenn im Gehirn eine entsprechende Form im Bau der Nervenbahnen und Zentren vorgebildet ist. Die Form der Anordnung der Nervenbahnen kann man als Transformator für die Form der Gegenstände im weitesten Sinne auffassen und muß sie daher dem rezeptorischen Teil des Zentralnervensystems zurechnen. Es besitzen die Oktopoden sicher eine Gegenwelt, und wo sollte diese passender ihr Zelt aufschlagen können, als in den Zerebralganglien? Diese sind so gelagert, daß sie von allen Rezeptoren gleich weit entfernt sind und alle äußeren Eindrücke auf dem kürzesten Wege erhalten. Ferner liegen sie den Zentralganglien auf, welche die höchsten motorischen Stationen beherbergen, von denen aus die Gesamthandlungen des ganzen Tierkörpers dirigiert werden. Wenn wir diesen Gedanken weiter verfolgen, so liegt in den Zerebralganglien die gesamte Merkwelt des Tieres in Form von nervösen Schematen aufgespeichert und jedes Schema ist bereit, sobald ihm die Erregung in der ihm allein zusagenden Form zugesandt wird, seine Verbindungen mit den höchsten motorischen Zentren spielen zu lassen. Auf diese Weise allein gelingt es, ein anschauliches Bild von den Vorgängen im Gehirn zu erlangen, das halbwegs den allgemeinen Erfahrungen am Tiere entspricht.

Leider können wir mit unseren rohen Reizen nicht die einzelnen Schemata rein anklingen lassen, und nur dann dürfte man auf Erfolg hoffen. Alle Versuche an Kunstschlössern, die nur auf ein bestimmtes Kennwort sich öffnen, sind vergebliche Mühe, wenn man das Wort nicht kennt. Man erzielt mit allen Umstellungen gar nichts. Dagegen ist es sehr leicht, Bewegungen der Riegel zu erzielen, wenn man im Uhrwerk des Schlosses an den Rädern selbst herumprobiert. So ist es auch mit den Reizen im rezeptorischen und motorischen Gebiet. Die ersten geben gar keine, die anderen immer Effekte, die freilich oft ganz unnormal sind.

Die Vorstellung der Gegenwelt eröffnet auch für die Oktopoden ganz neue Fragestellungen. Man weiß, daß ein Oktopus die Krabbe, die man ihm an einem Faden hängend zuwirft, an ihrer Form erkennt; sobald er sie erblickt, verfärbt er sich und stürzt auf sie los. Das Auge liefert ein tadelloses Bild der äußeren Gegenstände in der Retina und vermag sogar ausgezeichnet zu akkomodieren. Aber wie genau die Schemata der Gegenwelt sind, ist noch gar nicht untersucht worden. Ob etwa ein Schlangenstern ebenso behandelt würde, wie eine Krabbe, oder ob die künstliche Färbung der Krabbe die Wirkung der Form aufhebt, darüber ist noch nichts bekannt.

Das Abtragen der Zerebralganglien ist ebenso erfolglos wie die künstliche Reizung. Wenigstens bleiben alle koordinierten Bewegungen erhalten und können durch Reizung der rezeptorischen Nerven reflektorisch ausgelöst werden. Es bleibt also das zentrale Innenleben durch diese Operation unberührt. Die höchsten motorischen Zentren sind unverletzt geblieben und lassen den komplizierten Bewegungsapparat mit der gleichen Sicherheit spielen, gleichgültig woher sie ihren nervösen Impuls erhalten. Da im normalen Leben es jederzeit nötig werden kann, einen der motorischen Apparate möglichst schnell in Tätigkeit zu setzen, so kann es nicht wundernehmen, daß von den Rezeptoren direkte Bahnen zu den höchsten motorischen Zentren verlaufen. Es ist daher das Bestehenbleiben der gesamten Bewegungsfähigkeit nach Abtragung der beiden Zerebralganglien nicht so auffallend. Zusammengehalten aber mit der völligen Unfähigkeit auf künstliche Reize zu reagieren, wird diese Tatsache leicht zum Glauben verführen, als besäßen die Zerebralganglien lediglich hemmende Eigenschaften. Wenn von ihnen aus tatsächlich auch hemmende Wirkungen auszugehen scheinen, so ist damit ihre Bedeutung kaum angedeutet. Wie Hemmungszentren wirken, wissen wir jetzt aus den Versuchen an Schnecken, deren Tätigkeit ganz anderer Art ist.

In neuester Zeit hat die Analyse der Reaktionen bei höheren Tieren die Annahme einer Gegenwelt im Zentralnervensystem notwendig gemacht, und wir haben die Unerregbarkeit der Schemata durch künstliche Reize plausibel machen können. Ebenso plausibel ist der Mangel an Ausfallerscheinungen nach Entfernung der Gegenwelt, wenn die Rezeptoren direkte Nervenbahnen zu den motorischen Zentren senden. Die Wichtigkeit der Zerebralganglien mit ihrer Gegenwelt wird dadurch nicht im geringsten berührt. Es zerfällt eben das Innenleben der Oktopoden in zwei Hauptteile, in ein zentrales und ein zerebrales Innenleben.

Das zentrale Innenleben, das eine völlig geschlossene Einheit bildet, lehnt sich unmittelbar an das Innenleben der niederen Tierformen an. Rezeptor — Netz — Effektor ist auch hier der Weg der Reflexe, nur ist eine höhere Ausbildung im motorischen Teile des Netzes vorhanden. Die Merkwelt, die für das zentrale Innenleben in Frage kommt, besteht nicht aus Gegenständen, sondern aus einzelnen physikalischen oder chemischen Wirkungen, die vielleicht eine gewisse Gruppierung im rezeptorischen Merknetz erfahren. Mit der zentralen Innenwelt allein können die Oktopoden noch leben, denn kein unentbehrlicher Maschinenteil ist ausgeschieden, der Organismus funktioniert noch immer als ein Ganzes.

Auch im zerebralen Innenleben kann nichts anderes geschehen, als das auf äußere Reize hin Bewegungsreaktionen erfolgen. Die Rezeptoren und Effektoren bleiben dieselben und nur die rezeptorischen Bahnen erleiden eine Umgestaltung. Diese Umgestaltung verändert aber nicht so sehr den eigenen Organismus als vor allen Dingen die Merkwelt, die vom Grund auf umgestaltet wird, durch die Einführung von räumlichen Formen und die Erzeugung von wirklichen Gegenständen. Welche Gegenstände das sind und wie weit sie sich mit den von uns in der Umgebung des Tieres erkannten Gegenständen decken, darüber müssen uns noch geeignete Experimente aufklären. Octopus vulgaris baut sich selbst ein Haus aus Steinen und Felsblöcken, und das verlangt immerhin eine gewisse Kenntnis der Formen der verwendeten Bausteine.

Augenblicklich werden in Amerika interessante Versuchsreihen an verschiedenen Tierarten angestellt, die sich auf die Entstehung von Gewohnheiten (Yerkes) beziehen. Man hofft dabei einen Beweis für das Wirken einer Psyche zu finden. Insofern eine Neubildung von Gewohnheiten auf Neubildungen im Gehirn selbst schließen läßt, ist allerdings aus diesen Versuchen zu schließen, daß ein übermaschineller Faktor im Gehirn tätig ist. Ich sehe aber keine Veranlassung, diesen Faktor eine Psyche oder ein Psychoid zu nennen, denn die Strukturbildung ist eine maschinell nicht auflösbare Eigenschaft des ungeformten Protoplasmas, das gerade durch diese Eigenschaft sich von allen übrigen, geformten und ungeformten Stoffen unterscheidet. Inwieweit eine Neubildung im Oktopodengehirn anzunehmen ist, ist noch nicht sichergestellt. Wohl wird ein Oktopus vulgaris, der sich auf einen Torpedo gestürzt hat und, von dessen Schlägen verjagt, wieder am Ufer sitzt, den Torpedo eine Zeitlang in Ruhe lassen. Ob daraus aber eine dauernde Gewohnheit wird, ist noch nicht untersucht.

Ich habe an hungernden Exemplaren von Eledone moschata gefunden, daß sie sich gerne auf Einsiedlerkrebse stürzen. Trägt aber das Gehäuse des Krebses eine Aktinie, an der sich Eledone verbrennt, so gibt sie die vergeblichen Versuche bald auf. Sie hört aber dann überhaupt zu fressen auf und nimmt auch die beliebten Krabben nicht mehr an, sondern geht elend zugrunde. Dieser Versuch lehrt, daß die sogenannte Plastizität des Gehirnes von Eledone eine geringe ist, denn die neue Erfahrung zeitigt keine neue Gewohnheit, sondern zerreißt die Gegenwelt.

Im Gegensatz zu Yerkes und Driesch, die in den protoplasmatischen Leistungen des Gehirnes einen Beweis für die Psyche suchen, glauben Loeb und neuerdings Bohn in der Existenz eines assoziativen Gedächtnisses den Beweis einer Psyche sehen zu dürfen. Nun ist ein assoziatives Gedächtnis, wenn man damit eine objektive Leistung eines Tieres bezeichnet, durchaus keine übermaschinelle Fähigkeit. Wir können uns sehr gut Maschinen vorstellen, in denen die Auslösung einer gewissen Radstellung dauernd den Gang der Maschine beeinflußt. Dieser Versuch, die Psyche, die ja identisch mit dem Empfindungsleben ist, objektiv zu beweisen, scheint mir daher noch weniger geglückt.

Die Existenz eines assoziativen Gedächtnisses, das auch bei der Entstehung von Gewohnheiten eine große Rolle spielt, ist für die Oktopoden wohl wahrscheinlich gemacht, aber nicht streng bewiesen. Überhaupt fehlt noch der Aufbau unserer Kenntnisse nach dieser Seite hin völlig. Ich glaube aber, daß der Weg zu einer einwandfreien Anordnung unserer Erfahrungen nur auf Basis der Begriffe von Umwelt und Gegenwelt erfolgen kann.

Libellen.

Die Kephalopoden haben uns eine grundlegende Tatsache eröffnet, indem sie uns lehrten, daß es im selben Tier zwei verschiedene Innenwelten geben kann, eine zentrale und eine zerebrale. Die zerebrale Innenwelt ist das, was wir als Gegenwelt zu bezeichnen haben, weil in ihr die Formen der Gegenstände durch die Formen der Schemata widergespiegelt werden. Die Umwelten sind den beiden Innenwelten entsprechend völlig verschieden, obgleich für beide die gleichen Rezeptoren die Erregungswelle bilden. Es zerfällt also der z. B. durch das Auge aufgenommene Ausschnitt der Umgebung in zwei fundamental verschiedene Teile. Wird dieser Umstand nicht beachtet, so verwickelt man sich in unvermeidliche Widersprüche, die bei der Betrachtung der Insekten besonders empfindlich werden.

Durch Rádl sind wir vor allem auf die zentrale Umwelt der Insekten aufmerksam geworden und er hat eindringlich die Umwelt der Insekten als ein Lichtfeld beschrieben, dem gegenüber sich das fliegende Insekt in einer Art Lichtgleichung befindet. Dieses Lichtfeld wirkt, wie Parker zeigen konnte, nur durch die Augen auf das Tier ein und die Lichtgleichung wird nur auf reflektorischem Wege aufrecht erhalten.

Wir verdanken den Versuchen Bohns, die er mit seinem „Révélateur" an verschiedenen Mollusken angestellt hat, die erste Anschauung über das Lichtfeld. Der Révélateur ist ein Apparat, der aus Schirmen verschiedener Form und Größe besteht, die mit weißem und schwarzem Papier beklebt sind. Mit Hilfe dieser Schirme ist es Bohn gelungen, um verschiedene kleinere Schnecken ein Lichtfeld zu schaffen, das der Experimentator beliebig verändern kann und das ihm die

Abb. 16[1]).

[1]) Nach: Hesse-Doflein, Tierbau und Tierleben. Bd I. Verlag B. G. Teubner, Leipzig-Berlin.

Möglichkeit gibt, das Versuchstier beliebig hin- und herzuleiten. Leider ist es viel schwieriger, einen Révélateur für ein fliegendes Objekt herzustellen. Doch läßt sich schon jetzt sagen, daß man mit einem solchen Apparat erstaunliche Wirkungen auf die Insekten erzielen würde. Parker und Cole haben nämlich an Schmetterlingen nachweisen können, daß die Intensität des Lichtes gar nicht in Frage kommt gegenüber der Größe der beleuchteten Flächen.

Es kommen für die Orientierung der Insekten in ihrer Umwelt weder die Intensität des Lichtes, noch die Formen der Umrisse, noch die Farbe der Gegenstände in Betracht, sondern lediglich die Größe und die Verteilung der Dunkelheiten auf einen hellen Grund. Die einfachste Art dieser Orientierung hat Parker beim Trauermantel gefunden, der sich beim Hinsetzen immer so orientiert, daß seine beiden Augen gleich stark von der Sonne beleuchtet sind. Fällt aber ein Schatten auf ihn, so verläßt er seinen Platz und fliegt nach der größten beleuchteten Fläche hin, niemals aber nach der Sonne. Diese Beobachtungen sind von Parker in allen Einzelheiten durch Experimente nachgeprüft und bestätigt worden.

Rádl konnte zeigen, daß sich spielende Mückenschwärme auf den Hut des Beobachters einstellen und ihm folgen. Sehr lehrreich ist auch der von ihm zitierte Versuch Forels, welcher Ameisen auf eine hell beleuchtete Landstraße warf, an der sich keine größeren Gegenstände befanden und die nun dem Experimentator folgten weil sie sich auf das dunkle Feld eingestellt hatten, durch das sich sein Körper vom allgemeinen Lichtfeld abhob. Sobald sie sich den ersten Bäumen des Waldrandes näherten, verließen die Ameisen den Menschen und folgten diesen neuen Orientierungsflächen.

In einer schönen Arbeit hat Cole nachgewiesen, daß mit geringen Ausnahmen alle Tiere, die das Licht fliehen (negativer Heliotropismus), durch die Intensität des Lichtes geleitet werden, während die Tiere, die das Licht suchen (positiver Heliotropismus), durch die Größe der beleuchteten Felder ihrer Umgebung gelenkt sind. Das Licht suchen und das Licht fliehen sind, wie zuerst Loeb gefunden, keine unveränderlichen Eigenschaften der Tiere. Sie können durch alle möglichen Änderungen der Umgebung umschlagen, je nach der Lebensweise des Tieres. So werden viele Tiere, die Lichtsucher sind, lichtflüchtig im Moment, da die Temperaturerniedrigung sie zum Winterschlaf einlädt, für den sie dann eine dunkle Höhle aufsuchen. Es wäre nun äußerst dankenswert, wenn der Nachweis versucht würde, ob auch beim gleichen Tier während der Periode des Lichtsuchens immer nur die Extensität, in der Periode des Lichtfliehens aber die Intensität des Lichtes die führende Rolle übernimmt.

Die Forscher versuchen in anerkennenswerter Weise die Wirkung des Lichtes auf die Organismen in ihre einzelnen physiologischen Faktoren zu zerlegen. So betrachten sie das Licht erstens als bewegungsauslösend, zweitens als die Körperstellung richtend, drittens als die Bewegungsrichtung bestimmend.

Rádl hat gefunden, daß bei einigen Süßwasserkrebsen der Lichteinfall ihre Lage beim Schwimmen völlig ändert, denn die Tiere stellen sich immer so ein, daß das Auge nach der Lichtquelle gerichtet ist, einerlei, wo sich dasselbe befindet. Kommt das Licht von unten, so liegen sie umgekehrt im Wasser. Dies ist bei den Insekten natürlich nicht der Fall. Ihre Stellung beim Fliegen ist durch die Schwere des Körpers und den Ansatz der Flügel gegeben. Dafür ist aber ihre Flugrichtung, ihr Steigen, Fallen und Stehenbleiben im Flug abhängig vom Lichtfeld, der Anstoß zum Flug mag gewesen sein, welcher er wolle.

Unerklärliche Versuche hat bekanntlich Bethe angestellt, als er die Fähigkeit der Bienen, ihr Heim wiederzufinden, untersuchte. Die Bienen finden stets mit der größten Sicherheit die Stelle im Raume wieder, von der sie ausgeflogen sind, nicht aber ihren Stock, wenn dieser unterdessen ein wenig gerückt wurde. Dadurch wird bewiesen, daß die Bienen nicht durch das Bild ihres Stockes geleitet werden, sondern von einem anderen Agens, das bisher unerklärlich war. Nun scheint die Lehre Rádls von dem Lichtfeld und der Lichtgleichung dieses offenbar sehr komplizierte Problem seiner Lösung einigermaßen näher zu führen. Rádl schreibt: „Eigentümlich ist aber, daß die Insekten nicht nur nach Hause fliegen, sondern auch nach Orten, auf welchen sie wenige Momente ausgeruht haben.

Man kann sich davon oft an einem Schmetterling, einer Libelle, oder auch an anderen Insekten überzeugen, welche an beliebigen Orten sitzen: Wenn man sie nicht zu hurtig aufscheucht, kehren sie nach einigem Herumflattern zu der Stelle, welche sie eben verlassen haben, zurück. Ich habe (1901) mehrere solche Erscheinungen durch den Satz ausgedrückt, daß die Insekten auf irgendeine Art an die Stelle gebunden sind, welche sie willkürlich verlassen haben .... In diesen Fällen wird man gewiß schon fühlen, daß von einem guten Gedächtnis oder etwas Ähnlichem zu sprechen gar nichts erklärt; es ist aber sehr wahrscheinlich, daß diese Erscheinungen nur ein spezieller Fall von der Heimkehrfähigkeit der Tiere überhaupt sind.“

Am besten wird man durch die Worte Rádls, mit denen er sein grundlegendes Buch abschließt, zum Verständnis der Umwelt der Insekten gelangen, soweit diese auf das zentrale Leben einwirkt: „In der Lehre von den Tropismen ist uns eine neue experimentelle Basis für die Orientierung der Erscheinungen im Organismenreiche geboten. Wir finden, daß es bei den Tieren keine „Orientierung überhaupt“

gibt, sondern daß es äußere Umstände sind, welche das Tier orientieren, besonders das Licht, die Schwerkraft, der Oberflächendruck der Körper und vielleicht noch anderes. Wir sehen, daß die Orientierung eines Tieres darin besteht, daß dasselbe in bezug auf irgendeine äußere Kraft im Gleichgewicht steht, wobei dieses Gleichgewicht sich nicht nur auf die Lage des Organismus, sondern auch auf seine physiologischen Funktionen bezieht; wir haben gesehen, daß, wenn die Richtung der wirkenden Kraft geändert wird, auch der Organismus seine Orientierung ändert und den neuen Verhältnissen anpaßt.

Auf Grund dieser Untersuchungen können wir behaupten, daß der Raum für die Organismen ein System richtender Kräfte ist, von denen eine jede den Organismus in ein Gleichgewicht gegen sich stellt. Dieses Gleichgewicht ist die Orientierung des Tieres. Die Räume verschiedener Organismen sind nicht einander gleich: Während bei einigen mehr ein Lichtraum entwickelt ist, ist bei anderen ein Schwerkraftraum und bei anderen ein Flächenraum und wieder bei anderen ein Druckraum besser ausgebildet; es ist wahrscheinlich, daß immer mehrere solche Räume bei demselben Organismus vorhanden sind, daß aber hier der eine, dort der andere überhand nimmt.“ Rádls interessante Ausführungen würden verständlicher sein, wenn er an Stelle des Wortes „Raum“ das Wort „Umwelt“ gewählt hätte.

Auch die bereits von Darwin aufgeworfene Frage, warum die Motten wohl in die Kerze, aber nicht in den Mond fliegen, scheint sich durch Anwendung der Lichtgleichung lösen zu lassen. Der Mond bescheint große Flächen, die wegen ihrer Extensität in der Lichtgleichung stärker wirken, als sein intensives Licht. Die Kerze vermag keine so hellen Flächen hervorzurufen, die ihr selbst Konkurrenz machen könnten, daher bleibt sie in der Lichtgleichung als einziger wirksamer Faktor übrig und die lichtsuchenden Tiere stürzen in ihr Verderben.

Die Wirkung heller und dunkler Flächen auf die Retina beider Augen der Insekten ruft, so scheint es, einen Wettstreit der beiden Augen, vielleicht auch verschiedener Partien im gleichen Auge hervor, der durch reflektorische Wirkung auf die Hals- und Flügelmuskeln den Augen immer neue Stellungen gibt, bis sich ein Kompromiß ergeben hat, d. h. bis ein labiles Gleichgewicht gefunden ist, bei dem die von allen Teilen der Retina ausgehenden Wirkungen sich entweder gegenseitig aufheben — dann bleibt das Insekt in der Luft stehen — oder sich zu einer gemeinsamen Wirkung vereinigen — dann fliegt das Insekt in einer bestimmten Richtung davon. Ob es einfach die Ausdehnung der hellen Flecke auf der Retina ist, von denen jeder eine zum Reizort hinzielende Bewegung zu veranlassen sucht, und dabei in Konflikt gerät mit jenen Bewegungen, die von den anderen Flecken veranlaßt werden — und ob es dabei bloß auf die Zahl der belichteten Retinaelemente ankommt, um den Ausschlag im Wettstreit zu geben — das läßt sich wohl vermuten, aber nicht beweisen.

Wenn in einem Insektenauge alle belichteten Retinakegel reflektorisch auf die Halsmuskeln wirken und diese von allen Seiten schwächere und stärkere Erregungen erhalten, die sie nur insoweit mit Verkürzung beantworten können, als es ihre gleichfalls erregten Antagonisten gestatten, so muß der Kopf des Tieres dadurch eine bestimmte Stelle im Raum einnehmen, der sich auch der übrige Körper anzupassen hat. Es versteht sich von selbst, daß jede passive Drehung des Kopfes die Lichtgleichung stört und daher durch eine entgegengesetzte Bewegung der Halsmuskeln wieder gut gemacht werden muß. Solche Bewegungen nennt man kompensatorische.

Die Einstellung des Auges nach der Lichtgleichung macht die Tiere zu Sklaven ihrer Umgebung. Es werden ihnen durch die Lichtgleichung nur ganz wenige Punkte in der Natur als Aufenthaltsorte angewiesen. So sieht man verschiedene Fliegen und Mücken auf enge Bezirke zusammengedrängt unter Bäumen in einem schmalen Sonnenstrahl schweben.

Die Libellen scheinen unabhängiger von der Lichtgleichung zu sein. Zwar habe ich eine Aeschna beobachten können, die einen ganz bestimmten Wechsel besaß und unermüdlich über eine halbe Stunde die gleichen Büsche in der gleichen Richtung, in der gleichen Höhe umflog. Aber für die stillsitzenden, auf Raub lauernden Bachlibellen dürfte der Nachweis, daß sie ihre Stellung lediglich der Lichtgleichung verdanken, schwer zu führen sein. Trotzdem führt ihr Kopf ausgesprochene Kompensationsbewegungen aus. Jede passive Verschiebung des Körpers nach oben oder unten, nach rechts oder links wird durch eine entgegengesetze Bewegung der Halsmuskeln ausgeglichen. Es ist nicht notwendig, diese Erscheinung auf die Lichtgleichung zurückzuführen, weil eine jede Erregung, die beim Wandern eines Retinaeindrucks über die Nervenendigungen hinweggleitet, eine elektrische Wellenbewegung erzeugt, die an der zentralen Endigung der Optikusfasern ebenso zum Vorschein kommen muß, wie an der retinalen. Diese Wellenbewegung, die in einer durch den äußeren Vorgang gegebenen Richtung über das zentrale Ende des Sehnervenfaserbündels dahingleitet, ist durchaus fähig, in bestimmten zur Bewegungsrichtung gleichgelagerten Fasern des zentralen Netzes eine Erregung durch Induktion hervorzurufen, die dann die zugehörigen Muskeln in Tätigkeit versetzt, während alle anderen Teile des Nervennetzes unberührt bleiben. Auf diese Weise kann eine kompensatorische

Bewegung auch ohne Beziehung zur Lichtgleichung zustande kommen. Die biologische Bedeutung der kompensatorischen Bewegungen ist sehr groß, denn sie verschaffen dem Tiere, selbst wenn es auf einem schwankenden Blatte rastet, einen ruhigen Hintergrund, von dem sich die bewegten Beutetiere mit Sicherheit abheben.

Wie die Gesamtheit der auf der Retina abgebildeten Umrisse der Gegenstände, wenn sie in Bewegung gerät, einen Reflex auslösen kann, so kann dies auch ein einzelner Umriß vollbringen. Hier erst beginnt im strengen Sinne die von Nuel so bezeichnete Motorezeption, d. h. die Wirkung der Bewegung eines Gegenstandes aus der Umgebung auf das Auge des Tieres. Die Bewegung sämtlicher Umrisse auf der Retina tritt nur ein, wenn die Libelle selbst bewegt ist, die Bewegung eines Umrisses allein wird stets durch einen vom Tier unabhängigen Vorgang hervorgerufen. Wenn trotzdem die Bewegung eines einzelnen Umrisses mit einer kompensatorischen Bewegung beantwortet wird, so hat das den Vorteil, daß die Libelle eine vorbeifliegende Beute auf einer bestimmten Stelle der Retina zu fixieren vermag.

Meist aber tritt ein anderer Reflex ein, die Libelle stürzt sich auf den bewegten Gegenstand und ergreift ihn, wenn er eine Beute ist. Ich habe häufig beobachten können, daß Aeschna sich auf ein langsam herabfallendes kleines Blatt stürzte. Kaum gelangte sie aber in die Nähe des Blattes, so bog sie ab ohne es zu berühren. Es ist mir auch gelungen, im Einklang mit den Angaben von Exner, Aeschna durch das Fliegenlassen von Papierschnitzel zu täuschen, was bei der gewöhnlichen Seejungfer Caleopteryx keinen Erfolg hatte.

Die Beobachtungen an Aeschna lehren unmittelbar, daß hier zwei Reflexe vorliegen: ein Reflex, der durch die Bewegung eines Umrisses auf der Retina hervorgerufen wird, und ein zweiter, der durch die Form des Umrisses erzeugt wird. Den ersten nennen wir Moto-, den zweiten Ikonoreflex. Beim normalen Beutefang müssen die beiden Reflexe, die beim Papierschnitzelversuch so deutlich auseinanderfallen, sich gegenseitig ergänzen und eine einheitliche Handlung hervorrufen. Der Motoreflex erzeugt das Hinstürzen, der Ikonoreflex das Zufassen. Beide zusammen bilden den Beutefang.

Ich nehme an, daß der Ikonoreflex ähnlich dem Motoreflex zustande kommt. Jeder Umriß, der auf der Retina entworfen ist, erzeugt in allen jenen Nervenendigungen, die er mit seiner Fläche bedeckt, eine Nervenerregung, die sich bis an das zentrale Ende des Optikusbündels fortsetzt. Die erregte Fläche auf der zentralen Ebene des Bündels vermag dank ihrer elektrischen Eigenschaften eine Induktionswirkung auf das zentrale Netz auszuüben, vorausgesetzt, daß sich daselbst eine Fasernanordnung befindet, die der Form der erregten Fläche entspricht. Diesen den Umrissen der Gegenstandsbilder auf der Retina entsprechend geformten zentralen Bahnenkomplex nenne ich ein Schema und behaupte, daß gerade so viel Gegenstandsarten der Umgebung vom Tier unterschieden werden, als Schemata in seiner Gegenwelt vorhanden sind.

Es ist hier der geeignete Ort, eine kurze Übersicht über die Wirkung des Lichtes und die Gegenwirkung der Organismen zu geben. Bei den Tieren, die keine optischen Apparate besitzen, kann nur die Intensität des Lichtes wirksam sein. Auf unseren Körper z. B. wirkt nur die Intensität des Sonnenlichts, das eine Seite beleuchtet, während die andere im Schatten liegt. Ob und welche beleuchteten Flächen oder Gegenstände sich in unserer Umgebung befinden, kann unser Körper nicht wahrnehmen, es sei denn, daß ein Schatten auf ihn fiele. Dementsprechend antwortet Centrostephanus nur auf die Beleuchtung irgendeiner Partie seines Körpers und auf Schatten. Jede sonstige Lichtwirkung geht an ihm spurlos vorbei.

Erst der Besitz eines optischen Apparates, der ein Bild zu entwerfen vermag, befähigt das Tier, auf die beleuchteten Flächen der Umgebung zu reagieren und in eine Lichtgleichung einzutreten. Auch werden Bewegungen wahrgenommen. Der Besitz eines optischen Apparates ist wohl ein Hinweis dafür, daß die Tiere bereits Bewegungen, nicht aber, daß sie Bilder in Erregung zu verwandeln vermögen. Diese Einsicht erleichtert uns auch das Verständnis dafür, daß z. B. die Pilgermuschel Hunderte von ausgebildeten Augen besitzt, obgleich sie bei ihrem schwerfälligen Schwimmen gar nicht fähig ist, auf ein Ziel loszusteuern, und in ihrem allereinfachsten Nervennetz keine Gegenwelt beherbergt. Sie schwimmt auch gar nicht nach einem bestimmten Ziel hin, sondern nur vom Feinde fort[1]).

Sehr bald zeigen sich, wenn wir uns den Krebsen zuwenden, die ersten Wirkungen der Farben und der einfachsten Formen. Damit ist dann der Weg gebahnt, auf dem durch Ausgestaltung der Gegenwelt eine immer eingehendere Erforschung der Umgebung möglich wird, indem sich eine immer reichere Umwelt ausbildet. Wir haben gesehen, in welch interessanter Weise die Wirkung der eigenen und der fremden Bewegung mit der Bildwirkung zusammenklingen, um bei den Libellen die komplizierte Handlung des Beutefangs zu ermöglichen.

Man kann die Entwicklung der optischen Umwelt bei den Tieren sich am anschaulichsten zum Bewußtsein führen, wenn man einem Maler zusieht, der das Bild einer Landschaft entwirft. Erst entwirft er die großen Flächen, die dem Bild eine Art Lichtgleichung geben.

[1]) Im übrigen ist zu hoffen, daß wir über die großen Fortschritte in der Lichtkunde, die wir vor allem v. Fritsch, Kühn und v. Buddenbrock verdanken, eine zusammenfassende Darstellung erhalten.

Wenn er der Flächenwirkung ganz sicher ist, setzt er immer neue Farbentöne, immer genauere Umrisse ein, bis schließlich farbige, beleuchtete Gegenstände vor uns entstehen.

Bei den Libellen nimmt die Gegenstandswelt bereits einen breiten Raum ein, und weil das reichere Hilfsmittel immer das geringere verdrängen wird, beginnt bei ihnen die Wirkung des Lichtfeldes bereits abzublassen. Es ist zweifelhaft, ob die Libellen bloß eine zentrale Umwelt besitzen, die aus Lichtfeldern und Flecken besteht, oder ob sie in einer zerebralen Umwelt leben, in der sich bereits Rasen, Busch und Wasser befinden. Freilich muß man sich bei Anwendung dieser Worte bloß an das ungefähre Aussehen dieser Gegenstände halten und durchaus vergessen, was wir sonst von diesen Dingen wissen.

Da wir leider keine Aussicht haben, die Schemata der Gegenwelt in den zerebralen Hirnpartien kennen zu lernen, sind wir darauf angewiesen, durch Vereinfachung der Gegenstände, auf welche die Insekten mit Sicherheit reagieren, die notwendigen Faktoren sowohl der Form, wie der Farbe, wie der Bewegung experimentell festzustellen. Wie weit darf ein bestimmtes Beutetier vereinfacht werden, damit es von einer Libelle noch mit Sicherheit ergriffen wird? Ich glaube, hier eröffnen sich hochinteressante Versuchsreihen. Man braucht nur an die künstlichen Fliegen zu denken, die aus ein paar Federn hergestellt werden und dennoch den Anglern vortreffliche Dienste leisten. Diese von der Praxis gelieferten Erfahrungen sollte man im Sinne einer möglichst weitgehenden Vereinfachung weiter ausbilden, um auf diese Weise eine Anschauung der tierischen Merkwelt zu erhalten, von der aus man auf die Gegenwelt zurückschließen kann.

Das Gehirn der Libellen ist seiner Kleinheit wegen zu Reizversuchen wenig geeignet, daher lassen sich die zerebralen Partien schwer von den zentralen abgrenzen. Doch gibt die Reizung des Gehirnes immerhin einige interessante Resultate. Bemerkenswert ist es, daß das Schlagen mit den Flügeln, wenn es durch Hirnreizung ausgelöst wird, die Reizung um ein beträchtliches überdauert, im Gegensatz zur Reizung der unter den Flügeln gelegenen Bauchstrangganglien, die den Flügelschlag nur so lange hervorruft, als die Reizung dauert. Eine geköpfte Libelle läßt auf Druckreizung ihres letzten Abdominalgliedes die Unterlage los, an der sie sich festgeklammert hat, und beginnt mit den Flügeln zu schlagen. Der Flug endet aber sofort nach Aufhören des Druckreizes. Eine normale Libelle läßt auf den gleichen Reiz gleichfalls die Unterlage fahren und fliegt davon, sie hört aber mit dem Flügelschlag erst auf, nachdem sie sich wieder gesetzt hat. Das beweist, daß in den Ganglien des Bauchstranges der gesamte nervöse Apparat, der die Flügelbewegungen beherrscht, fertig vorliegt und mit dem Apparat für die Entklammerung fest verbunden ist.

Der zentrale Flugapparat kann von jeder Erregungswelle in Tätigkeit versetzt werden, gleichgültig, welcher Rezeptor den Reiz empfangen hat. Das Gehirn besitzt außerdem ein Erregungsreservoir, das nach Reizung des Auges dauernd in Tätigkeit tritt und so lange den Flugapparat mit Erregungswellen versorgt, bis es durch den erneuten Klammerreflex der Füße still gestellt wird. Wie diese Verkoppelung von Stillstellung der Flugbewegung mit dem Klammerreflex zustande kommt, dafür besitzen wir auch einen Hinweis. Es zeigt sich nämlich, daß eine geköpfte Libelle einen dauernden Klammerreflex besitzt, der nur während der Flugbewegung ausgeschaltet wird. Eine normale Libelle zeigt den Klammerreflex nur vorübergehend. Daraus geht hervor, daß im Gehirn eine Bremsvorrichtung für den Klammerreflex vorhanden ist. Eine solche Bremsvorrichtung stellen wir uns nach Analogie mit Aplysia als ein Erregungsreservoir mit tiefem Niveau vor, das dauernd den Erregungsüberschuß der ihm unterstellten Ganglien absaugt. Es muß dieses Reservoir mit tiefem Niveau, das den Klammerreflex aufhebt, irgendwie mit dem Reservoir mit hohem Niveau, das die Flugbewegungen hervorruft, verkoppelt sein, um das exakte Ineinandergreifen beider Reflexe nach Beendigung des Fluges zu gewährleisten; während die Ausschaltung des Klammerreflexes beim Beginn des Fluges eine spezielle Vorrichtung in den Bauchstrangganglien verlangt.

Der Gang wird von einem der beiden Vorderbeine eingeleitet. Die Hinterbeine folgen dem wechselnden Zug der Vorderseite nach dem allgemeinen Gesetz der Erregungsleitung. Infolgedessen braucht man für die Ganglien der Hinterbeine bloß ein nervöses Netz anzunehmen, in das besondere Bahnen für den Klammerreflex einmünden. Die Vorderbeine sind für den normalen Gang unerläßlich, sie dienen ferner zum Putzen des Kopfes.

Die Flugbewegungen sind von Lendenfeld in eingehender Weise analysiert worden. Die Darstellung seiner Resultate ist aber selbst mit seinen Abbildungen schwer verständlich. Es wäre sehr zu wünschen, daß die ausgezeichnete Arbeit Lendenfelds durch chronophotographische Bilder noch nachträglich illustriert würde.

Die Bewegungen des elfgliedrigen Abdomens sind mannigfach und dienen verschiedenen Aufgaben. Das Ein- und Ausschieben der Bauchplatten dient der Atmung. Beim Fliegen ist das Abdomen gerade weggestreckt und dient als Balancierstange. Seitliche Bewegungen wirken bei der Steuerung mit und können durch Hirnreizung ausgelöst werden. Die Rolle des Abdomens bei der Begattung ist fein reguliert und von großer Präzision. Die nervöse Grundlage dafür ist leider noch völlig unbekannt.

Betrachten wir die Libelle als ein Ganzes, so fällt uns zunächst die große Mannigfaltigkeit ihrer verschiedenen Glieder in die Augen. Nur die Seeigel haben einen ähnlichen Reichtum an Organen aufzuweisen. Alle Organe der Seeigel sind aber im Gegensatz zu den Libellen in so großer Anzahl vorhanden, daß jede Erregung, die ins allgemeine Nervennetz eintritt, überall, wohin sie sich auch wenden möge, alle Organe vorfindet, die dann nach ihrer Bauart verschieden auf die Erregung reagieren. So ist durch die räumliche Anordnung der Reflexpersonen bereits der zeitliche Ablauf ihrer Handlungen mit bestimmt. Das gleiche ist bei all den Tieren der Fall, die aus lauter gleichartigen hintereinander liegenden Segmenten bestehen. Auch hier braucht die Erregung keine besonderen Wege einzuschlagen; seiner räumlichen Anordnung entsprechend antwortet ein Segment nach dem anderen, wenn der Erregungsstrom im zentralen Netz an ihm entlang fließt. Eine gewisse Regulierung des Erregungsstromes kann hierbei durch Einfügung eines Erregungstales oder gewisse ventilartige Einrichtungen in den Hauptbahnen herbeigeführt werden. Zur Errichtung einer Zentralstelle, von der jedes einzelne Organ direkt abhängig wäre, liegt in diesen Fällen weder das Bedürfnis, noch die strukturelle Möglichkeit vor.

Anders sind die Verhältnisse, wenn zwar gleichfalls verschiedenartige Reflexorgane vorliegen, die aber nur in wenig Exemplaren vorhanden sind und diese, obgleich sie nicht nach Funktionen gruppiert sind, dennoch gemeinsame Handlungen vollführen müssen. In diesem Fall befinden sich sowohl die Kephalopoden wie die Libellen. Die Kephalopoden helfen sich, indem sie aus jedem peripheren Reflexorgan je ein zum Ablauf des Reflexes notwendiges Zentrum entfernen und aus diesen Zentren räumlich verbundene Gruppen im Gehirn bilden. Diese Gruppen von Zentren werden von den Erregungen, die ihnen aus den Zerebralganglien zufließen, gemeinsam getroffen und erzeugen in ihren Organen eine gemeinsame Handlung. Auf diese Weise sorgt wiederum die räumliche Anordnung der Struktur für den zeitlichen Ablauf der Handlung.

Bei den Libellen ist ein anderer Weg eingeschlagen worden. Die Reflexorgane bleiben in der Peripherie ungeteilt bestehen. Skelett, Muskeln, Nerven und Zentren verharren in ihrem Zusammenhang, kleinen, durchgebildeten Apparaten ähnlich, die bloß eines Anstoßes bedürfen, um tadellos in Gang zu kommen. Aber der Anstoß geht nicht mehr direkt von den rezeptorischen Zentralteilen aus, sondern von besonderen Apparaten, welche die Fähigkeit haben, die Erregungsdauer zu verlängern oder zu verkürzen. Diese besonderen zentralen Reservoire sind wiederum räumlich miteinander verbunden und so wird auch hier schließlich die räumliche Anordnung der Struktur maßgebend für den zeitlichen Ablauf der Handlung.

Es herrschen also durchgehend rein maschinelle Strukturverhältnisse vor, wie bei einer Drehorgel der zeitliche Ablauf des Musikstückes durch die räumliche Anordnung der Stifte an der Walze bestimmt ist.

Die Libellen gleichen in der Dezentralisation ihrer Reflexorgane den niederen Wirbellosen mehr als den Kephalopoden. Auch bei ihnen sind die Repräsentantengruppen, mögen sie in sich noch so kompliziert sein, unmittelbar an das allgemeine Nervennetz angeschlossen. Aber durch die Einfügung der Gehirnreservoire, welche die Dauer des Erregungsablaufes beherrschen, gewinnen sie eine Unabhängigkeit von ihrer Umgebung, die die niederen Tiere nicht besitzen. Bei einem Seeigel oder Schlangenstern bestimmen die Intensität des Reizes und die äußeren mechanischen Hindernisse die Dauer des Erregungsablaufes im Inneren. Bei den Libellen ist die Dauer des Erregungsablaufes einem inneren Faktor unterstellt. Auch der Sipunkulus ist in seinen Bewegungen von der Umgebung unabhängig, denn er besitzt Reservoire der statischen Erregung, die sein Nervennetz anhaltend mit Erregung zu speisen vermögen, genau wie bei der Libelle.

Bei der Libelle aber unterstehen die Erregungsreservoire ihrerseits den rezeptorischen Zentren der Gegenwelt. Durch diese beiden Faktoren gewinnt die Libelle erstens eine Unabhängigkeit von der Stärke des jeweiligen Reizes, und zweitens eine neue Abhängigkeit vom Zustand ihrer Umgebung, welche durch das Auge auf die zentralen wie zerebralen Teile des Gehirnes einzuwirken vermag. So ist die Libelle trotz ihrer Unabhängigkeit doch wiederum in ihre Umwelt eingehängt, die sich dank ihren zerebralen Fähigkeiten sehr erweitert und verfeinert hat. Gewiß ist sie im Verlauf ihres Lebens völlig von dieser Umwelt abhängig. Aber ihre Umwelt ist wiederum bis in alle Einzelheiten ihr eigenes Werk. So gleicht ihr Dasein durchaus nicht einer Knechtschaft, welche ihr der sogenannte Kampf ums Dasein aufzwingt, sondern vielmehr dem freien Wohnen im eigenen Haus.

Der Beobachter.

Die Hauptschwierigkeit bei allen biologischen Untersuchungen besteht darin, daß der Forscher seine Stellung als außenstehender Beobachter der Vorgänge genau kennt und nicht verläßt.

Es ist uns völlig unmöglich, in das bewußte Seelenleben irgendeines Lebewesens außer uns selbst einen unmittelbaren Einblick zu gewinnen. Das wird wohl ohne weiteres zugegeben. Dagegen bemühen sich die vergleichenden Psychologen mittelbar durch Analogieschlüsse Aussagen über das Bewußtsein der Tiere zu tun. Sie berufen sich darauf, daß wir im Verkehr mit unseren Mitmenschen stets aus ihren Äußerungen auf ihr bewußtes Seelenleben schließen, und folgern daraus, daß wir mit einiger Kritik das gleiche Verfahren auch den Tieren gegenüber anwenden dürfen.

Diese Folgerung ist für die Biologie nicht maßgebend. Der Biologe befaßt sich nur mit den objektiven Veränderungen im Tierreich, weil nur diese dem außenstehenden Beobachter zugänglich sind. Wer über die Bewußtseinsvorgänge eines Tieres Feststellungen macht, verläßt seinen Posten und versetzt sich in die Seele des Tieres.

Was wir als außenstehende Beobachter allein feststellen können, sind die sinnlich wahrnehmbaren Einwirkungen der Außenwelt auf den Körper der Tiere und seine gleichfalls sinnlich wahrnehmbaren Gegenwirkungen auf die Außenwelt. Daher ist nur der Körper der Tiere das uns allein zugängliche Forschungsobjekt und nicht ihr Bewußtsein.

Der Körper der Tiere stellt einen durchaus geschlossenen Mechanismus dar wie alle Maschinen. Er unterscheidet sich aber von den Maschinen durch ganz bestimmte übermaschinelle Eigenschaften. Während jede Maschine ein von außen her geschaffenes Gefüge besitzt, das vollkommen zwangläufig arbeitet, besitzt der Körper eines jeden Lebewesens ein sich selbst gestaltendes und dauernd umgestaltendes Gefüge, das zudem die Fähigkeit besitzt, Schäden, die ihm von außen zugefügt werden, auszugleichen.

Wie wir gesehen haben, beruhen die übermaschinellen Fähigkeiten der Lebewesen auf dem Besitz von Protoplasma. Als einzige Substanz erfüllt das Protoplasma jeden Keim eines Lebewesens. Der protoplasmatische Keim erfährt erst mannigfache Umgestaltungen, dann aber kristallisiert sozusagen das eigentliche Körpergefüge aus dem Protoplasma heraus und liefert das fertige Tier. Das Protoplasma geht aber niemals völlig in das Körpergefüge über, sondern erhält sich als wichtiger Rest in allen Körperzellen, deren Mikrogefüge es überwacht und im Notfall wiederherstellt.

Die gesamte Tätigkeit des Protoplasmas bildet einen in sich abgeschlossenen Teil der Biologie, den ich als „Technische Biologie" bezeichne. Die technische Biologie umfaßt die eigentlichen Lebensgesetze, während die mechanische Biologie die Gesetze erforscht, die bei den Lebewesen die gleichen sind wie bei den Maschinen.

Die mechanische Biologie kann daher erst einsetzen, wenn die technischen Gesetze ihr Werk der Hauptsache nach vollendet haben, d. h. in dem Augenblicke, wenn das Körpergefüge ausgebildet dasteht. Aber auch dann sind der mechanischen Biologie alle diejenigen Vorgänge verschlossen, die eine Umgestaltung des Gefüges betreffen, so besonders im Gehirn der höheren Tiere, das in steter Umbildung begriffen ist.

Wenn es demnach berechtigt erscheint, den Mechanismus des ausgebildeten Tierkörpers mit dem Mechanismus der Maschinen auf die gleiche Stufe zu stellen, weil sie beide den gleichen mechanischen, physikalischen und chemischen Gesetzen gehorchen, so ist es dennoch gänzlich unberechtigt, ihre Leistungen einander gleich zu setzen.

Eine jede Maschine ist von einem Menschen erbaut. Der menschliche Baumeister schuf sie für eine menschliche Leistung und setzte sie in eine menschliche Welt.

Das Protoplasma, das einen Regenwurm schuf, schuf ihn für eine Regenwurmleistung und setzte ihn in eine Regenwurmwelt.

Nur in der Menschenwelt ist die Leistung einer Maschine verständlich. Nur in der Regenwurmwelt verstehen wir die Leistung des Regenwurms.

Will daher die mechanische Biologie etwas mehr sein als eine bloße Mechanik der Tierkörper, so muß sie vor allem eine Anschauung der Umwelt des Tieres gewonnen haben, dessen Leistung sie untersucht.

Hier beginnen die ersten ernsthaften Schwierigkeiten für den beobachtenden Biologen. Er muß sich von der Vorstellung befreien, als sei seine menschliche Umwelt auch die allgemein gültige für die Tiere. Es wird von ihm verlangt, daß er seine Welt in ihre Elemente zerlege (was nicht ohne gründliche erkenntniskritische Studien möglich ist), denn er muß feststellen können, welche Elemente seiner Welt als Merkmale für die Tiere dienen. Es wird weiter von ihm verlangt, zu prüfen, ob die Eigenschaften seiner Welt, die von den Effektoren der Tiere behandelt werden, nur in der Wirkungswelt des Tieres vorhanden sind, oder ob sie auch in die Merkwelt des Tieres eintreten.

Es ist zweifellos richtig, wenn wir sagen, in der Welt der Mücke gibt es nur Mückendinge. Wie aber die Mückendinge gestaltet sind, das verlangt eine genaue Untersuchung. Der wichtigste effektorische Apparat der Mücke, nämlich ihr Stachel, ist für unser Blut gebaut. Von unserem Blut aber erfahren die Rezeptoren der Mücke keine Einwirkung; dafür ist es der Duft unserer Hautdrüsen, der auf sie einwirkt. Die Hautdrüsen und das Blut des Menschen sind durch das anatomische Gegengefüge der menschlichen Haut miteinander verknüpft, das wohl innerhalb des Funktionskreises der Mücke liegt, aber gänzlich außerhalb jeder Merkmöglichkeit für den Mückenorganismus gelegen ist.

Das was im Bauplan des Tieres als notwendiges äußeres Korrelat mit enthalten ist, ohne jemals in die Merkwelt des Tieres zu treten, muß der Beobachter aus der ihm zugänglichen Außenwelt mit herausschneiden, wenn er eine vollständige Übersicht über die Umwelt des Tieres erhalten will. Die schwierigen Probleme, die sich hierbei ergeben, müssen erst vollständig gelöst sein, ehe man auf ein wirkliches Verständnis für die Leistungen der Tiere rechnen darf.

Dem Maschineningenieur sind diese Probleme gänzlich unbekannt, dem Biologen müssen sie aber immer gegenwärtig sein. Deshalb wird er gut daran tun, sich die folgenden Grundsätze der Biologie einzuprägen.

1. Ein jedes Tier bildet den Mittelpunkt seiner Umwelt, der es als selbständiges Subjekt gegenübertritt.

2. Die Umwelt eines jeden Tieres kann in eine Merkwelt und eine Wirkungswelt zerlegt werden, die durch die Innenwelt des Körpers zu einem Ganzen vereinigt werden.

3. In der Umwelt eines jeden Tieres gibt es nur Dinge, die diesem Tier ausschließlich angehören.

4. Die Dinge in der Umwelt des Tieres erscheinen dem außenstehenden Beobachter als einheitliche Objekte, während nur unzusammenhängende Eigenschaften der Dinge einerseits in die Merkwelt, andererseits in die Wirkungswelt des Tieres eintreten.

5. Die Funktionskreise der Tiere beginnen mit den Merkmalseigenschaften der Objekte, erstrecken sich durch die Innenwelt des Körpers und treten mit den Effektoren wieder an das Objekt heran.

6. Dadurch wird das Objekt einerseits zum Merkmalsträger, andererseits zum Wirkungsträger für das Tier.

7. Merkmalsträger und Wirkungsträger fallen immer im gleichen Objekt zusammen.

8. Merkmalseigenschaften und Wirkungsflächen des Objektes werden durch ein Gegengefüge zusammengehalten.

9. Das Gegengefüge des Objektes ist im Bauplan des Subjektes mit enthalten, obgleich es niemals in direkte Beziehung zu dem Körper des Subjektes tritt.

10. Die Funktionskreise bilden, sobald sie in Tätigkeit treten, stets einen in sich geschlossenen Mechanismus, der das Gegengefüge mit einschließt.

11. Die Tätigkeit eines jeden Funktionskreises endigt mit der Ausschaltung des Merkmalträgers aus der Umwelt.

12. Die Umwelt ist erst dann wirklich erschlossen, wenn alle Funktionskreise (des Mediums, der Beute, des Feindes und des Geschlechtes) umschritten sind.

13. Jede Umwelt eines Tieres bildet einen sowohl räumlich wie zeitlich, wie inhaltlich abgegrenzten Teil aus der Erscheinungswelt des Beobachters.

14. Der Beobachter vermag die Merkmale, die auf das Tier einwirken, nur als Eigenschaften seiner Erscheinungswelt, die seinen Empfindungen entsprechen, zu erkennen. Die Empfindungen der Tiere bleiben ihm immer verborgen.

15. Jedes Tier trägt seine Umwelt wie ein undurchdringliches Gehäuse sein Lebtag mit sich herum.

16. Das gleiche gilt für die Erscheinungswelt des Beobachters, auch diese schließt ihn, da sie seine Umwelt darstellt, völlig vom Universum ab.

17. In der Erscheinungswelt des Beobachters befindet sich sein Raum und seine Zeit mit eingeschlossen. In ihr befindet sich der Himmel, der den Horizont umgrenzt mit Sonne, Mond und Sternen als sein ausschließliches Eigentum, ferner der Erdboden mit Menschen, Tieren und Pflanzen, soweit seine Sinne reichen.

18. Einen allgemeinen absoluten Raum und eine allgemeine absolute Zeit, die alle Lebewesen umschließen, gibt es nicht.

19. Die Erscheinungswelt eines jeden Menschen gleicht ebenfalls einem festen Gehäuse, das ihn von seiner Geburt bis zum Tode dauernd umschließt.

20. Das Entstehen und Vergehen dieser Welten ist das letzte Problem, auf das die Wissenschaft mit unfehlbarer Sicherheit zustrebt.

21. Von den Gesetzen, die das Leben schaffen und vernichten, können wir nur sagen, daß eine allumfassende Planmäßigkeit ihnen zugrunde liegt, die sich in der vollkommenen Einpassung eines jeden Lebewesens in seine Umwelt am deutlichsten ausspricht.

Literatur.

Nach einer oberflächlichen Schätzung würde ein Forscher, der seine ganze Arbeitszeit der Lektüre der anatomischen Literatur widmen wollte, zwei bis drei Jahrhunderte beschäftigt sein, um bis zu den heutigen Arbeiten vorzudringen. Mit der biologischen Literatur wird es in absehbarer Zeit ebenso bestellt sein. Deshalb soll eine Übersicht der Literatur immer nur eine Auswahl darstellen. So macht denn die folgende Aufzählung keineswegs Anspruch auf Vollständigkeit, sondern gibt nur die Arbeiten an, die mir als besonders wichtig erschienen.

Für das Kapitel Protoplasmaproblem brauche ich nur auf die Literaturübersicht zu verweisen, die Biedermann in den Ergebnissen der Physiologie (1909) gegeben hat.

Amoeba terricola.

Die Literatur der Einzelligen findet sich in seltener Vollständigkeit in:

Jennings: Behavior of lower animals. New York, Columbia university press 1906.

Dellinger: Locomotion of Amoeba. Journ. exp. Zool., Vol. III, 1906.

Paramaecium caudatum.

Nierenstein: Beiträge zur Ernährungsphysiologie der Protisten. Verworns Zeitschr. 1905.

Jennings: Behavior of lower animals 1906.

Balbiani: Observation sur le Didinium nasutum. Arch. Zool. Exp., Vol. 2, 1873.

Mast: The reactions of Didinium nasutum. Biol. Bull., XVI, 1909.

Thon: Über den feineren Bau von Didinium. Protistenkunde, Bd. 5—6, 1905.

Aktinien.

Lulu Allenbach: Some points regarding the behavior of Metridium. Biol. Bull., X, 1905.

Andres: Die Aktinien. Fauna und Flora des Golfes von Neapel, IX, 1884.

Bohn: Introduction à la psychologie des Animaux à symétrie rayonnée. Bull. Instit. général Psychol. 1907.

O. und R. Hertwig: Die Aktinien. Jen. Zeitschr. f. Mediz. u. Naturw.. Bd. 13 und 14, 1880.

Jennings: Modifiability in Behavior I, Behavior of Sea Anemons. Journ. Exp. Zool., Vol. II, 1905.

Jordan: Über reflexarme Tiere II. Verworns Zeitschr., Bd. 8, 1908.

Loeb: Zur Physiologie und Psychologie der Aktinien. Pflügers Archiv, Bd. 59, 1894.
Nagel: Experimentelle sinnesphysiologische Untersuchungen an Coelenteraten. Pflügers Archiv, Bd. 57, 1894.
Parker, The Reactions of Metridium to food and other Substance. Bull. Mus. comp. Zool. Starv. Coll., XXIX, 1896.
— The reversal of the effective stroke of the labial cilia of Sea Anemones by Organic substances. Am. Journ. Phys., Vol. XIV, 1905.
— The reversal of ciliary-movements in Metazoans. Am. Journ. Phys., Vol. XIII, 1905.
Piéron: Contribution à la psychologie des Actinies. Bull. de l'Instit. gén. Psychol., Vol. VI, 1906.
Uexküll: Résultats des recherches sur les tentacules de l'Anemonia sulcata. Bull. Inst. Océanogr. Monaco 1909.

Medusen.

Berger: Physiology and Histology of the Cubomedusae. Mem. Biol. Lab. S. Hopkins Univ. Bolt., Vol. 4, 1900.
Bethe: Allgemeine Anatomie und Physiologie des Nervensystems. Leipzig, Thieme, 1903.
Eimer: Zoologische Untersuchungen. Verh. Physik.-Mediz. Ges. Würzburg, Bd. 6, 1874.
Eisig: Biologische Studien X. Medusenfressende Fische. Kosmos, Bd. 1, 1884.
Loeb: Einleitung in die vergleichende Gehirnphysiologie. Leipzig 1899.
Maas: Reizversuche an Süßwassermedusen. Verworns Zeitschr. 1907.
Nagel: Experimentelle sinnesphysiologische Untersuchungen an Coelenteraten. Pflügers Archiv, Bd. 57, 1894.
Romanes: Observations on the locomotor System of Medusae. Phil. Trans., Vol. 166, 1876, und Vol. 167, 1877.
Uexküll: Die Schwimmbewegungen von Rhizostoma pulmo. Mitteil. der Zool. Station Neapel, Bd. 14, 1901.
Yerkes: A Contribution to the Physiology of the Nervous System of Medusa Gonionemus Murbachii, I. Amer. Journ. Phys., Bd. 6, 1902. Part. II, Bd. 7, 1902.
— A study of the reaction Time of the Medusa. Amer. Journ. Phys., Bd. 9, 1903.

Seeigel — Herzigel — Schlangensterne.

Frédericq: Contribution à l'étude des Echinides. Arch. Zool. Exp. 1876.
Glaser: Movement and Problem solving in Ophiura. Journ. Exp. Zool. 1907.
Hamann: Beiträge zur Histologie der Echinodermen. Jena, Fischer, 1887.
— Echinodermen (mit Ludwig). Bronns Klassen und Ordnungen. Leipzig 1901.
Preyer: Über die Bewegungen der Seesterne. Mitteil. der Zool. Station Neapel, Bd. 7, 1886.
Romanes and Ewart: Observations on the locomotor system of Echinodermata. Phil. Trans., London 1881.
Sarasin: Die Augen und das Integument der Diadematiden. Ceylon, Teil I, 1887/88.
Uexküll: Der Schatten als Reiz für Centrostephanus. Zeitschr. f. Biol., Bd. 34, N. F. XVI, 1897.
— Über die Funktion der Poli'schen Blasen. Mitteil. der Zool. Station Neapel, Bd. 12, 1896.

Uexküll: Über Reflexe bei den Seeigeln. Zeitschr. f. Biol., Bd. 34, N. F. XVI.
— Die Physiologie der Pedizellarien. Zeitschr. f. Biol., Bd. 37, N. F. XIX, 1899.
— Die Physiologie des Seeigelstachels. Zeitschr. f. Biol., Bd. 39, N. F. XXI, 1900.
— Die Wirkung von Licht und Schatten auf die Seeigel. Zeitschr. f. Biol., Bd. 40, N. F. XXII, 1900.
— Die Bewegungen der Schlangensterne. Zeitschr. f. Biol., N. F. XXVIII.
— Die Herzigel. Zeitschr. f. Biol., Bd. 49, N. F. XXXI.

Sipunculus.

Andrews: Notes on the anatomy of Sipunculus. Biol. Lab. S. Hopkins Univ. Baltimore, Bd. 4, 1887.
Mack: Das Zentralnervensystem von Sipunculus nudus. Zool. Institut, Wien und Triest, Bd. 13, 1902.
Metalnikoff: Sipunculus nudus. Zeitschr. wissensch. Zool., Bd. 68, 1900.
Magnus: Pharmakologische Untersuchungen am Sipunculus nudus. Archiv f. exp. Path. u. Pharm., Bd. 50.
Uexküll: Zur Muskel- und Nervenphysiologie des Sipunculus nudus. Zeitschr. f. Biol., Bd. 33, 1896.
— Der biologische Bauplan von Sipunculus. Zeitschr. f. Biol., Bd. 44, 1903.

Blutegel.

Biedermann: Studien zur vergleichenden Physiologie der peristaltischen Bewegungen I. Pflügers Archiv, Bd. 102, 1904.
Bethe: Ein neuer Beweis für die leitende Funktion der Neurofibrillen. Pflügers Archiv, Bd. 122, 1908.
Carlet: Compt. rend. 1883.
Guillebeau und Luchsinger: Fortgesetzte Studien zu einer allgemeinen Physiologie der irritabelen Substanzen. Pflügers Archiv, Bd. 28, 1882.
Uexküll: Die Blutegel. Zeitschr. f. Biol., Bd. 46, N. F. XXVIII, 1905.

Regenwurm.

Adams: On the negative and positive Phototropism of the Earth-worm. Amer. Journ. Phys., Vol. IX, 1903.
Biedermann: Studien zur vergleichenden Physiologie der peristaltischen Bewegungen I. Pflügers Archiv, Bd. 102, 1904.
Ch. Darwin: Die Bildung der Ackerkrume durch die Tätigkeit der Regenwürmer.
Eisig: Ichthyotomus sanguinarius. Fauna und Flora des Golfes von Neapel. Bd. 28, 1906.
Friedländer: Über das Kriechen des Regenwurmes. Biol. Zentralbl., Bd. 8.
— Beiträge zur Physiologie des Zentralnervensystems und der Bewegungsmechanismus der Regenwürmer. Pflügers Archiv, Bd. 58, 1894.
Elise Hanel: Ein Beitrag zur „Psychologie“ der Regenwürmer. Verworns Zeitschr. 1904.
Hesse: Untersuchungen über die Organe der Lichtempfindung. I. Lumbriciden. Zeitschr. f. wissensch. Zool. 1896.
Jennings: Factors determining direction and character of movement in the Earthworm. Journ. Exp. Zool., Vol. III, 1906.

Loeb: Beiträge zur Gehirnphysiologie der Würmer. Pflügers Archiv, Bd. 56, 1894.
Normann: Dürfen wir aus den Reaktionen niederer Tiere auf das Vorhandensein von Schmerzempfindung schließen? Pflügers Archiv 1897.
Parker and Atkin: The directive Influence of light on the Earthworm. Amer. Journ. Phys., Bd. 4, 1901.
Parker and Metcalf: The reactions of the Earthworm to salts. Amer. Journ. Phys., Vol. XVII, 1906.
Straub: Zur Muskelphysiologie des Regenwurms. Pflügers Archiv, Bd. 79, 1900.

Pilgermuschel.

Nayons-Uexküll: Die Härte der Muskeln. Zeitschr. f. Biol. 1911.
Uexküll: Die Pilgermuschel. Zeitschr. f. Biol. 1912.

Cyona intestinalis.

A. Fröhlich: Beitrag zur Frage der Bedeutung des Zentralganglions bei Cyona intestinalis. Pflügers Archiv, Bd. 95, 1903.
Jordan: Über reflexarme Tiere. Verworns Zeitschr., Bd. 7, 1907.
Loeb: Untersuchungen zur physiologischen Morphologie der Tiere. Teil II. Würzburg 1891.
— Einleitung in die vergleichende Gehirnphysiologie. Leipzig 1899.
Magnus: Die Bedeutung des Ganglions bei Cyona intestinalis. Mitteil. der Zool. Station Neapel, Bd. 15, 1902.

Aplysia limacina.

Bethe: Allgemeine Anatomie und Physiologie des Nervensystems. Leipzig, Thieme, 1903.
Biedermann: Studien zur vergleichenden Physiologie der peristaltischen Bewegungen. Teil I. Pflügers Archiv, Bd. 102, 1904. Teil II. Pflügers Archiv, Bd. 107, 1905. Teil III. Pflügers Archiv, Bd. 111, 1906.
Jordan: Die Physiologie der Lokomotion bei Aplysia limacina. Inaugural-Dissertation. Oldenbourg, München 1901.
— Untersuchungen zur Physiologie des Nervensystems bei Pulmonaten. Teil I. Pflügers Archiv, Bd. 106, 1905. Teil II. Pflügers Archiv, Bd. 110, 1905.
— Über reflexarme Tiere. Teil I. Verworns Zeitschr., Bd. 7, 1907. Teil II. Verworns Zeitschr., Bd. 8, 1908.

Carcinus maenas.

Beer: Vergleichende physiologische Studien zur Statozystenfunktion. Teil I. Pflügers Archiv 1898. Teil II, Pflügers Archiv 1899.
Bethe: Die Otozyste von Mysis. Zool. Jahrb., Bd. 8.
— Das Nervensystem von Carcinus maenas. Drei Mitteilungen. Arch. mikr. Anat., Bd. 50 und 51.
— Vergleichende Untersuchungen über die Funktion des Zentralnervensystems der Arthropoden. Pflügers Archiv 1897.
Biedermann: Innervation der Krebsschere. Akad. Wien 1887 und 1888.
Fréderícq: Autotomie. Dictionnaire de Physiologie (Richet). Paris 1895.
Kreidl: Weitere Versuche z. Physiol. d. Ohrlabyrinthes. Akad. Wien 1893.
Minkiewicz: Analyse expérimentale de l'instinct de déguisement chez les Brachyures oxyrhynques. Arch. Zool. exp. 1907.

Prentiss: The Otocyst of Decapod Crustacea. Bull. Mus. Comp. Zool. Harvard Coll., Vol. XXXVI, 1901.
Uexküll u. Groß: Résultats des recherches sur les extrémités des langoustes et des crabes. Bull. Inst. Océanogr. Monaco 1909.
Yerkes and Huggins: Habit Formation in the crawfish. Harvard Psychol. Studies, Vol. I.
Uexküll u. Tirala. Der Tonus bei den Langusten. Zeitschr. f. Biol. 1914.

Kephalopoden.

Die Literatur ist vollständig gesammelt und kritisch gesichtet in der sehr verdienstvollen Arbeit von Bauer.

Bauer: Einführung in die Physiologie der Kephalopoden. Mitteil. der Zool. Station Neapel, Bd. 19, 1909.

Libellen.

Bohn: Attractions et oscillations des animaux marins sous l'influence de la lumière. Mem. Instit. psychol. Paris 1905.
— Anémotropisme et phototropisme.
Carpenter: The Reactions of the Pomace fly to light. American Naturalist, Vol. XXXIX, 1905.
Cole: An experimental study of the image forming powers of various Types of Eyes. Proc. American Acad. of Art and Sciences, Vol. XLII, 1907.
Dahl: Beiträge zur Kenntnis des Baues und der Funktionen der Insektenbeine. Inaug.-Dissert. Berlin 1884.
Exner: Physiologie der facettierten Augen. Leipzig-Wien 1891.
Graber: Die Insekten. Naturkräfte. Bd. 21 u. 22. München, Oldenbourg.
Loeb: Der Heliotropismus der Tiere. Würzburg 1890.
v. Lendenfeld: Der Flug der Libellen. Akad. Wien, Bd. 83, 1891.
Leydig: Tafeln zur vergl. Anatomie. Tübingen 1864.
Nuel: La Vision. Bibl. internat. de Psychol. expér. Paris 1904.
Parker: The phototropism of the mourning-cloak Butterfly. Mark Aniversary 1903.
Rádl: Untersuchungen über den Phototropismus der Tiere. Leipzig, Engelmann, 1903.
Uexküll: Die Libellen. Zeitschr. f. Biol., Bd. 50, N. F. XXXII.

Literatur zu den allgemeinen Kapiteln, soweit sie nicht schon aufgeführt ist.

Bohn: La Naissance de l'Intelligence. Paris, Flammarion, 1909.
Bethe: Theorie der Zentrenfunktion. Ergebnisse der Physiologie, 1906.
v. Cyon: Das Ohrlabyrinth. Berlin, Springer, 1908.
Loeb: Concerning the Theorie of Tropisms. Journ. Exp. Zool., Vol. IV, 1907.
Nuel: Les fonctions spatiales etc. Arch. Intern. de Physiologie, Vol. I, 1904.
Piper: Über den willkürlichen Muskeltetanus. Pflügers Archiv, Bd. 119, 1907.
— Weitere Mitteilungen. Pflügers Archiv, Bd. 127, 1909.
Sherrington: The integrative Actions of the Nervous System. London constable 1909.
— On plastic Tonus. Quarterly Journ. Exper. Phys., Vol. II, 1909.
Uexküll: Im Kampf um die Tierseele. Bergmann.
— Leitfaden. Wiesbaden, Bergmann.
— Theoretische Biologie, 1920. Gebr. Paetel, Berlin.

GPSR Compliance

The European Union's (EU) General Product Safety Regulation (GPSR) is a set of rules that requires consumer products to be safe and our obligations to ensure this.

If you have any concerns about our products, you can contact us on ProductSafety@springernature.com

In case Publisher is established outside the EU, the EU authorized representative is:

Springer Nature Customer Service Center GmbH
Europaplatz 3
69115 Heidelberg, Germany

Batch number: 10704713

Printed by Printforce, the Netherlands